"十四五"高等职业教育新形态一体化教材·新一代信息技术类典型专业课程系列

人工智能技术应用

计算机视觉应用开发

方水平　刘业辉◎主　编
赵元苏　张瑶瑶◎副主编

中国铁道出版社有限公司
CHINA RAILWAY PUBLISHING HOUSE CO., LTD.

内 容 简 介

本书面向高等职业教育专科人工智能技术应用专业，融入《计算机视觉应用开发职业技能等级标准》编写而成。

本书分为计算机视觉应用开发的数据处理、处理计算机视觉应用图像、计算机视觉应用开发3个项目，包括数据预处理，数据清洗与合并，聚合和分组，可视化数据，图像数据采集与加载，图像清洗与标注，图像增广，图像分割，图像匹配，视频采集与处理，基于机器学习的人脸识别，基于深度学习的手写体数字识别，基于深度学习的图像分类等12个任务。

全书为基于工作过程开发完成的活页教材，依据"任务导向""目标先行""兴趣诱发"的学习动机、发展条件组织课程内容。

本书适合作为高等职业教育专科人工智能技术应用专业的教材，也可作为计算机视觉应用开发"1+X"职业技能等级证书认证的相关教学和培训教材，还可作为人工智能应用领域相关技术人员的自学参考书。

图书在版编目（CIP）数据

计算机视觉应用开发/方水平，刘业辉主编.—北京：中国铁道出版社有限公司，2023.2（2025.1重印）
"十四五"高等职业教育新形态一体化教材
ISBN 978-7-113-29359-8

Ⅰ.①计… Ⅱ.①方…②刘… Ⅲ.①计算机视觉–高等职业教育–教材 Ⅳ.①TP302.7

中国版本图书馆CIP数据核字（2022）第110142号

书　　名	：计算机视觉应用开发
作　　者	：方水平　刘业辉

策　　划	：王春霞	编辑部电话	：（010）63551006
责任编辑	：王春霞　包　宁		
封面设计	：尚明龙		
责任校对	：苗　丹		
责任印制	：赵星辰		

出版发行	：中国铁道出版社有限公司（100054，北京市西城区右安门西街8号）
网　　址	：https://www.tdpress.com/51eds
印　　刷	：中煤（北京）印务有限公司
版　　次	：2023年2月第1版　2025年1月第2次印刷
开　　本	：850 mm×1 168 mm　1/16　印张：20　字数：414千
书　　号	：ISBN 978-7-113-29359-8
定　　价	：69.80元

版权所有　侵权必究

凡购买铁道版图书，如有印制质量问题，请与本社教材图书营销部联系调换。电话：（010）63550836
打击盗版举报电话：（010）63549461

"十四五"高等职业教育新形态一体化教材
编审委员会

总顾问：谭浩强（清华大学）　　　　　　黄心渊（中国传媒大学）

主　任：高　林（北京联合大学）

副主任：鲍　洁（北京联合大学）　　　　眭碧霞（常州信息职业技术学院）
　　　　孙仲山（宁波职业技术学院）　　秦绪好（中国铁道出版社有限公司）

委　员：（按姓氏笔画排序）

于　京（北京电子科技职业学院）　　于　鹏（新华三技术有限公司）
于大为（苏州信息职业技术学院）　　万　冬（北京信息职业技术学院）
王　芳（浙江机电职业技术学院）　　王　坤（陕西工业职业技术学院）
王　忠（海南经贸职业技术学院）　　方水平（北京工业职业技术学校）
方风波（荆州职业技术学院）　　　　左晓英（黑龙江交通职业技术学院）
龙　翔（湖北生物科技职业学院）　　史宝会（北京信息职业技术学院）
乐　璐（南京城市职业学院）　　　　吕坤颐（重庆城市管理职业学院）
朱伟华（吉林电子信息职业技术学院）朱震忠（西门子（中国）有限公司）
向春枝（郑州信息科技职业学院）　　邬厚民（广州科技贸易职业学院）
刘　松（天津电子信息职业技术学院）汤　徽（新华三技术有限公司）
阮进军（安徽商贸职业技术学院）　　孙　刚（南京信息职业技术学院）
孙　霞（嘉兴职业技术学院）　　　　芦　星（北京久其软件有限公司）
杜　辉（北京电子科技职业学院）　　李军旺（岳阳职业技术学院）
杨龙平（柳州铁道职业技术学院）　　杨国华（无锡商业职业技术学院）
吴　俊（义乌工商职业技术学院）　　吴和群（呼和浩特职业技术学院）
汪晓璐（江苏经贸职业技术学院）　　张　伟（浙江求是科教设备有限公司）

张明白（百科荣创（北京）科技发展有限公司） 　陈小中（常州工程职业技术学院）

陈子珍（宁波职业技术学院） 　陈云志（杭州职业技术学院）

陈晓男（无锡科技职业学院） 　陈祥章（徐州工业职业技术学院）

邵　瑛（上海电子信息职业技术学院） 　武春岭（重庆电子工程职业学院）

苗春雨（杭州安恒信息技术股份有限公司） 　罗保山（武汉软件职业技术学院）

胡大威（武汉职业技术学院） 　胡光永（南京工业职业技术大学）

姜大庆（南通科技职业学院） 　姜志强（金山办公软件股份有限公司）

聂　哲（深圳职业技术学院） 　贾树生（天津商务职业学院）

倪　勇（浙江机电职业技术学院） 　徐守政（杭州朗迅科技有限公司）

盛鸿宇（北京联合大学） 　崔英敏（私立华联学院）

葛　鹏（随机数（浙江）智能科技有限公司） 　焦　战（辽宁轻工职业学院）

曾文权（广东科学技术职业学院） 　温常青（江西环境工程职业学院）

赫　亮（北京金芥子国际教育咨询有限公司） 　蔡　铁（深圳信息职业技术学院）

谭方勇（苏州职业大学） 　翟玉锋（烟台职业技术学院）

樊　睿（杭州安恒信息技术股份有限公司）

秘　书：翟玉峰（中国铁道出版社有限公司）

序

  2021年十三届全国人大四次会议表决通过了《中华人民共和国国民经济和社会发展第十四个五年规划和2035年远景目标纲要》，对我国社会主义现代化建设进行了全面部署，"十四五"时期对国家的要求是高质量发展，对教育的定位是建立高质量的教育体系，对职业教育的定位是增强职业教育的适应性。当前，在百年未有之大变局下，在"十四五"开局之年，如何切实推动落实《国家职业教育改革实施方案》《职业教育提质培优行动计划（2020—2023年）》等文件要求，是新时代职业教育适应国家高质量发展的核心任务。伴随新科技和新工业化发展阶段的到来和我国产业高端化转型，必然引发企业用人需求和聘用标准随之发生新的变化，以人才需求为起点的高职人才培养理念使创新中国特色人才培养模式成为高职战线的核心任务，为此国务院和教育部制订和发布的包括"1+X"职业技能等级证书制度、专业群建设、"双高计划"、专业教学标准、信息技术课程标准、实训基地建设标准等一系列具体的指导性文件，为探索新时代中国特色高职人才培养指明了方向。

  要落实国家职业教育改革一系列文件精神，培养高质量人才，就必须解决"教什么"的问题，必须解决课程教学内容适应产业新业态、行业新工艺、新标准要求等难题，教材建设改革创新就显得尤为重要。国家这几年对于职业教育教材建设下了很大的力度，2019年，教育部发布了《职业院校教材管理办法》（教材〔2019〕3号）、《关于组织开展"十三五"职业教育国家规划教材建设工作的通知》（教职成司函〔2019〕94号），在2020年又启动了《首届全国教材建设奖全国优秀教材（职业教育与继续教育类）》评选活动，这些都旨在选出具有职业教育特色的优秀教材，并对下一步如何建设好教材进一步明确了方向。在这种背景下，坚持以习近平新时代中国特色社会主义思想为指导，落实立德树人根本任务，适应新技术、新产业、新业态、新模式对人才培养的新要求，中国铁道出版社有限公司邀请我与鲍洁教授共同策划组织了"'十四五'高等职业教育新形态一体化教材"，尤其是我国知名计算机教育专家谭浩强教授、全国高等院校计算机基础教育研究会会长黄心渊教授对课程建设和教材编写都提出了重要的指导意见。这套教材在设计上把握了这样几个原则：

1. 价值引领、育人为本。牢牢把握教材建设的政治方向和价值导向，充分体现党和国家的意志，体现鲜明的专业领域指向性，发挥教材的铸魂育人、关键支撑、固本培元、文化交流等功能和作用，培养适应创新型国家、制造强国、网络强国、数字中国、智慧社会的不可或缺的高层次、高素质技术技能型人才。

2. 内容先进、突出特性。充分发挥高等职业教育服务行业产业优势，及时将行业、产业的新技术、新工艺、新规范作为内容模块，融入教材中去。并且为强化学生职业素养养成和专业技术积累，将专业精神、职业精神和工匠精神融入教材内容，满足职业教育的需求。此外，为适应项目学习、案例学习、模块化学习等不同学习方式要求，注重以真实生产项目、典型工作任务、案例等为载体组织教学单元的教材、新型活页式、工作手册式等教材，反映人才培养模式和教学改革方向，有效激发学生学习兴趣和创新 潜能。

3. 改革创新、融合发展。遵循教育规律和人才成长规律，结合新一代信息技术发展和产业变革对人才的需求，加强校企合作、深化产教融合，深入推进教材建设改革。加强教材与教学、教材与课程、教材与教法、线上与线下的紧密结合，达到信息技术与教育教学的深度融合，通过配套数字化教学资源，打造满足教学需求和符合学生特点的新形态一体化教材。

4. 加强协同、锤炼精品。准确把握新时代方位，深刻认识新形势、新任务，激

发教师、企业人员内在动力。组建学术造诣高、教学经验丰富、熟悉教材工作的专家队伍，支持科教协同、校企协同、校际协同开展教材编写，全面提升教材建设的科学化水平，打造一批满足学科专业建设要求，能支撑人才成长需要、经得起实践检验的精品教材。

按照教育部关于职业院校教材的相关要求，充分体现工业和信息化领域相关行业特色，以高职专业和课程改革为基础，编写信息技术课程、专业群平台课程、专业核心课程等所需教材。本套教材计划出版4个系列，具体为：

1. 信息技术课程系列。教育部发布的《高等职业教育专科信息技术课程标准（2021年版）》给出了高职计算机公共课程新标准，新标准由必修的基础模块和由12项内容组成的拓展模块两部分构成。拓展模块反映了新一代信息技术对高职学生的新要求，各地区、各学校可根据国家有关规定，结合地方资源、学校特色、专业需要和学生实际情况，自主确定拓展模块教学内容。在这种新标准、新模式、新要求下构建了该系列教材。

2. 电子信息大类专业群课程系列。高等职业教育大力推进专业群建设，基于产业需求的专业结构，使人才培养更适应现代产业的发展和职业岗位的变化。构建具有引领作用的专业群平台课程和开发相关教材，彰显专业群的特色优势地位，提升电子信息大类专业群平台课程在高职教育中的影响力。

3. 新一代信息技术类典型专业课程系列。以人工智能、大数据、云计算、移动通信、物联网、区块链等为代表的新一代信息技术，是信息技术的纵向升级，也是信息技术之间及其与相关产业的横向融合。在此技术背景下，围绕新一代信息技术专业群（专业）建设需要，重点聚焦这些专业群（专业）缺乏教材或者没有高水平教材的专业核心课程，完善专业教材体系，支撑新专业加快发展建设。

4. 本科专业课程系列。在厘清应用型本科、高职本科、高职专科关系，明确高职本科服务目标，准确定位高职本科基础上，研究高职本科电子信息类典型专业人才培养方案和课程体系，重在培养高层次技术技能人才，组织编写该系列教材。

新时代，职业教育正在步入创新发展的关键期，与之配合的教育模式以及相关的诸多建设都在深入探索，按照"选优、选精、选特、选新"的原则，发挥在高等职业教育领域的院校、企业的特色和优势，调动高水平教师、企业专家参与，整合学校、行业、产业、教育教学资源，充分发挥教材建设在提高人才培养质量中的基础性作用，集中力量打造与我国高等职业教育高质量发展需求相匹配、内容形式创新、教学效果好的教材体系，努力培养德智体美劳全面发展的高层次、高素质技术技能人才。

本套教材内容前瞻、体系灵活、资源丰富，是值得关注的一套好教材。

国家职业教育指导咨询委员会委员
北京高等学校高等教育学会计算机分会理事长
全国高等院校计算机基础教育研究会荣誉副会长

2021 年 8 月

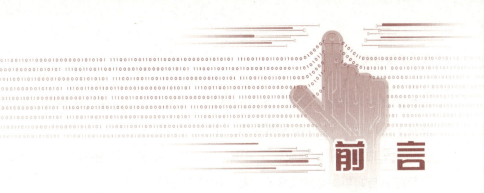

前言

教育部新增高等职业教育（专科）人工智能技术应用专业，2020年起开始执行，人工智能技术应用专业的培养目标：培养德、智、体、美、劳全面发展，具有良好职业道德和人文素养，掌握人工智能基础专业理论知识、应用技术，具备人工智能技术应用开发、系统管理与维护等能力，从事人工智能相关的应用开发、系统集成与运维、产品销售与咨询、售前售后技术支持等工作的高素质技术技能人才。随着人工智能技术应用专业在各高职院校的开设，面向高职人工智能技术服务专业的教材很少，因此，北京工业职业技术学院组织了教师和企业一起编写了这本《计算机视觉应用开发》教材，教材以就业为导向，以能力为本位，为培养高素质技能型专业人才服务，反映产业升级、技术进步和职业岗位变化的要求，努力体现新知识、新技术、新工艺和新方法。

本教材是基于工作过程的形式开发完成的活页教材，依据"任务导向""目标先行""兴趣诱发"的学习动机、发展条件组织课程内容。

"计算机视觉应用开发职业技能等级证书"制度试点也已经开始，为了便于学生更好地参加职业技能等级考试，本书将《计算机视觉应用开发职业技能等级标准》融入其中，分为计算机视觉应用开发的数据处理、处理计算机视觉应用图像、计算机视觉应用开发3个项目，包括数据预处理，数据清洗与合并，聚合和分组、可视化数据，图像数据采集与加载，图像清洗与标注，图像增广，图像分割，图像匹配，视频采集与处理，基于机器学习的人脸识别，基于深度学习的手写体数字识别，基于深度学习的图像分类等12个任务。每个任务分为任务介绍、导学、任务实施、任务评价与总结、知识积累等模块，使读者通过由易到难的若干任务实施，完成整个项目的学习过程。这种模块化的教材组织体系，既覆盖了技能等级标准对应的全部知识点，也便于教师在课堂中的教学实施。

项目一：计算机视觉应用开发的数据处理，以历届奥运会信息数据集为教学载体，介绍Pandas对数据文件读取和存储的方法、Series、DataFrame的操作方法、数据清洗方法、数据集的合并方法，利用Pyecharts模块实现数据可视化。

项目二：处理计算机视觉应用图像，介绍图像数据的采集和标注方法、图像的读入和存储方法、色彩空间转换方法、图像叠加、图像几何变换、图像分割、图像特征检测与匹配、视频采集和分帧等。

项目三：计算机视觉应用开发，以手写数字数据集、垃圾分类数据集为教学载体，了解机器学习和深度学习的基本概念、神经网络的训练等，让学生通过迁移学习的方式搭建 LeNet 实现手写体数字识别和利用 VGG16 实现垃圾分类。

  本书由方水平、刘业辉任主编，赵元苏、张瑶瑶任副主编，朱贺新、郭蕊、宋玉娥、杨洪涛、王笑洋参与编写，感谢北京泰克教育的倾力支持。

  由于计算机视觉应用技术的发展日新月异，加之编者水平有限，书中不妥之处在所难免，恳请广大读者批评指正。

编 者

2022 年 8 月

配套资源索引

视频明细表

序号	链接内容	页码
1	Python中的Pandas包中的导入模块的方法	1-6
2	文件的导入方法	1-6
3	Pandas中DataFrame数据框	1-6
4	数据可视化柱状图绘制	1-49
5	OpenCV实现图像的保存	2-5
6	图像的读取	2-5
7	图像的显示	2-5
8	图像缩放	2-17
9	OpenCV实现色彩空间转换	2-18
10	图像裁剪	2-47
11	图像平滑处理	2-47
12	图像透视变换	2-47
13	图像平移	2-49
14	图像旋转变换	2-50
15	图像仿射变换	2-50
16	图像翻转	2-58
17	图像阈值处理	2-84
18	图像形态学处理	2-86
19	边缘检测	2-87
20	图像轮廓提取	2-89
21	图像匹配	2-135
22	视频读入	2-147

配套资源索引
知识应用明细表

序号	链接内容	页码
1	请提前下载好相关的数据集	1-4
2	Pandas实现文件合并	1-30

目　录

项目 1　计算机视觉应用开发的数据处理 ··· 1-1

任务 1　数据预处理 ·· 1-2
- 1.1　任务介绍 ·· 1-2
- 1.2　导　学 ·· 1-3
- 1.3　任务实施 ·· 1-4
- 1.4　任务评价与总结 ·· 1-8
- 1.5　知识积累 ·· 1-10
  - 1.5.1　计算机视觉 ·· 1-10
  - 1.5.2　Python 的 Pandas 包 ·· 1-11
  - 1.5.3　数据读取和写入 ·· 1-12
  - 1.5.4　Pandas 包的 Series ·· 1-17
  - 1.5.5　Pandas 中的 DataFrame ·· 1-21

任务 2　数据清洗与合并 ·· 1-27
- 2.1　任务介绍 ·· 1-27
- 2.2　导　学 ·· 1-28
- 2.3　任务实施 ·· 1-29
- 2.4　任务评价与总结 ·· 1-31
- 2.5　知识积累 ·· 1-32
  - 2.5.1　数据缺失类型 ·· 1-32
  - 2.5.2　缺失值处理方法 ·· 1-33
  - 2.5.3　Pandas 对缺失值的处理 ·· 1-34
  - 2.5.4　规范化数据类型 ·· 1-42

任务 3　聚合和分组、可视化数据 ·· 1-46
- 3.1　任务介绍 ·· 1-46
- 3.2　导　学 ·· 1-47
- 3.3　任务实施 ·· 1-48
- 3.4　任务评价与总结 ·· 1-56

3.5 知识积累 1-57
  3.5.1 数据分组 1-57
  3.5.2 数据聚合 1-61
  3.5.3 数据可视化 1-65

项目 2 处理计算机视觉应用图像 2-1

任务 1 图像数据采集与加载 2-2
1.1 任务介绍 2-2
1.2 导　学 2-2
1.3 任务实施 2-3
1.4 任务评价与总结 2-6
1.5 知识积累 2-7
  1.5.1 图像采集方法 2-7
  1.5.2 计算机视觉开源图像数据集 2-8
  1.5.3 OpenCV 软件库简介 2-9
  1.5.4 OpenCV 读取图像文件 2-10
  1.5.5 OpenCV 显示图像 2-11
  1.5.6 OpenCV 保存图像文件 2-13

任务 2 图像清洗与标注 2-14
2.1 任务介绍 2-15
2.2 导　学 2-15
2.3 任务实施 2-17
2.4 任务评价与总结 2-18
2.5 知识积累 2-20
  2.5.1 数字图像 2-20
  2.5.2 图像文件格式 2-23
  2.5.3 Python 的 OS 模块 2-26
  2.5.4 OpenCV 实现色彩空间转换 2-28
  2.5.5 OpenCV 实现图像缩放 2-30
  2.5.6 图像标注 2-32

任务 3 图像增广 2-43
3.1 任务介绍 2-44
3.2 导　学 2-44
3.3 任务实施 2-46

  3.4 任务评价与总结 2-52
  3.5 知识积累 2-53
    3.5.1 图像叠加 2-53
    3.5.2 图像几何变换 2-58
    3.5.3 图像裁剪 2-65
    3.5.4 图像亮度、对比度调整 2-67
    3.5.5 图像平滑处理 2-69

任务 4 图像分割 **2-80**
  4.1 任务介绍 2-81
  4.2 导 学 2-81
  4.3 任务实施 2-84
  4.4 任务评价与总结 2-89
  4.5 知识积累 2-91
    4.5.1 图像阈值处理 2-91
    4.5.2 图像的形态学处理 2-98
    4.5.3 边缘检测 2-106
    4.5.4 图像轮廓 2-113
    4.5.5 图像轮廓拟合 2-121
    4.5.6 分水岭算法图像分割 2-129

任务 5 图像匹配 **2-134**
  5.1 任务介绍 2-134
  5.2 导 学 2-135
  5.3 任务实施 2-135
  5.4 任务评价与总结 2-137
  5.5 知识积累 2-137

任务 6 视频采集与处理 **2-145**
  6.1 任务介绍 2-145
  6.2 导 学 2-146
  6.3 任务实施 2-147
  6.4 任务评价与总结 2-148
  6.5 知识积累 2-149
    6.5.1 视频读入 2-149
    6.5.2 播放视频文件 2-154
    6.5.3 视频保存 2-154
    6.5.4 视频分帧 2-156

项目 3　计算机视觉应用开发 3-1

任务 1　基于机器学习的人脸识别 3-1

1.1　任务介绍 3-2
1.2　导　学 3-2
1.3　任务实施 3-4
1.4　任务评价与总结 3-8
1.5　知识积累 3-9
1.5.1　机器学习的基本概念 3-9
1.5.2　机器学习算法应用开发流程 3-10
1.5.3　机器学习算法 3-11
1.5.4　机器学习模型评估的方法 3-19

任务 2　基于深度学习的手写体数字识别 3-23

2.1　任务介绍 3-24
2.2　导　学 3-24
2.3　任务实施 3-25
2.4　任务评价与总结 3-29
2.5　知识积累 3-30
2.5.1　深度学习的基本概念 3-30
2.5.2　卷积神经网络 3-31
2.5.3　深度学习开发环境搭建 3-36
2.5.4　LeNet 模型分解 3-45

任务 3　基于深度学习的图像分类 3-50

3.1　任务介绍 3-50
3.2　导　学 3-51
3.3　任务实施 3-52
3.4　任务评价与总结 3-57
3.5　知识积累 3-58
3.5.1　VGG16 深度卷积神经网络简介 3-58
3.5.2　VGG16 模型结构 3-58
3.5.3　VGG16 模型分解 3-61

参考文献 A-1

项目 1
计算机视觉应用开发的数据处理

数据分析是数据分析师的日常工作，主要是围绕现状分析、原因分析、预测分析这三类业务展开，其一般工作流程如图 1-1-1 所示。

图 1-1-1　数据分析的流程

数据预处理是图像处理的基础，图像处理实质就是处理数据，为了让学生具有数据处理的基本能力，为图像处理打下基础，设置计算机视觉应用开发的数据处理项目。本项目以 1896—2016 年奥运会官网上公布的历届奥运会数据为载体，通过对这些数据的处理，让学生掌握数据处理的基本方法和步骤，为后续图像处理打下基础。本项目具体任务如图 1-1-2 所示。

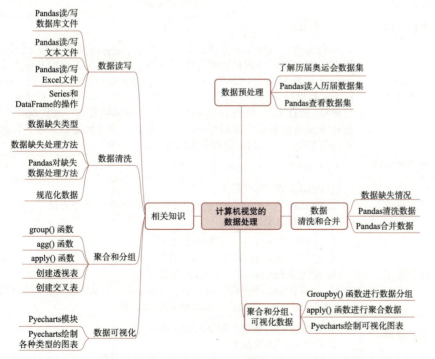

图 1-1-2　项目一具体任务

任务 1 数据预处理

数据预处理是指在处理数据之前对数据进行的一些处理，其处理过程包括数据抽取（Extraction）、数据转换（Transformation）、数据加载（Loading），又称ETL，该过程是负责将分布的、异构数据源中的数据抽取到中间层进行转换、集成等。另外，进行数据预处理的原因是在真实世界中，数据通常是不完整的（缺少某些感兴趣的属性值）、不一致的（包含代码或者名称的差异）、极易受到噪声（错误或异常值）的侵扰的。数据预处理就是解决上面所提到的数据问题的一种可靠方法。学生通过本任务的学习，可以熟练掌握数据预处理的方法，为后续工作做好准备，打下基础。

1.1 任务介绍

本任务要求学生学习知识积累中所列的知识点、收集相关资料的基础上，了解 Pandas 对数据文件读取和存储的方法、Pandas 的 Series（序列）、DataFrame（数据框）的操作方法等，学会数据预处理的方法，能对不同的数据集进行数据预处理，本任务详细描述见表 1-1-1。

表 1-1-1 数据预处理任务单

任务名称	数据预处理		
建议学时	6 学时	实际学时	
任务描述	本任务以历届奥运会奖牌分布和参赛人员信息的数据集为教学载体，要求学生在学习知识积累部分中的内容、收集相关资料的基础上了解 Pandas 对数据文件读取和存储的方法、Pandas 的 Series 序列、DataFrame 数据框等操作方法，完成历届奥运会数据集导入、查看包括字段解释、数据来源、代码表等信息。对数据存储格式有一个直观的了解，能初步发现数据集中数据存在的一些问题，掌握数据的读取、数据处理等技能，为后续的数据处理做准备		
任务完成环境	Python 软件、Anaconda3 编辑器		
任务重点	① Pandas 读 / 写文件； ② Pandas 的 Series 序列和 DataFrame 数据框的操作方法； ③ 数据集的预处理		
任务要求	① 能利用 Pandas 读 / 写数据库文件； ② 能利用 Pandas 读 / 写文本文件； ③ 能利用 Pandas 读 / 写 Excel 文件； ④ 能将读取的数据文件转换成 Series 或者 DataFrame，通过对 Series 和 DataFrame 的操作实现数据集的预处理		
任务成果	① 查看数据的格式、数据的缺失情况； ② 预处理后的数据集		

1.2 导　学

请先按照导学信息进行相关知识点的学习，掌握一定的操作技能，然后进行任务的实施，并对实施效果进行自我评价。

本任务知识点和技能导学见表 1-1-2。

表 1-1-2　数据预处理导学

任务	任务和技能要求			
数据预处理	查找相关资料，了解要完成项目的背景			
	根据任务的需求，在相关网站下载奥运会数据集，为任务实施准备好数据集			
	1	Pandas包	Pandas包的来历	
			Pandas包的作用	
			Pandas的数据结构	Series
				Time-Series
				DataFrame
				Panel
				Panel40
				PanelND
	2	数据读取和写入	数据库的读取和写入	数据读取：read_sql_table()函数、read_sql_query()函数、read_sql()函数
				数据存储：to_sql()函数
			文本文件的读取和存储	文件读取：read_table()函数、read_csv()函数
				文件存储：to_csv()函数
			Excel文件的读取和存储	文件读取：read_excel()函数
				文件存储：to_excel()函数

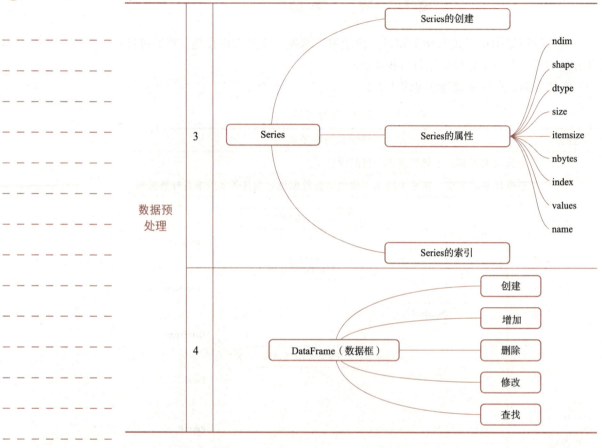

1.3 任务实施

1. 了解项目背景

该数据集整理了从 1896 年雅典奥运会至 2016 年里约热内卢奥运会 120 年的奥林匹克运动会的历史数据。1896—1992 年,冬季奥运会与夏季奥运会都是在同一年举行的。在这之后,冬季与夏季奥运会才被错开举办,冬季奥运会从 1994 年开始每 4 年举办一次,夏季奥运会从 1996 年开始每 4 年举办一次。大家在分析这些数据时,经常会犯的一个错误是认为夏季与冬季奥运会一直是错开举办的。

受疫情影响,2020 年东京奥运会延期至 2021 年举行,虽然延期,但此次奥运会依旧沿用"2020 东京奥运会"这个名称,这也是奥运会历史上首次延期(1916 年、1940 年、1944 年曾因两次世界大战中断)。

2. 了解数据文件

该数据集包含两个文件:

知识应用

请提前下载好
相关的数据集

（1）athlete_events.csv：参赛运动员基本数据和成绩。
（2）noc_regions.csv：国家和地区奥委会 3 个字母的代码与对应国家和地区信息。

奥运会数据集的整体特征见表 1-1-3。

表 1-1-3　奥运会数据集的整体特征

数据集名称	数据类型	特征数	实例数	缺失值	相关任务
120 年奥运会历史数据集包括运动员信息和成绩	字符、数值数据	15	271116	有	可视化

文件 athlete_events.csv 中包含有 15 个字段，数据集中的每一行代表一个参赛运动员的基本信息，该数据集中运动员字段的描述见表 1-1-4。

表 1-1-4　数据集中运动员字段描述

No	属性	数据类型	字段描述
1	ID	Integer	给每个运动员的唯一 ID
2	Name	String	运动员名字
3	Sex	Integer	性别
4	Age	Float	年龄
5	Height	Float	身高
6	Weight	Float	体重
7	Team	String	所代表的国家和地区
8	NOC	String	国家和地区奥委会 3 个字母的代码
9	Games	String	年份与季节
10	Year	Integer	比赛年份
11	Season	String	比赛季节
12	City	String	举办城市
13	Sport	String	运动类别
14	Event	String	比赛项目
15	Medal	String	奖牌

文件 noc_regions.csv 中包含 3 个字段，描述国家和地区信息，该数据集中各个国家和地区信息字段描述见表 1-1-5。

表 1-1-5　数据集中国家和地区信息字段描述

No	属性	数据类型	字段描述
1	NOC	String	国家和地区奥委会 3 个字母的代码
2	Region	String	国家
3	Notes	String	地区

3. 导入数据

（1）先初始化 notebook，确保在 notebook 中能够顺利绘制图表。

```
from plotly.offline import init_notebook_mode, iplot
init_notebook_mode(connected=True)
```

Python中的Pandas包中的导入模块的方法

（2）导入相关的库。

```
import pandas as pd
import numpy as np
import pyecharts
from pyecharts.charts import *
from pyecharts import options as opts
from pyecharts.commons.utils import JsCode
```

（3）导入 athlete_events.csv 文件。

```
athlete_data = pd.read_csv('athlete_events.csv')
```

文件的导入方法

（4）导入 noc_regions.csv 文件。

```
noc_region = pd.read_csv('noc_regions.csv')
```

4. 查看数据

（1）查看 athlete_data 的前五行数据。

```
athlete_data
```

输出结果如图 1-1-3 所示。

Pandas 中 DataFrame 数据框

	ID	Name	Sex	Age	Height	Weight	Team	NOC	Games	Year	Season	City	Sport	Event
0	1	A Dijiang	M	24.0	180.0	80.0	China	CHN	1992 Summer	1992	Summer	Barcelona	Basketball	Basketball Men's Basketball
1	2	A Lamusi	M	23.0	170.0	60.0	China	CHN	2012 Summer	2012	Summer	London	Judo	Judo Men's Extra-Lightweight
2	3	Gunnar Nielsen Aaby	M	24.0	NaN	NaN	Denmark	DEN	1920 Summer	1920	Summer	Antwerpen	Football	Football Men's Football
3	4	Edgar Lindenau Aabye	M	34.0	NaN	NaN	Denmark/Sweden	DEN	1900 Summer	1900	Summer	Paris	Tug-Of-War	Tug-Of-War Men's Tug-Of-War
4	5	Christine Jacoba Aaftink	F	21.0	185.0	82.0	Netherlands	NED	1988 Winter	1988	Winter	Calgary	Speed Skating	Speed Skating Women's 500 metres

图 1-1-3　查看 athlete_data 的前五行数据

（2）查看 noc_region 的前五行数据。

```
noc_region
```

输出结果如图 1-1-4 所示。

	NOC	region	notes
0	AFG	Afghanistan	NaN
1	AHO	Curacao	Netherlands Antilles
2	ALB	Albania	NaN
3	ALG	Algeria	NaN
4	AND	Andorra	NaN

图 1-1-4　查看 noc_region 的前五行数据

（3）查看 athlete_data 数据中各字段空值的个数。

```
athlete_data.isnull().sum()
```

输出结果如图 1-1-5 所示。

```
Out[1]: ID          0
        Name        0
        Sex         0
        Age      9474
        Height  60171
        Weight  62875
        Team        0
```

图 1-1-5　查看 athlete_data 数据中各字段空值的个数

（4）查看 athlete_data 列名及其数值类型。

```
athlete_data.info()
```

输出结果如图 1-1-6 所示。

```
Out[1]:
<class 'pandas.core.frame.DataFrame'>
RangeIndex: 271116 entries, 0 to 271115
Data columns (total 15 columns):
ID        271116 non-null int64
Name      271116 non-null object
Sex       271116 non-null object
Age       261642 non-null float64
Height    210945 non-null float64
Weight    208241 non-null float64
Team      271116 non-null object
NOC       271116 non-null object
Games     271116 non-null object
Year      271116 non-null int64
Season    271116 non-null object
City      271116 non-null object
Sport     271116 non-null object
Event     271116 non-null object
Medal      39783 non-null object
dtypes: float64(3), int64(2), object(10)
memory usage: 31.0+ MBYear          0
Season        0
City          0
Sport         0
Event         0
Medal    231333
dtype: int64
```

图 1-1-6　查看 athlete_data 列名及其数值类型

(5）查看 noc_region 列名及其数值类型。

```
noc_region.info()
```

输出结果如图 1-1-7 所示。

```
Out[1]:<class 'pandas.core.frame.DataFrame'>
RangeIndex: 230 entries, 0 to 229
Data columns (total 3 columns):
NOC        230 non-null object
region     227 non-null object
notes      21 non-null object
dtypes: object(3)
memory usage: 5.5+ KB
Year       0
Season     0
```

图 1-1-7　查看 noc_region 列名及其数值类型

（6）查看 athlete_data 的描述信息。

```
athlete_data.describe()
```

输出结果如图 1-1-8 所示。

	ID	Age	Height	Weight	Year
count	271116.000000	261642.000000	210945.000000	208241.000000	271116.000000
mean	68248.954396	25.556898	175.338970	70.702393	1978.378480
std	39022.286345	6.393561	10.518462	14.348020	29.877632
min	1.000000	10.000000	127.000000	25.000000	1896.000000
25%	34643.000000	21.000000	168.000000	60.000000	1960.000000
50%	68205.000000	24.000000	175.000000	70.000000	1988.000000
75%	102097.250000	28.000000	183.000000	79.000000	2002.000000
max	135571.000000	97.000000	226.000000	214.000000	2016.000000

图 1-1-8　查看 athlete_data 的描述信息

（7）查看 noc_region 的描述信息。

```
noc_region.describe()
```

输出结果如图 1-1-9 所示。

	NOC	region	notes
count	230	227	21
unique	230	206	21
top	BRN	Germany	Refugee Olympic Team
freq	1	4	1

图 1-1-9　查看 noc_region 的描述信息

1.4　任务评价与总结

上述任务完成后，填写评价表，对知识点掌握情况进行自我评价，并进行学习总结，评价表见表 1-1-6。

表 1-1-6 评价总结表 笔记栏

考核项目	任务知识点自我测评与总结		
考核项目	任务知识点	自我评价	学习总结
计算机视觉	计算机视觉的基本概念	☐ 没有掌握 ☐ 基本掌握 ☐ 完全掌握	
计算机视觉	计算机视觉相关学科	☐ 没有掌握 ☐ 基本掌握 ☐ 完全掌握	
计算机视觉	计算机视觉应用领域	☐ 没有掌握 ☐ 基本掌握 ☐ 完全掌握	
Python 的 Pandas 包	Pandas 是什么数据模块	☐ 没有掌握 ☐ 基本掌握 ☐ 完全掌握	
Python 的 Pandas 包	Pandas 能完成的功能	☐ 没有掌握 ☐ 基本掌握 ☐ 完全掌握	
Python 的 Pandas 包	Pandas 的数据类型有哪些	☐ 没有掌握 ☐ 基本掌握 ☐ 完全掌握	
Python 实现数据读取和写入	利用 Python 对数据库文件读取和写入	☐ 没有掌握 ☐ 基本掌握 ☐ 完全掌握	
Python 实现数据读取和写入	利用 Python 对 txt 文件读取和写入	☐ 没有掌握 ☐ 基本掌握 ☐ 完全掌握	
Python 实现数据读取和写入	利用 Python 对 Excel 文件读取和写入	☐ 没有掌握 ☐ 基本掌握 ☐ 完全掌握	
Pandas 包的 Series	Pandas 包的 Series 的创建方法	☐ 没有掌握 ☐ 基本掌握 ☐ 完全掌握	
Pandas 包的 Series	Series 的属性	☐ 没有掌握 ☐ 基本掌握 ☐ 完全掌握	
Pandas 包的 Series	Series 的索引	☐ 没有掌握 ☐ 基本掌握 ☐ 完全掌握	
Pandas 中 DataFrame 数据框	创建 DataFrame（数据框）	☐ 没有掌握 ☐ 基本掌握 ☐ 完全掌握	
Pandas 中 DataFrame 数据框	增加 DataFrame（数据框）行或者列	☐ 没有掌握 ☐ 基本掌握 ☐ 完全掌握	
Pandas 中 DataFrame 数据框	修改 DataFrame（数据框）行或者列的值	☐ 没有掌握 ☐ 基本掌握 ☐ 完全掌握	
Pandas 中 DataFrame 数据框	查询 DataFrame（数据框）行或者列的值	☐ 没有掌握 ☐ 基本掌握 ☐ 完全掌握	

1.5 知识积累

1.5.1 计算机视觉

1. 计算机视觉概述

计算机视觉是用计算机来模拟人的视觉机理获取和处理信息,就是通过对采集的图片和视频进行处理以获得相应场景信息,就像人类和许多其他生物每天所做的那样。形象地说,就是给计算机安装上眼睛(照相机)和大脑(算法),让计算机能够感知环境。

计算机视觉既是工程领域,也是科学领域中的一个富有挑战性的重要研究领域,是一门综合性学科,吸引各个学科的研究者参与到对它的研究之中,包括计算机科学和工程、信号处理、物理学、应用数学和统计学,神经生理学和认知科学等学科,图像处理、模式识别或图像识别、景物分析、图像理解等学科的研究目标与计算机视觉相近或与之有关。

2. 计算机视觉相关学科

1)图像处理

图像处理技术把输入图像转换成具有某种特性的另一幅图像。例如,通过处理使输出图像有较高的信噪比,或通过增强处理突出图像的细节等。在计算机视觉研究中经常利用图像处理技术进行预处理和特征抽取。

2)模式识别

模式识别技术根据从图像中抽取的统计特性或结构信息,把图像分成预定的类别,例如,文字识别或指纹识别等。在计算机视觉中模式识别技术经常用于对图像中的部分区域进行分割识别和分类。

3)图像理解

对于给定一幅图像,图像理解不仅描述图像本身,还描述和解释图像所代表的景物,以便对图像代表的内容作出决定。在人工智能视觉研究的初期,经常使用景物分析这个术语,其强调二维图像与三维景物之间的区别。图像理解除了需要复杂的图像处理以外,还需要具有关于景物成像的物理规律知识以及与景物内容有关的知识。

计算机视觉本身又包括诸多不同的研究方向,比较基础和热门的几个方向主要包括:物体识别和检测(Object Recognition and Detection)、语义分割(Semantic Segmentation)、运动和跟踪(Motion & Tracking)、三维重建(3D Reconstruction)、视觉问答(Visual Question & Answering)、动作识别(Action Recognition)等。

完成上述学习资料的学习后,根据自己的学习情况进行归纳总结,并填写学习笔记,见表1-1-7。

表 1-1-7 学习笔记

主题	
内容	问题与重点
总结：	

1.5.2 Python 的 Pandas 包

Pandas 是 Python 的一个数据分析包，最初由 AQR Capital Management 于 2008 年 4 月开发，并于 2009 年底开源，Pandas 最初是作为金融数据分析工具而开发的，为时间序列分析提供了很好的支持。Pandas 的名称来自面板数据（Panel Data）和 Python 数据分析（Data Analysis）。

Pandas 是基于 Numpy 的一种数据分析工具，在数据分析中经常需要使用 Pandas 工具读取各类数据源并将结果保存到数据库中，它是进行数据预处理、建模与分析的前提。在机器学习任务中，首先需要对数据进行清洗和编辑等工作，Pandas 库大大简化了数据清洗和编辑的工作量。

Pandas 的数据结构有以下几类：

（1）Series：一维数组，与 Numpy 中的一维 array 类似，与 Python 基本的数据结构 List 也很相近。Series 能保存不同种数据类型，字符串、boolean 值、数字等都能保存在 Series 中。

（2）Time-Series：以时间为索引的 Series。

（3）DataFrame：二维的表格型数据结构。很多功能与 R 语言中的 data.frame 类似。可以将 DataFrame 理解为 Series 的容器。

（4）Panel：三维数组，可以理解为 DataFrame 的容器。

（5）Panel4D：是像 Panel 一样的 4 维数据容器。

（6）PanelND：拥有 factory 集合，可以创建像 Panel4D 一样 N 维命名容器的模块。

完成上述学习资料的学习后，根据自己的学习情况进行归纳总结，并填写学习笔记，见表 1-1-8。

表 1-1-8　学习笔记

主题	
内容	问题与重点

总结：

1.5.3　数据读取和写入

1. 数据库的读取和写入

1）数据库数据读取

Pandas 提供了读取与存储关系型数据库数据的函数与方法。除了 Pandas 库外，还需要使用 SQLAlchemy 库建立对应的数据库连接。SQLAlchemy 配合相应数据库的 Python 连接工具，使用 create_engine() 函数，建立一个数据库连接。

read_sql_table 只能读取数据库的某一个表格，不能实现查询操作。其格式为：

```
pandas.read_sql_table(table_name, con, schema=None, index_col=None, coerce_float=True, columns=None)
```

read_sql_table() 函数读取数据库文件使用的参数如图 1-1-10 所示。

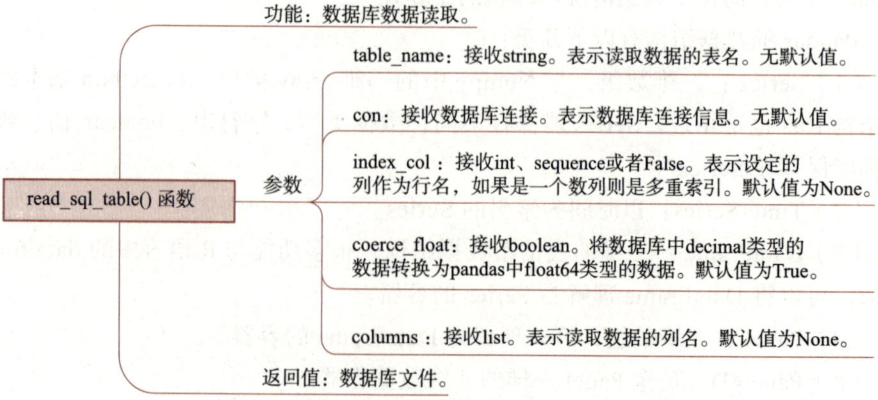

```
read_sql_table() 函数
├─ 功能：数据库数据读取。
├─ 参数
│   ├─ table_name：接收string。表示读取数据的表名。无默认值。
│   ├─ con：接收数据库连接。表示数据库连接信息。无默认值。
│   ├─ index_col：接收int、sequence或者False。表示设定的列作为行名，如果是一个数列则是多重索引。默认值为None。
│   ├─ coerce_float：接收boolean。将数据库中decimal类型的数据转换为pandas中float64类型的数据。默认值为True。
│   └─ columns：接收list。表示读取数据的列名。默认值为None。
└─ 返回值：数据库文件。
```

图 1-1-10　read_sql_table() 函数读取数据库文件的参数

read_sql_query() 函数只能实现查询操作，不能直接读取数据库中某个表。其格式为：

```
pandas.read_sql_query(sql, con, index_col=None, coerce_float=True
```

read_sql 是两者的综合，既能够读取数据库中的某个表，也能够实现查询操作。其格式为：

```
pandas.read_sql(sql, con, index_col=None, coerce_float=True,
columns=None)
```

read_sql() 函数读取数据库文件的参数如图 1-1-11 所示。

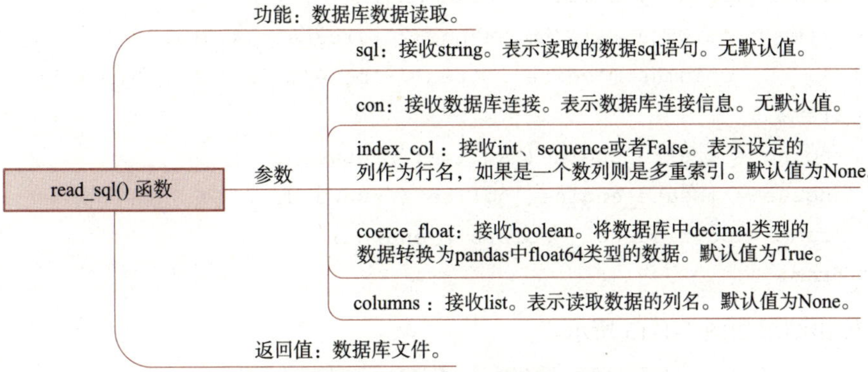

- read_sql() 函数
  - 功能：数据库数据读取。
  - 参数
    - sql：接收string。表示读取的数据sql语句。无默认值。
    - con：接收数据库连接。表示数据库连接信息。无默认值。
    - index_col：接收int、sequence或者False。表示设定的列作为行名，如果是一个数列则是多重索引。默认值为None。
    - coerce_float：接收boolean。将数据库中decimal类型的数据转换为pandas中float64类型的数据。默认值为True。
    - columns：接收list。表示读取数据的列名。默认值为None。
  - 返回值：数据库文件。

图 1-1-11　read_sql() 函数读取数据库文件的参数

Pandas 三个数据库数据读取函数的参数几乎完全一致，唯一的区别在于传入的是语句还是表名。

2）数据库数据存储

数据库数据读取有三个函数，但数据存储则只有一个 to_sql() 函数。其格式为：

```
DataFrame.to_sql(name, con, schema=None, if_exists='fail', index=
True, index_label=None, dtype=None)
```

to_sql() 函数进行数据库文件存储的参数如图 1-1-12 所示。

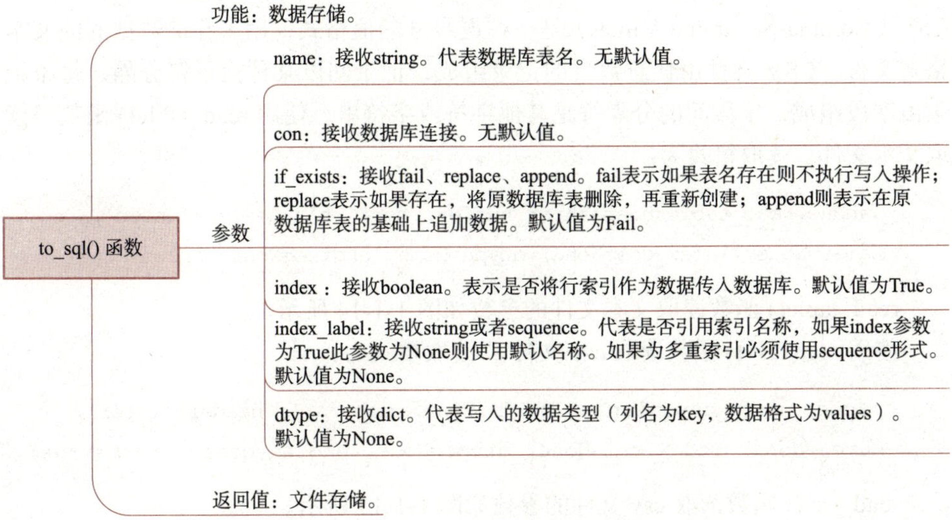

- to_sql() 函数
  - 功能：数据存储。
  - 参数
    - name：接收string。代表数据库表名。无默认值。
    - con：接收数据库连接。无默认值。
    - if_exists：接收fail、replace、append。fail表示如果表名存在则不执行写入操作；replace表示如果存在，将原数据库表删除，再重新创建；append则表示在原数据库表的基础上追加数据。默认值为Fail。
    - index：接收boolean。表示是否将行索引作为数据传入数据库。默认值为True。
    - index_label：接收string或者sequence。代表是否引用索引名称，如果index参数为True此参数为None则使用默认名称。如果为多重索引必须使用sequence形式。默认值为None。
    - dtype：接收dict。代表写入的数据类型（列名为key，数据格式为values）。默认值为None。
  - 返回值：文件存储。

图 1-1-12　to_sql() 函数进行数据库文件存储的参数

✪ 练一练

创建一个 DataFrame 对象，在 SQLite3 数据库中新建一张表。使用 create_engine() 函数连接 SQLite3 数据库，再使用 to_sql() 方法转换为数据库表。

```
import pandas as pd
import numpy as np
from sqlalchemy import create_engine
frame = pd.DataFrame(np.arange(20).reshape(4,5),
        columns=['white', 'red', 'blue', 'black', 'green'])
frame
engine = create_engine('sqlite:///wuwu.db')
engine = create_engine('sqlite:///wuwu.db')
frame = pd.read_sql('colors', engine)
frame
```

输出结果如图 1-1-13 所示。

	index	white	red	blue	black	green
0	0	0	1	2	3	4
1	1	5	6	7	8	9
2	2	10	11	12	13	14
3	3	15	16	17	18	19

图 1-1-13　输出的 DataFrame 对象

2. 文本文件的读取和存储

1）文本文件的读取

文本文件是一种由若干行字符构成的计算机文件，它是一种典型的顺序文件。CSV（Comma-Separated Values）是一种逗号分隔值格式，用来存储数据的纯文本格式文件。CSV 文件由任意数目的记录组成，记录间以某种换行符分隔，每条记录由字段组成，字段间的分隔符是其他字符或字符串。使用 read_table() 函数来读取文本文件。读取格式为：

```
pandas.read_table(filepath_or_buffer, sep='\t', header='infer',
    names=None, index_col=None, dtype=None, engine=None, nrows=None)
```

read_table() 函数读取文本文件的参数如图 1-1-14 所示。

使用 read_csv() 函数读取 csv 文件。读取格式为：

```
pandas.read_csv(filepath_or_buffer, sep='\t', header='infer',
    names=None, index_col=None, dtype=None, engine=None, nrows=None)
```

read_csv() 函数读取 csv 文件的参数如图 1-1-15 所示。

项目 1 计算机视觉应用开发的数据处理

```
read_table() 函数 ─┬─ 功能：使用read_table()函数读取文本文件。
                  ├─ 参数 ─┬─ filepath_or_buffer：接收string。代表文件路径。无默认值。
                  │        ├─ sep：接收string。代表分隔符。read_table默认为制表符【Tab】。
                  │        ├─ header：接收int或sequence。表示将某行数据作为列名。默认值为 infer，表示自动识别。
                  │        ├─ names：接收array。表示列名。默认值为None。
                  │        ├─ index_col：接收int、sequence或False。表示索引列的位置，取值为sequence则代表多重索引。默认值为None。
                  │        ├─ dtype：接收dict。代表写入的数据类型（列名为key，数据格式为values）。默认值为None。
                  │        ├─ engine：接收C或者Python。代表数据解析引擎。默认值为C。
                  │        └─ nrows：接收int。表示读取前n行。默认值为None。
                  └─ 返回值：文本文件。
```

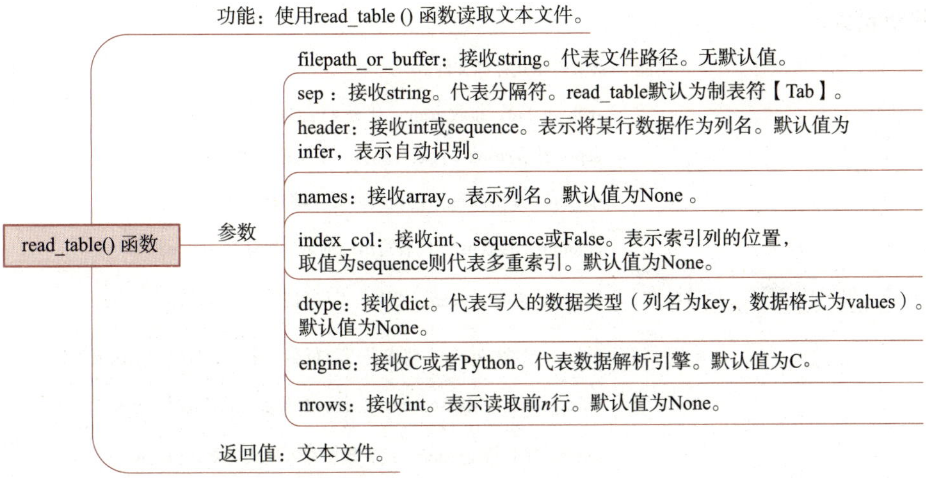

图 1-1-14　read_table() 函数读取文本文件的参数

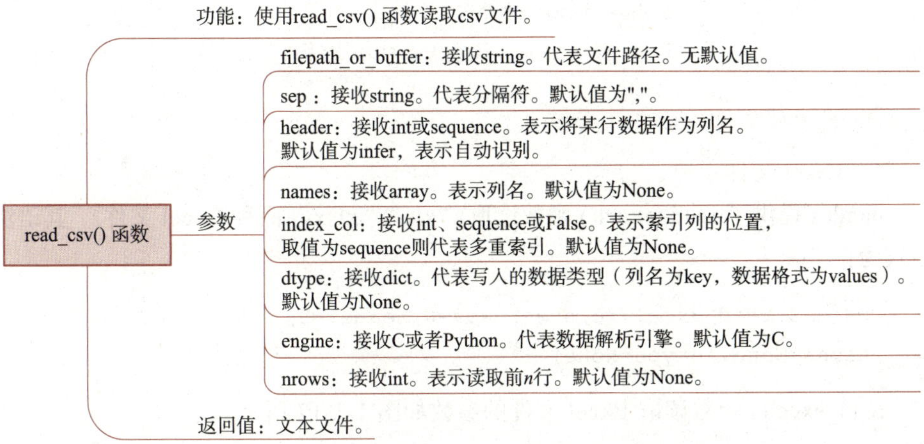

```
read_csv() 函数 ─┬─ 功能：使用read_csv()函数读取csv文件。
                ├─ 参数 ─┬─ filepath_or_buffer：接收string。代表文件路径。无默认值。
                │        ├─ sep：接收string。代表分隔符。默认值为","。
                │        ├─ header：接收int或sequence。表示将某行数据作为列名。默认值为infer，表示自动识别。
                │        ├─ names：接收array。表示列名。默认值为None。
                │        ├─ index_col：接收int、sequence或False。表示索引列的位置，取值为sequence则代表多重索引。默认值为None。
                │        ├─ dtype：接收dict。代表写入的数据类型（列名为key，数据格式为values）。默认值为None。
                │        ├─ engine：接收C或者Python。代表数据解析引擎。默认值为C。
                │        └─ nrows：接收int。表示读取前n行。默认值为None。
                └─ 返回值：文本文件。
```

图 1-1-15　read_csv() 函数读取 csv 文件的参数

read_table() 和 read_csv() 函数中的 sep 参数用于指定文本的分隔符，如果分隔符指定错误，在读取数据时，每一行数据将连成一片。header 参数用于指定列名，如果是 None，则会添加一个默认的列名。

2）文本文件存储

文本文件的存储和读取类似，结构化数据可以通过 pandas 中的 to_csv() 函数实现以 csv 文件格式存储文件。to_csv() 函数的格式为：

```
DataFrame.to_csv(path_or_buf=None,sep=',',na_rep=' ',
columns=None, header=True, index=True,index_label=None,mode='w',
encoding=None)
```

to_csv() 函数保存文本文件的参数如图 1-1-16 所示。

encoding 代表文件的编码格式，常用的编码有 UTF-8、UTF-16、GBK、GB2312、GB18030 等。如果编码指定错误数据将无法读取，IPython 解释器会报

1-15

解析错误。

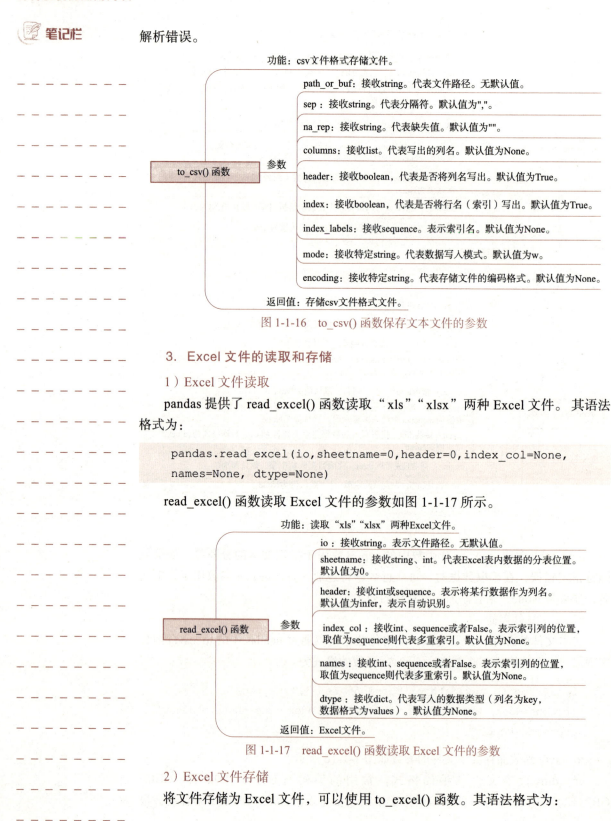

图 1-1-16　to_csv() 函数保存文本文件的参数

3．Excel 文件的读取和存储

1）Excel 文件读取

pandas 提供了 read_excel() 函数读取 "xls" "xlsx" 两种 Excel 文件。其语法格式为：

```
pandas.read_excel(io,sheetname=0,header=0,index_col=None,
names=None, dtype=None)
```

read_excel() 函数读取 Excel 文件的参数如图 1-1-17 所示。

图 1-1-17　read_excel() 函数读取 Excel 文件的参数

2）Excel 文件存储

将文件存储为 Excel 文件，可以使用 to_excel() 函数。其语法格式为：

项目 1　计算机视觉应用开发的数据处理

```
DataFrame.to_excel(excel_writer, sheet_name='Sheet1', na_rep='',
columns=None, header=True,index=True,index_label=None,encoding=
None)
```

to_excel() 函数保存 Excel 文件参数如图 1-1-18 所示。

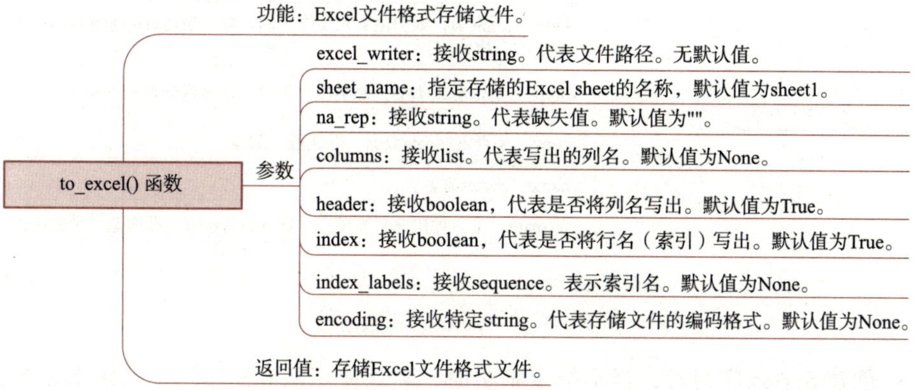

```
to_excel() 函数
├─ 功能：Excel文件格式存储文件。
├─ 参数
│   ├─ excel_writer：接收string。代表文件路径。无默认值。
│   ├─ sheet_name：指定存储的Excel sheet的名称，默认值为sheet1。
│   ├─ na_rep：接收string。代表缺失值。默认值为""。
│   ├─ columns：接收list。代表写出的列名。默认值为None。
│   ├─ header：接收boolean，代表是否将列名写出。默认值为True。
│   ├─ index：接收boolean，代表是否将行名（索引）写出。默认值为True。
│   ├─ index_labels：接收sequence。表示索引名。默认值为None。
│   └─ encoding：接收特定string。代表存储文件的编码格式。默认值为None。
└─ 返回值：存储Excel文件格式文件。
```

图 1-1-18　to_excel() 函数保存 Excel 文件参数

完成上述学习资料的学习后，根据自己的学习情况进行归纳总结，并填写学习笔记，见表 1-1-9。

表 1-1-9　学习笔记

主题	
内容	问题与重点
总结：	

1.5.4　Pandas 包的 Series

Pandas 包的 Series 系列可以定义为能够存储各种数据类型的一维数组。使用 Series 方法将 Pandas 的列表、元组和字典等数据类型转换为 Series，Series 的行标签称为索引，在 Series 中包含的数据类型可以是整数、浮点、字符串、Python 对象等。

1. Series 序列的创建方法

Pandas 包的 Series 序列的创建格式为：

```
pandas.Series(data=None, index=None, dtype=None, name=None,
```

copy=False, fastpath=False)

Series() 函数参数如图 1-1-19 所示。

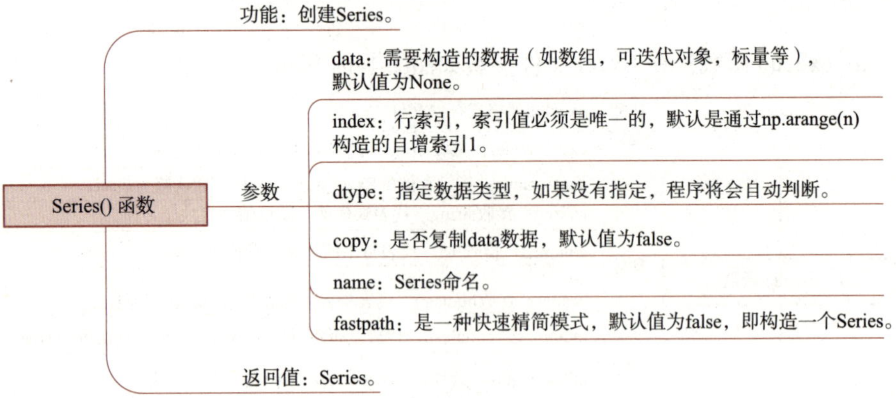

```
Series() 函数
├─ 功能：创建 Series。
├─ 参数
│   ├─ data：需要构造的数据（如数组，可迭代对象，标量等），默认值为 None。
│   ├─ index：行索引，索引值必须是唯一的，默认是通过 np.arange(n) 构造的自增索引1。
│   ├─ dtype：指定数据类型，如果没有指定，程序将会自动判断。
│   ├─ copy：是否复制 data 数据，默认值为 false。
│   ├─ name：Series 命名。
│   └─ fastpath：是一种快速精简模式，默认值为 false，即构造一个 Series。
└─ 返回值：Series。
```

图 1-1-19 Series() 函数参数

创建 Series 序列时，当不指定索引时，默认使用从 0 开始的整数索引；当指定了字符串索引时，则既可以通过该字符串索引访问元素，也可以通过默认的整数索引访问元素；当指定了一个整数索引，则该索引会覆盖原有默认的整数索引，只能通过该新的整数索引访问元素，默认的整数索引会失效。也可以利用列表、字典或标量值创建 Series。

练一练

○ 知识应用练一练 1：创建一个 Series。

```python
import pandas as pd
user_age = pd.Series(data=[18, 30, 25, 40])
user_age.index = ["张三","李四","王五","赵六"]
user_age.index.name = "name"
user_age.name="user_age_info"
user_age
```

输出结果如图 1-1-20 所示。

```
Out[1]:name
       张三    18
       李四    30
       王五    25
       赵六    40
       Name: user_age_info, dtype: int64
```

图 1-1-20 创建的 Series

○ 知识应用练一练 2：利用列表创建 Series。

```python
import pandas as pd
t = pd.Series([1,2,3,4,43],index=list('abdef'))
```

```
print(t)
```
输出结果如图 1-1-21 所示。

```
Out[1]:a    1
       b    2
       d    3
       e    4
       f   43
dtype: int64
```

图 1-1-21　利用列表创建 Series

✪ 知识应用练一练 3：利用字典创建 Series。

```
import pandas as pd
temp_dict = {'name':'xiaohong','age':30,'tel':10086}
t2 = pd.Series(temp_dict)
t2
```

输出结果如图 1-1-22 所示。

```
Out[1]:name      xiaohong
       age             30
       tel          10086
dtype: object
```

图 1-1-22　利用字典创建 Series

✪ 知识应用练一练 4：利用字典推导式创建 Series。

```
import string
import pandas as pd
a = {string.ascii_uppercase[i]:i for i in range(10)}
print(a)
print(pd.Series(a))
print(pd.Series(a,index=list(string.ascii_uppercase[5:15])))
```

输出结果如图 1-1-23 所示。

```
Out[1]:F    5.0
       G    6.0
       H    7.0
       I    8.0
       J    9.0
       K    NaN
       L    NaN
       M    NaN
       N    NaN
       O    NaN
```

图 1-1-23　利用字典推导式创建 Series

○ 知识应用练一练 5：利用手动指定类型创建 Series。

```
import pandas as pd
name = ["Tom", "Bob", "Mary", "James"]
user = pd.Series(data=[18, 30, 25, 40], index=name, name="user_info", dtype=float)
user
```

输出结果如图 1-1-24 所示。

```
Out[1]:Tom      18.0
       Bob      30.0
       Mary     25.0
       James    40.0
       Name: user_info, dtype: float64
```

图 1-1-24　手动指定类型创建 Series

2. Series 的基本属性

Series 的基本属性如图 1-1-25 所示。

Series属性
- Series.ndim：返回Series的维数。
- Series.shape：返回Series的形状。
- Series.dtype：返回Series中元素的数据类型。
- Series.size：返回Series中元素的个数。
- Series.itemsize：返回Series中每个元素占用空间的大小，以字节为单位。
- Series.nbytes：返回Series中所有元素占用空间的大小，以字节为单位。
- Series.T：返回Series的转置结果。
- Series.index：返回Series中的索引。
- Series.values：返回Series中的数值。
- Series.name：返回Series的名称或返回Series索引的名称。

图 1-1-25　Series 的基本属性

3. Series 的索引

Series 索引方式通常有位置下标、标签索引、切片索引和布尔型索引。

★ 练一练

○ 知识应用练一练：Series 的索引。

```
import pandas as pd
name = pd.Index(["Tom", "Bob", "Mary", "James"], name="name")
user= pd.Series(data=[18, 30, 25, 40], index=name, name="age_info")
```

```
user['Tom']
user.get('Tom')
user[0]
user[:3]
user[age>25]
user[[3,1]]
user[::2]
```

输出结果如图 1-1-26 所示。

```
Out[1]: name
        Tom    18
        Mary   25
        Name: user_age_info, dtype: int64
```

图 1-1-26　Series 的索引输出结果

完成上述学习资料的学习后，根据自己的学习情况进行归纳总结，并填写学习笔记，见表 1-1-10。

表 1-1-10　学习笔记

主题	
内容	问题与重点
总结：	

1.5.5　Pandas中的DataFrame

DataFrame 是一个带有索引的二维数据结构，每列可以有自己的名字，并且可以有不同的数据类型。可以把它想象成一个 Excel 表格或者数据库中的一张表，DataFrame 是最常用的 Pandas 对象，DataFrame 是一个类似于表的数据结构，可以利用字典、数组等方式创建。

DataFrame 的创建

1）字典套列表方式创建 DataFrame

```
import pandas as pd
index = pd.Index(data=["Tom", "Bob", "Mary", "James"], name=
```

```
"name")
data - {
    "age": [18, 30, 25, 40],
    "city": ["BeiJing", "ShangHai", "GuangZhou", "ShenZhen"]
}
user= pd.DataFrame(data=data, index=index)
user
```

输出结果如图 1-1-27 所示。

	age	city
name		
Tom	18	BeiJing
Bob	30	ShangHai
Mary	25	GuangZhou
James	40	ShenZhen

图 1-1-27　字典套列表方式创建 DataFrame 输出结果

2）列表套字典方式创建 DataFrame

```
import pandas as pd
data = [{'name':'xiaohong','age':23,'tel':10086},{'name':
'xiaogang','age':12},{'name':'xiaozhang','tel':10010}]
user= pd.DataFrame(data=data)
user
```

输出结果如图 1-1-28 所示。

	age	name	tel
0	23.0	xiaohong	10086.0
1	12.0	xiaogang	NaN
2	NaN	xiaozhang	10010.0

图 1-1-28　列表套字典方式创建 DataFrame 输出结果

3）数组方式创建 DataFrame

```
import pandas as pd
data = [[18, "BeiJing"],
        [30, "ShangHai"],
        [25, "GuangZhou"],
        [40, "ShenZhen"]]
columns = ["age", "city"]
user= pd.DataFrame(data=data, index=index, columns=columns)
user
```

输出结果如图 1-1-29 所示。

图 1-1-29 数组方式创建数据框输出结果

4）from_dict 方式创建 DataFrame

```
import pandas as pd
result =
{'name': 'zhangyafei','age': 24, 'city':'shanxi','weather':
'sunny','date':'2019-3-11'}
data = pd.DataFrame.from_dict(result,orient='index').T
data
```

输出结果如图 1-1-30 所示。

图 1-1-30 from_dict 方式创建 DataFrame 输出结果

可以对 DataFrame 进行增加、修改、查询等操作，具体这些操作的意义和用法如图 1-1-31 所示。

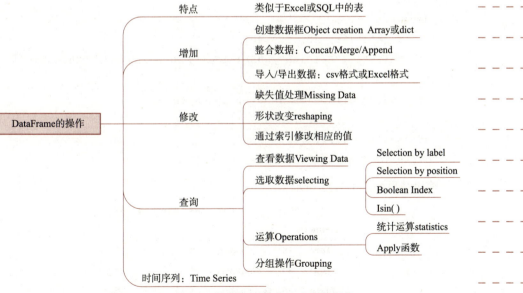

图 1-1-31 DataFrame 的增加、修改、查询等操作

练一练

★ 知识应用练一练 1：DataFrame 的建立。

```
import pandas as pd
index = pd.Index(data=["Tom", "Bob", "Mary", "James"], name=
"name")
data = {
    "age": [18, 30, 25, 40],
    "city": ["BeiJing", "ShangHai", "GuangZhou", "ShenZhen"]
}
df = pd.DataFrame(data=data, index=index)
df
```

输出结果如图 1-1-32 所示。

	age	city
name		
Tom	18	BeiJing
Bob	30	ShangHai
Mary	25	GuangZhou
James	40	ShenZhen

图 1-1-32 数据框的建立输出结果

✪ 知识应用练一练 2：DataFrame 行与列的增加。

```
import pandas as pd
index = pd.Index(data=["Tom", "Bob", "Mary", "James"], name=
"name")
data = {
    "age": [18, 30, 25, 40],
    "city": ["BeiJing", "ShangHai", "GuangZhou", "ShenZhen"]
}
df = pd.DataFrame(data=data, index=index)
df.loc[len(df)]=[23,'ShanXi']
df['sex'] = [1,1,1,0,1]
df.assign(age_add_one = df.age + 1)
```

输出结果如图 1-1-33 所示。

	age	city	sex	age_add_one
name				
Tom	18	BeiJing	1	19
Bob	30	ShangHai	1	31
Mary	25	GuangZhou	1	26
James	40	ShenZhen	0	41
4	23	ShanXi	1	24

图 1-1-33 DataFrame 行与列的增加输出的结果

● 知识应用练一练 3：DataFrame 删除行或者列。

```
import pandas as pd
index = pd.Index(data=["Tom", "Bob", "Mary", "James"], name=
"name")
data = {
    "age": [18, 30, 25, 40],
    "city": ["BeiJing", "ShangHai", "GuangZhou", "ShenZhen"]
}
df = pd.DataFrame(data=data, index=index)
df.loc[len(df)] = [23, 'ShanXi']
df
```

输出结果如图 1-1-34 所示。

	age	city
name		
Tom	18	BeiJing
Bob	30	ShangHai
Mary	25	GuangZhou
James	40	ShenZhen
4	23	ShanXi

图 1-1-34　DataFrame 删除行或者列的输出结果

● 知识应用练一练 4：DataFrame 根据行索引剔除。

```
import pandas as pd
index = pd.Index(data=["Tom", "Bob", "Mary", "James"], name=
"name")
data = {
    "age": [18, 30, 25, 40],
    "city": ["BeiJing", "ShangHai", "GuangZhou", "ShenZhen"]
}
df = pd.DataFrame(data=data, index=index)
df.loc[len(df)] = [23, 'ShanXi']
df['sex'] = [1,1,1,0,1]
df.assign(age_add_one = df["age"] + 1)
df
df.drop('sex', axis=1, inplace=True)
df
df.drop(4,axis=0, inplace=True)
df
```

```
df['sex'] = [1,1,0,1]
df
del df['sex']
df
```

✪ 知识应用练一练 5：DataFrame 的修改。

```
import pandas as pd
index = pd.Index(data=["Tom", "Bob", "Mary", "James"], name="name")
data = {
    "age": [18, 30, 25, 40],
    "city": ["BeiJing", "ShangHai", "GuangZhou", "ShenZhen"]
}
df = pd.DataFrame(data=data, index=index)
df
# 方式一
df.columns = ['Age','City']
df.index = ['tom','bob','mary','James']
df
# 方式二
df.rename(columns={"age": "Age", "city": "City"})
df.rename(index={"Tom": "tom", "Bob": "bob"})
df
```

✪ 知识应用练一练 6：DataFrame 的查看和访问。

```
import pandas as pd
index = pd.Index(data=["Tom", "Bob", "Mary", "James"], name="name")
data = {
    "age": [18, 30, 25, 40],
    "city": ["BeiJing", "ShangHai", "GuangZhou", "ShenZhen"]
}
df = pd.DataFrame(data=data, index=index)
df[0:4:2]
df.loc['Tom',]
df.iloc[:1,]
df['age']
df.loc[:,'age']
df.iloc[:, 0:1]
df.loc['Tom','age']
```

```
df.iloc[:1,:1]
df[df.age>=30]
```

完成上述学习资料的学习后，根据自己的学习情况进行归纳总结，并填写学习笔记，见表 1-1-11。

表 1-1-11　学习笔记

主题	
内容	问题与重点
总结：	

任务 2　数据清洗与合并

数据清洗（Data Cleaning）是对数据进行重新审查和校验的过程，目的在于删除重复信息、纠正存在的错误，并保证数据的一致性。

数据清洗就是把"脏数据""洗掉"，是指发现并纠正数据文件中可识别的错误的一道程序，包括检查数据一致性、处理无效值和缺失值等。数据仓库中的数据是面向某一主题的数据的集合，这些数据从多个业务系统中抽取而来而且包含历史数据，这样就会造成有的数据是错误数据、有的数据相互之间有冲突，这些错误的或有冲突的数据显然是用户不需要的，称为"脏数据"。数据清洗是数据分析的关键一步，直接影响后续的处理工作，其处理过程如图 1-2-1 所示。

导入数据 → 列名重命名 → 删除重复值 → 缺失值处理 → 一致化处理 → 数据排序 → 异常值处理

图 1-2-1　数据清洗的步骤

2.1　任务介绍

本任务要求学生在学习知识积累中所列相关知识、收集相关资料的基础上了解数据缺失的类型，掌握数据集中缺失数据、格式内容数据、逻辑错误数据、非需求数据等的清洗方法；掌握数据集中数据进行合并的方法。学会数据清洗与合并，能对不同的数据集进行数据清洗与合并，任务详细描述见表 1-2-1。

表 1-2-1 数据清洗与合并任务单

任务名称	数据清洗与合并	
建议学时	6 学时	实际学时
任务描述	本任务以历届奥运会获奖信息和参赛人员信息数据集为教学载体，要求学生在学习积累所列知识点、收集相关资料的基础上掌握缺失数据、格式内容数据、逻辑错误数据、非需求数据等的清洗方法；掌握数据集中数据合并方法，完成历届奥运会数据集的数据清洗和合并，为后续对奥运会数据集进行可视化处理做准备	
任务完成环境	Python 软件、Anaconda3 编辑器	
任务重点	① Pandas 对数据集的清洗方法； ② Pandas 对数据集的合并方法，利用这些方法实现对数据集的数据清洗与合并	
任务要求	① 了解数据缺失的类型，数据缺失的处理方法； ② 掌握 Pandas 对缺失值的处理方法； ③ 能利用 Pandas 对数据进行合并； ④ 对奥运会数据进行清洗，完成数据的合并，查看清洗的效果	
任务成果	① 导入数据集，查看数据； ② 数据清洗与合并后的数据集	

2.2 导　　学

请先按照导学信息进行相关知识点的学习，掌握一定的操作技能，然后进行任务的实施，并对实施效果进行自我评价。

本任务知识点和技能的导学见表 1-2-2。

表 1-2-2 数据清洗和合并导学

任务	任务和技能要求		
数据清洗和合并	1	初始化 notebook，确保顺利在 notebook 中绘制图表	
		数据缺失类型	完全随机缺失(MCAR)
			条件随机缺失(MAR)
			非随机缺失(NNAR)
			完全变量
			不完全变量

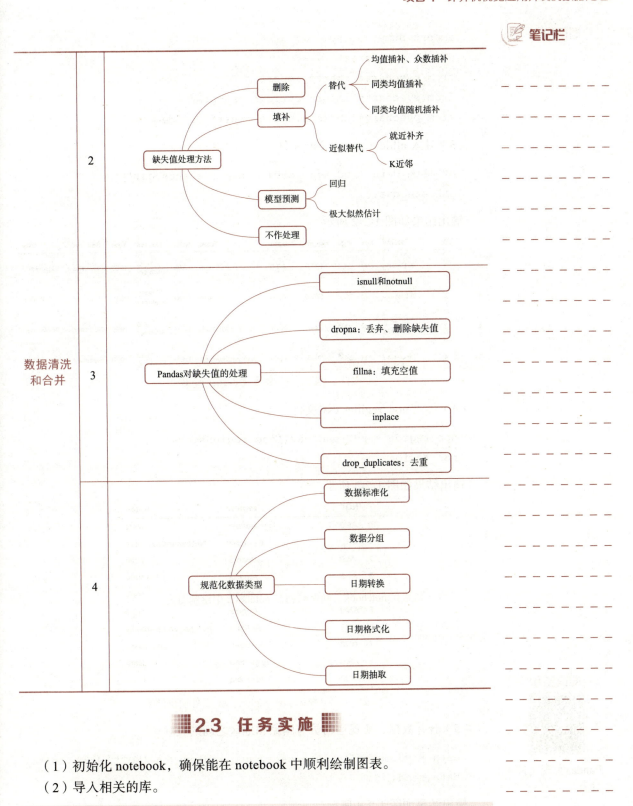

2.3 任务实施

（1）初始化 notebook，确保能在 notebook 中顺利绘制图表。
（2）导入相关的库。

```
import pandas as pd
```

```
import numpy as np
import pyecharts
from pyecharts.charts import *
from pyecharts import options as opts
from pyecharts.commons.utils import JsCode
```

（3）导入 athlete_events.csv 文件。

```
athlete_data = pd.read_csv('athlete_events.csv')
athlete_data
```

输出结果如图 1-2-2 所示。

	ID	Name	Sex	Age	Height	Weight	Team	NOC	Games	Year	Season	City
0	1	A Dijiang	M	24.0	180.0	80.0	China	CHN	1992 Summer	1992	Summer	Barcelona
1	2	A Lamusi	M	23.0	170.0	60.0	China	CHN	2012 Summer	2012	Summer	London
2	3	Gunnar Nielsen Aaby	M	24.0	NaN	NaN	Denmark	DEN	1920 Summer	1920	Summer	Antwerpen
3	4	Edgar Lindenau Aabye	M	34.0	NaN	NaN	Denmark/Sweden	DEN	1900 Summer	1900	Summer	Paris

图 1-2-2　导入文件输出结果

（4）导入 noc_regions.csv 文件。

```
noc_region = pd.read_csv('noc_regions.csv')
noc_region
```

输出结果如图 1-2-3 所示。

	NOC	region	notes
0	AFG	Afghanistan	NaN
1	AHO	Curacao	Netherlands Antilles
2	ALB	Albania	NaN
3	ALG	Algeria	NaN
4	AND	Andorra	NaN
5	ANG	Angola	NaN
6	ANT	Antigua	Antigua and Barbuda
7	ANZ	Australia	Australasia
8	ARG	Argentina	NaN
9	ARM	Armenia	NaN

图 1-2-3　导入 noc_regions.csv 文件输出结果

（5）合并数据，实现运动员与国家和地区之间的关联。

```
data = pd.merge(athlete_data, noc_region, on='NOC', how='left')
data.head()
```

输出结果如图 1-2-4 所示。

Pandas实现文件合并

	ID	Name	Sex	Age	Height	Weight	Team	NOC	Games	Year	Season	City	Sport	Event	Medal	region	notes
0	1	A Dijiang	M	24.0	180.0	80.0	China	CHN	1992 Summer	1992	Summer	Barcelona	Basketball	Basketball Men's Basketball	NaN	China	NaN
1	2	A Lamusi	M	23.0	170.0	60.0	China	CHN	2012 Summer	2012	Summer	London	Judo	Judo Men's Extra-Lightweight	NaN	China	NaN
2	3	Gunnar Nielsen Aaby	M	24.0	NaN	NaN	Denmark	DEN	1920 Summer	1920	Summer	Antwerpen	Football	Football Men's Football	NaN	Denmark	NaN
3	4	Edgar Lindenau Aabye	M	34.0	NaN	NaN	Denmark/Sweden	DEN	1900 Summer	1900	Summer	Paris	Tug-Of-War	Tug-Of-War Men's Tug-Of-War	Gold	Denmark	NaN
4	5	Christine Jacoba Aaftink	F	21.0	185.0	82.0	Netherlands	NED	1988 Winter	1988	Winter	Calgary	Speed Skating	Speed Skating Women's 500 metres	NaN	Netherlands	NaN

图 1-2-4　合并数据输出的结果

2.4　任务评价与总结

上述任务完成后，对知识点掌握情况进行自我评价，并进行学习总结，评价表见表 1-2-3。

表 1-2-3　评价总结表

任务知识点自我测评与总结			
考核项目	任务知识点	自我评价	学习总结
数据缺失类型	数据缺失原因	☐ 没有掌握 ☐ 基本掌握 ☐ 完全掌握	
	数据缺失的类型	☐ 没有掌握 ☐ 基本掌握 ☐ 完全掌握	
缺失值处理方法	删除方法处理缺失值	☐ 没有掌握 ☐ 基本掌握 ☐ 完全掌握	
	填补方法处理缺失值	☐ 没有掌握 ☐ 基本掌握 ☐ 完全掌握	
	模型预测方法处理缺失值	☐ 没有掌握 ☐ 基本掌握 ☐ 完全掌握	
Pandas 对缺失值的处理	isnull 和 notnull 判断是否存在缺失值	☐ 没有掌握 ☐ 基本掌握 ☐ 完全掌握	
	Dropna() 方法：丢弃、删除缺失值	☐ 没有掌握 ☐ 基本掌握 ☐ 完全掌握	
	Fillna() 方法：填充空值	☐ 没有掌握 ☐ 基本掌握 ☐ 完全掌握	
	Inplace() 方法	☐ 没有掌握 ☐ 基本掌握 ☐ 完全掌握	
	drop_duplicates() 方法去重	☐ 没有掌握 ☐ 基本掌握 ☐ 完全掌握	

规范化数据类型	数据标准化	☐ 没有掌握 ☐ 基本掌握 ☐ 完全掌握	
	数据分组	☐ 没有掌握 ☐ 基本掌握 ☐ 完全掌握	
	日期转换	☐ 没有掌握 ☐ 基本掌握 ☐ 完全掌握	
	日期格式化	☐ 没有掌握 ☐ 基本掌握 ☐ 完全掌握	
	日期抽取	☐ 没有掌握 ☐ 基本掌握 ☐ 完全掌握	

2.5 知识积累

2.5.1 数据缺失类型

数据缺失的类型包括：

（1）完全随机缺失 (MCAR)：缺失数据与该变量的真实值无关，与其他变量的数值也无关。

（2）条件随机缺失 (MAR)：缺失数据与其他变量有关。

（3）非随机缺失 (NNAR)：缺失数据依赖于该变量本身。

（4）完全变量：数据集中不含缺失值的变量称为完全变量。

（5）不完全变量：数据集中含有缺失值的变量称为不完全变量。

完成上述学习资料的学习后，根据自己的学习情况进行归纳总结，并填写学习笔记，见表1-2-4。

表1-2-4　学习笔记

主题	
内容	问题与重点
总结：	

2.5.2 缺失值处理方法

缺失值的处理，从总体上来说分为删除存在缺失值的个案和缺失值插补两种。但对于主观数据，人为因素影响数据的真实性，存在缺失值，记录的其他属性的真实值也不能保证，那么依赖于这些属性值的插补也是不可靠的，所以对于主观数据一般不推荐插补的方法。插补主要针对客观数据，它的可靠性有保证。

1. 删除

（1）删除有缺失数据的样本。

（2）删除有过多缺失数据的变量。

删除法是最简单、直接、有效的方法，其缺点是删除法会导致信息丢失。如果缺失数据属于完全随机缺失，简单删除的后果仅仅是减少了样本量，导致信息量减少。但缺失数据通常都不是 MCAR，若采用简单删除就会使得估计系数出现偏误。

2. 填补

以最可能的值来插补缺失值比删除全部不完全样本所产生的信息丢失要少。在数据挖掘中，经常面对的是大型数据库，它的属性有几十个甚至几百个，如果由于一个属性值的缺失而放弃大量的其他属性值，这种删除法是对信息的极大浪费。

1）替代

（1）均值插补、众数插补。利用均值、中位数、众数、随机数等进行插补。其缺点在于：人为增加了噪声。

（2）同类均值插补。利用聚类方法预测缺失记录种类，再以该类均值对缺失值进行插补。

（3）同类均值随机插补。在利用上述方法进行均值插补时，会存在一个问题，就是同类样本对该变量的预测值都是相同的。为了解决这一问题，在进行数值插补时，可以生成正态随机数，其均值为该类样本均值，方差为该类样本方差。

2）近似替代

（1）就近补齐。对于一个包含空值的对象可以采用就近补齐方法，即在完整数据中找到一个与它最相似的对象，然后用该相似对象的值进行填充。不同的问题可能会选用不同的标准对相似进行判定。该方法概念上很简单，且利用了数据间的关系进行空值估计。其缺点在于难以定义相似标准，主观因素较多。

（2）K 近邻。先根据欧式距离或相关分析确定距离缺失数据最近的 K 个样本，将这 K 个值加权平均来估计该样本的缺失数据。

3. 模型预测

利用其他变量做模型进行缺失变量的预测。其缺点在于：如果其变量与缺失变量无关，则预测的结果毫无意义。如果预测结果相当准确，则又说明该变量完全没有必要进行预测。一般情况下，会介于两者之间，填补缺失值之后引入了自相关，这会给后续分析造成障碍。

利用模型预测缺失变量的方法无穷无尽，下面简单介绍几种：

1）回归

基于完整的数据集，建立回归方程。对于包含空值的对象，将已知属性值代入方程来估计未知属性值，以此估计值进行填充。当变量不是线性相关或预测变量高度相关时会导致有偏差的估计。

2）极大似然估计

在缺失类型为随机缺失的条件下，假设模型对于完整的样本是正确的，通过观测数据的边际分布可以对缺失数据进行极大似然估计。

极大似然估计适用于大样本。有效样本的数据量足以保证 ML 估计值是渐进无偏的并且服从正态分布。但这种方法可能会陷入局部极值，收敛速度也不是很快，并且计算很复杂。极大似然估计要求模型的形式必须准确，如果参数形式不正确，将得到错误结论。

4. 不作处理

在实际应用中，一些模型无法应对具有缺失值的数据，因此要对缺失值进行处理，然而还有一些模型本身就可以应对具有缺失值的数据，此时无须对数据进行处理。其缺点在于模型的选择上有所局限。

完成上述学习资料的学习后，根据自己的学习情况进行归纳总结，并填写学习笔记，见表 1-2-5。

表 1-2-5　学习笔记

主题	
内容	问题与重点
总结：	

2.5.3　Pandas对缺失值的处理

1. isnull() 函数和 notnull() 函数

Pandas 中使用 isnull() 函数和 notnull() 函数检测数据丢失。Pandas 判断缺失值一般采用 isnull() 函数，生成的是所有数据的 True 或者 False 的矩阵，把对应的所有元素位置都列出来，元素为空或者 NA 就显示 True，否则为 False。

⭐ **练一练**

　　⭐ 知识应用练一练：isnull 检测数据丢失。

```
import numpy as np
import pandas as pd
df = pd.DataFrame(np.arange(12, 32).reshape((5, 4)), index=
["a", "b", "c", "d", "e"], columns=["WW", "XX", "YY", "ZZ"])
df.loc[["b"],["YY"]] = np.nan
df.loc[["d"],["XX"]] = np.nan
print(df)
```

（1）pandas 判断是否是 NaN。

```
print(pd.isnull(df))
```

输出结果如图 1-2-5 所示。

```
Out[1]:    WW   XX    YY   ZZ
       a   12  13.0  14.0  15
       b   16  17.0  NaN   19
       c   20  21.0  22.0  23
       d   24  NaN   26.0  27
       e   28  29.0  30.0  31
           WW    XX    YY    ZZ
       a  False False False False
       b  False False True  False
       c  False False False False
       d  False True  False False
```

图 1-2-5　判断是否是 NaN 输出结果

（2）Pandas 判断是否不是 NaN。

```
print(pd.notnull(df))
```

输出结果如图 1-2-6 所示。

```
Out[1]:  WW   XX    YY   ZZ
       a True  True  True  True
       b True  True  False True
       c True  True  True  True
       d True  False True  True
       e True  True  True  True
```

图 1-2-6　判断是否不是 NaN 输出的结果

（3）可以只判断某一列的 NaN。

```
print(pd.notnull(df["XX"]))
```

输出结果如图 1-2-7 所示。

```
Out[1]: a    True
        b    True
        c    True
        d    False
        e    True
        Name: XX, dtype: bool
```

图 1-2-7　只判断某一列的 NaN 输出结果

（4）利用布尔索引判断是否存在 NaN。

```
print(df[pd.notnull(df["YY"])])
```

输出结果如图 1-2-8 所示。

```
Out[1]:    WW   XX    YY   ZZ
        a  12   13.0  14.0  15
        c  20   21.0  22.0  23
        d  24   NaN   26.0  27
        e  28   29.0  30.0  31
```

图 1-2-8　利用布尔索引判断是否存在 NaN 输出结果

2. dropna() 函数：丢弃、删除缺失值

dropna() 函数实现缺失处理，直接删除 NaN 行，也可以通过 bool 索引删除指定列为 NaN 的行。

◆ 练一练

★ 知识应用练一练：利用 dropna() 函数丢弃、删除缺失值。

```
import numpy as np
import pandas as pd
df = pd.DataFrame(np.arange(12, 32).reshape((5, 4)), index=
["a", "b", "c", "d", "e"], columns=["WW", "XX", "YY", "ZZ"])
df.loc[["b"],["YY"]] = np.nan
df.loc[["d"],["XX"]] = np.nan
print(df)
```

输出结果如图 1-2-9 所示。

```
Out[1]:    WW   XX    YY   ZZ
        a  12   13.0  14.0  15
        b  16   17.0  NaN   19
        c  20   21.0  22.0  23
        d  24   NaN   26.0  27
```

图 1-2-9　利用 dropna() 函数丢弃、删除缺失值输出结果

直接删除方法处理 NaN。

```
df1 = df.dropna(axis=0)
print(df1)
```

输出结果如图 1-2-10 所示。

```
Out[1]:    WW   XX    YY   ZZ
      a    12   13.0  14.0  15
      c    20   21.0  22.0  23
      e    28   29.0  30.0  31
```

图 1-2-10　删除数据框中 NaN 后的结果

```
df2 = df.dropna(axis=0, how="all")
print(df2)
```

输出结果如图 1-2-11 所示。

```
Out[1]:    WW   XX    YY   ZZ
      a    12   13.0  14.0  15
      b    16   17.0  NaN   19
      c    20   21.0  22.0  23
      d    24   NaN   26.0  27
      e    28   29.0  30.0  31
```

图 1-2-11　程序执行的结果

```
df.dropna(axis=0, inplace=True)
print(df)
```

输出结果如图 1-2-12 所示。

```
Out[1]:    WW   XX    YY   ZZ
      a    12   13.0  14.0  15
      c    20   21.0  22.0  23
      e    28   29.0  30.0  31
```

图 1-2-12　程序执行结果

3. fillna() 函数：填充缺少值

练一练

知识应用练一练：利用 fillna() 函数填充空值。

```
import numpy as np
import pandas as pd
df = pd.DataFrame(np.arange(12, 32).reshape((5, 4)), index=
["a", "b", "c", "d", "e"], columns=["WW", "XX", "YY", "ZZ"])
df.loc[["b"],["YY"]] = np.nan
df.loc[["d"],["XX"]] = np.nan
print(df)
```

输出结果如图 1-2-13 所示。

```
Out[1]:     WW   XX    YY   ZZ
      a     12   13.0  14.0  15
      b     16   17.0  NaN   19
      c     20   21.0  22.0  23
      d     24   NaN   26.0  27
```

图 1-2-13　程序执行结果

填充方式处理 NaN。

```
df2 = df.fillna(100)
print(df2)
```

输出结果如图 1-2-14 所示。

```
Out[1]:     WW   XX     YY    ZZ
      a     12   13.0   14.0   15
      b     16   17.0   100.0  19
      c     20   21.0   22.0   23
      d     24   100.0  26.0   27
      e     28   29.0   30.0   31
```

图 1-2-14　程序执行结果

1）填充平均值

```
df3 = df.fillna(df.mean())
print(df3)
```

2）可以只填充某一列

```
df4 = df["YY"].fillna(df["YY"].mean())
print(df4)
```

输出结果如图 1-2-15 所示。

```
Out[1]:     WW   XX    YY    ZZ
      a     12   13.0  14.0  15
      b     16   17.0  23.0  19
      c     20   21.0  22.0  23
      d     24   20.0  26.0  27
      e     28   29.0  30.0  31
      a     14.0
      b     23.0
      c     22.0
      d     26.0
      e     30.0
      Name: YY, dtype: float64
```

图 1-2-15　程序执行结果

4. inplace() 函数

Pandas 中 inplace 参数在很多函数中都会有，它的作用是：是否在原对象基础上进行修改。

- inplace = True：不创建新的对象，直接对原始对象进行修改。
- inplace = False：对数据进行修改，创建并返回新的对象承载其修改结果。

默认值是 False，即创建新的对象进行修改，原对象不变，和深复制与浅复制有些类似。

练一练

⭐ 知识应用练一练 1：inplace() 函数中的参数设置为 True 的情况。

```
import pandas as pd
import numpy as np
df=pd.DataFrame(np.random.randn(4,3),columns=["A","B","C"])
data=df.drop(["A"],axis=1,inplace=True)
print(df)
print(data)
```

输出结果如图 1-2-16 所示。

```
Out[1]:         B         C
       0   0.575256  0.362197
       1  -0.167684  0.010399
       2   0.427547  0.725522
       3   0.092609  1.357554
       None
```

图 1-2-16 程序执行结果

⭐ 知识应用练一练 2：inplace() 函数中的参数设置为 False 的情况。

```
import pandas as pd
import numpy as np
df=pd.DataFrame(np.random.randn(4,3),columns=["A","B","C"])
data=df.drop(["A"],axis=1,inplace=False)
print(df)
print(data)
```

输出结果如图 1-2-17 所示。

```
Out[1]:        A         B         C
       0  -0.662915   0.450192   1.139653
       1   0.593039  -0.606542  -0.459967
       2   0.508733   1.610954   0.346494
       3   1.068711   0.255666  -0.916075
              B         C
       0   0.450192   1.139653
       1  -0.606542  -0.459967
       2   1.610954   0.346494
       3   0.255666  -0.916075
```

图 1-2-17 程序执行结果

5. drop_duplicates() 函数：去重

drop_duplicates() 函数返回删除重复行后的 DataFrame，可以仅选择某些列。索引、时间型索引都得被忽略。其格式为：

```
DataFrame.drop_duplicates(self, subset=None, keep='first', inplace=False)
subset : column label or sequence of labels, optional（子集的列标签或标签序列，可选）
```

只考虑标识重复项的某些列，默认情况下使用所有列。

```
keep: {'first', 'last', False}, default 'first'
```

- first：删除重复行，只剩下第一次出现的重复行。
- last：删除重复行，只剩下最后一次出现的重复行。
- False：删除全部重复行。
- inplace：默认值为返回一个副本，是直接在原数据上修改，还是返回一个副本。

练一练

✪ 知识应用练一练：利用 drop_duplicates() 函数去重。

```
import pandas as pd
data = pd.DataFrame({'Age': [37, 54, 38, 24, 54, 33, 54, 54, 18],
    'Gender': ['Male', 'Female', 'Male', 'Male', 'Female', 'Male', 'Male', 'Female', 'Female'],
    'MaritalStatus': ['Divorced', 'Single', 'Married', 'Married', 'Single', 'Married','Divorced', 'Single', 'Single']})
data
```

输出结果如图 1-2-18 所示。

	Age	Gender	MaritalStatus
0	37	Male	Divorced
1	54	Female	Single
2	38	Male	Married
3	24	Male	Married
4	54	Female	Single
5	33	Male	Married
6	54	Male	Divorced
7	54	Female	Single
8	18	Female	Single

图 1-2-18　数据去重后的结果

```
data_first = data.drop_duplicates(keep='first')
data_first
```

输出结果如图 1-2-19 所示。

	Age	Gender	Marital Status
0	37	Male	Divorced
1	54	Female	Single
2	38	Male	Married
3	24	Male	Married
5	33	Male	Married
6	54	Male	Divorced
8	18	Female	Single

图 1-2-19　程序执行结果

（1）keep='last'，删除重复行，只剩下最后一次出现的重复行。

```
data_last = data.drop_duplicates(keep='last')
data_last
```

输出结果如图 1-2-20 所示。

	Age	Gender	Marital Status
0	37	Male	Divorced
2	38	Male	Married
3	24	Male	Married
5	33	Male	Married
6	54	Male	Divorced
7	54	Female	Single
8	18	Female	Single

图 1-2-20　程序输出结果

（2）keep=False，删除所有重复行。

```
data_false = data.drop_duplicates(keep=False)
data_false
```

输出结果如图 1-2-21 所示。

	Age	Gender	Marital Status
0	37	Male	Divorced
2	38	Male	Married
3	24	Male	Married
5	33	Male	Married
6	54	Male	Divorced
8	18	Female	Single

图 1-2-21　程序执行结果

完成上述学习资料的学习后,根据自己的学习情况进行归纳总结,并填写学习笔记,见表 1-2-6。

表 1-2-6 学习笔记

主题	
内容	问题与重点
总结:	

2.5.4 规范化数据类型

1. 数据标准化

所谓数据标准化就是将数据按比例缩放,使其落入特定区间。通常使用 0-1 标准化。

练一练

★ 知识应用练一练:产生一个随机数组,比较该数组和数据标准化结果的变化。

```
import numpy as np
import pandas as pd
np.random.seed(1)
df= pd.DataFrame(np.random.randn(3,3)*4 + 3)
print("原随机数组:\n",df)
df1=(df - df.min()) / (df.max() - df.min())
print("标准化后的数组:\n",df1 )
```

输出结果如图 1-2-22 所示。

```
Out[1]:  原随机数组:
                0          1          2
         0   9.497381   0.552974   0.887313
         1  -1.291874   6.461631  -6.206155
         2   9.979247  -0.044828   4.276156
         标准化后的数组:
                0          1          2
         0   0.957248   0.091878   0.676708
         1   0.000000   1.000000   0.000000
         2   1.000000   0.000000   1.000000
```

图 1-2-22 数组标准化后的结果

2. 数据分组

根据数据分析对象的特征，按照一定数值指标，把数据分析对象划分为不同的区间部分进行研究，以揭示其内在的联系和规律性。将数据进行离散化、将连续变量进行分段汇总时 Pandas 中的 cut() 函数可以实现，其格式为：

```
pd.cut(x,bins,right=True,labels=None,retbins=False,precision=3,include_lowest=False)
```

参数设置如图 1-2-23 所示。

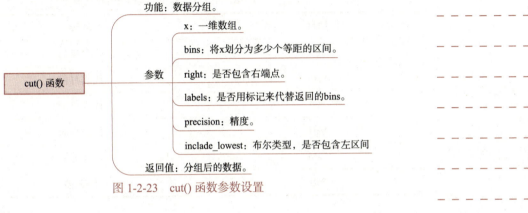

图 1-2-23　cut() 函数参数设置

❂ 练一练

★ 知识应用练一练：给定一组分数值，完成分数段的划分。

```
import pandas as pd
index =['a1','a2','a3','a4','a5','a6','a7','a8','a9','a10','a11', 'a12','a13','a14','a15']
data = [2.0,5.0,75.3,20.0,97.3,3.0,100.0,77.0,5.5,50.0,28.6,10.8, 76.7,84.6,10.0]
user = pd.Series(data=data,index=index,name="user_age_info")
bins=[min(user.data)-1,20,40,60,80,100,max(user.data)+1]
labels=['20以下','20到40','40到60','60到80','80到100','100以上']
result=pandas.cut(user.data,bins=bins,right=False,labels=labels)
result
```

输出结果如图 1-2-24 所示。

```
Out[1]:
    [20以下, 20以下, 60到80, 20到40, 80到100,...,
     20到40, 20以下, 60到80, 80到100, 20以下]
    Length: 15
    Categories (6, object): [20以下 < 20到40 < 40到60 < 60到80 < 80到100 < 100以上]
```

图 1-2-24　数据分段后的结果

3. 日期转换

日期转换是将字符型的日期格式数据转换成日期型数据的过程，使用 Pandas.to_datetime(dateString,format) 方法可以实现，函数中的参数说明如下：

dateString：表示字符型时间列。

format：表示时间日期格式。

format 的格式见表 1-2-7。

表 1-2-7 to_datetime() 函数的参数 format 的格式

属性	注释
%Y	代表年份
%m	代表月份
%d	代表日期
%H	代表小时
%M	代表分钟
%S	代表秒

⭐ 练一练

⭐ 知识应用练一练：给定一组字符串，转换成日期形式。

```
import numpy as np
import pandas as pd
list = ['2021-06-20','2021-06-21',\
  '2021-06-22','2021-06-23','2021-06-24','2021-06-25','2021-06-26','2021-06-27']
dates = pd.to_datetime(list,format="%Y/%m/%d")
dates
```

输出结果如图 1-2-25 所示。

```
Out[1]:
DatetimeIndex(['2021-06-20', '2021-06-21', '2021-06-22',
  '2021-06-23','2021-06-24', '2021-06-25', '2021-06-26',
  '2021-06-27'],
  dtype='datetime64[ns]', freq=None)
```

图 1-2-25 字符串转换成日期形式的结果

4. 日期格式化

将日期型数据按照给定的格式转换为字符型数据，应用 datetime.strftime(x, format) 实现，这里的 format 与时间转换相同。

练一练

★ 知识应用练一练：给定一组字符串，实现日期格式化输出。

```
from datetime import datetime
from datetime import timedelta
date = ['2021-9-6','2021-9-10']
datetime = [datetime.strptime(x,'%Y-%m-%d') for x in date]
datetime
```

输出结果如图 1-2-26 所示。

```
Out[1]:
        [datetime.datetime(2021, 9, 6, 0, 0), datetime.datetime(20
21, 9, 10, 0, 0)]
```

图 1-2-26　字符串采用日期格式化输出结果

5．日期抽取

从日期格式中抽取出需要的部分属性。具体属性见表 1-2-8。

表 1-2-8　日期的部分属性

属性	注释
second	1 ~ 60：秒，从 1 开始，到 60
minute	1 ~ 60：分钟，从 1 开始，到 60
hour	1 ~ 24：小时，从 1 开始，到 24
day	1 ~ 31：一个月中的第几天，从 1 开始，最大 31
month	1 ~ 12：月份，从 1 开始，到 12
year	年份
weekday	1 ~ 7：一周中的第几天，从 1 开始，最大为 7

练一练

★ 知识应用练一练：提取当前系统的年份和日期。

```
from datetime import datetime
from datetime import timedelta
now = datetime.now()
now
print('当前的日期九月 %d 日 '%now.day)
print('当前是%d 秒 '%now.second)
print('当前是%d 微秒 '%now.microsecond)
```

输出结果如图 1-2-27 所示。

```
Out[1]:
    当前的日期九月1日
    当前是38秒
```

图 1-2-27　程序输出结果

完成上述学习资料的学习后，根据自己的学习情况进行归纳总结，并填写学习笔记，见表 1-2-9。

表 1-2-9　学习笔记

主题	
内容	问题与重点
总结：	

任务 3　聚合和分组、可视化数据

广义上的数据可视化是数据可视化、信息可视化以及科学可视化等多个领域的统称。狭义上的数据可视化是指将数据呈现为用户易于感知的图形符号，让用户交互地理解数据背后的本质，利用图形、图像处理、计算机视觉以及用户界面通过表达、建模以及对立体、表面、属性以及动画的显示等方式，对数据加以可视化解释。学生通过本任务的学习，可以熟练掌握数据可视化的方法，为后续工作做好准备，打下基础。

3.1　任务介绍

本任务要求学生在学习知识积累中所列的知识点、收集相关资料的基础上了解 Pandas 对数据分组的方法，掌握运用 PyeCharts 绘制散点图、饼图、柱状图、折线图、水滴图等,学会数据可视化方法,能对不同的数据集进行数据的可视化,任务详细描述见表 1-3-1。

表 1-3-1 聚合和分组、可视化数据任务单

任务名称	聚合和分组、可视化数据	
建议学时	6 学时	实际学时
任务描述	通过分组实现对奥运会数据集数据的分析和统计,利用 PyeCharts 模块对数据分析结果进行可视化展示,使数据分析的结果直观化	
任务完成环境	Python 软件、Anaconda3 编辑器	
任务重点	① 利用 Pandas 的 groupby 进行数据分组; ② 利用 count()、sum()、mean()、median()、std()、var()、min()、max()、prod()、first()、last() 等函数进行数据聚合; ③ 运用 PyeCharts 绘制散点图、饼图、柱状图、折线图、水滴图; ④ 完成对历届奥运会数据的可视化,包括:历届奥运会各国夏奥会累计奖牌数统计分析、中国奥运会表现统计分析、我国优势项目统计分析	
任务要求	① 能利用 Pandas 的 groupby 进行数据分组; ② 能利用 Pandas 的 apply 方法聚合数据; ③ 能运用 PyeCharts 绘制可视化图表	
任务成果	① 导入奥运会数据集; ② 对历届奥运会数据进行分析和可视化	

3.2 导　学

请先按照导学信息进行相关知识点的学习,掌握一定的操作技能,然后进行任务实施,并对实施的效果进行自我评价。

本任务知识点和技能的导学见表 1-3-2。

表 1-3-2 聚合和分组、可视化数据导学

任务		任务和技能要求
聚合和分组、可视化数据	1	数据的分组 — 概念 groupby基本使用 — 应用 / 参数设置

```
                          ┌─ 概念
                          │
              ┌─ 数据聚合 ─┤                    ┌─ 通常的聚合方法
              │           │                    │
              │           │                    │  agg() 函数      ┌─ 参数设置
              │           │                    │  聚合数据  ──────┤
              │           │                    │                  └─ 应用
              │           │                    │
              │           └─ 聚合方法 ─────────┤  apply() 函数    ┌─ 参数设置
    2 ────────┤                                │  聚合数据  ──────┤
              │                                │                  └─ 应用
              │                                │
              │                                │  transform() 函数 ┌─ 参数设置
              │                                │  聚合数据  ───────┤
              │                                │                   └─ 应用
              │                                │
              │                                │  pivot_table() 函数
              │                                │  创建透视表
              │                                │
              │                                └─ crosstab() 函数创建交叉表
```

聚合和分组、可视化数据

```
              ┌─ Pyecharts模块
              │
              │                                ┌─ 绘制基本散点图
              │  Pyecharts绘制散点图 ──────────┤
              │                                └─ 绘制动态散点图
              │
              │                                ┌─ 绘制基本饼图
    3 ── 数据可视化 ─┤ Pyecharts绘制饼图 ──────┤
              │                                └─ 绘制多饼图
              │
              │                                ┌─ 绘制基本柱状图
              │  Pyecharts绘制柱状图 ──────────┤
              │                                └─ 绘制堆叠数据柱状图
              │
              │                                ┌─ 绘制基本折线图
              └─ Pyecharts绘制折线图 ──────────┤
                                               └─ 绘制阶梯图
```

3.3 任务实施

（1）导入包。

```
import pandas as pd
```

```python
import numpy as np
import pyecharts
from pyecharts.charts import *
from pyecharts import options as opts
from pyecharts.commons.utils import JsCode
```

（2）导入数据集。

```python
athlete_data = pd.read_csv('athlete_events.csv')
noc_region = pd.read_csv('noc_regions.csv')
```

（3）完成两个数据集的合并。

```python
data = pd.merge(athlete_data, noc_region, on='NOC', how='left')
```

（4）统计截至2016年各国家和地区在冬季和夏季奥运会获得奖牌累计总数（前10位），并可视化。

视 频

数据可视化柱状图绘制

```python
medal_data = data.groupby(['Year', 'Season', 'region', 'Medal'])['Event'].nunique().reset_index()
medal_data.columns = ['Year', 'Season', 'region', 'Medal', 'Nums']
medal_data = medal_data.sort_values(by="Year", ascending=True)
def medal_stat(year,season="Summer") :
    t_data=medal_data[(medal_data["Year"]<=year) & (medal_data["Season"]==season)]
    t_data=t_data.groupby(["region","Medal"])["Nums"].sum().reset_index()
    t_data=t_data.set_index(["region","Medal"]).unstack().reset_index().fillna(0,inplace=False)
    t_data=sorted([(row["region"][0],int(row["Nums"]["Gold"]),int(row["Nums"]["Silver"]),int(row["Nums"]["Bronze"]))
        for _, row in t_data.iterrows()], key=lambda x:x[1]+x[2]+x[3],reverse=True)[:20]
    return t_data
year_list=sorted(list(set(medal_data["Year"].tolist())),reverse=True)
t1=Timeline(init_opts=opts.InitOpts(width="1000px",height="1000px",theme="dark"))
t1.add_schema(is_timeline_show=True,is_rewind_play=True,is_
```

```
           inverse=False,label_opts=opts.LabelOpts(is_show=False))
        for year in year_list:
            t_data=medal_stat(year)[::-1]
            bar=(
                Bar(init_opts=opts.InitOpts())
                .add_xaxis([x[0] for x in t_data])
                .add_yaxis("金牌",[x[1] for x in t_data],
                    stack="stack1", itemstyle_opts=opts.ItemStyleOpts(
        border_color="rgb(220,220,220)",color="rgb(218,165,32)"))
                .add_yaxis("银牌",[x[2] for x in t_data],
                    stack="stack1", itemstyle_opts=opts.ItemStyleOpts(
        border_color="rgb(220,220,220)",color="rgb(192,192,192)"))
                .add_yaxis("铜牌",[x[3] for x in t_data],
                        stack="stack1",
                        itemstyle_opts=opts.ItemStyleOpts(border_col
        or="rgb(220,220,220)",color="rgb(255,215,0)"))
                .set_series_opts(label_opts=opts.LabelOpts(is_show=True,
                            position="insideRight",
                            font_style="italic"),)
                .set_global_opts(
                    title_opts=opts.TitleOpts(title="各国家和地区累计奖牌数
        (夏季奥运会)"),
                    xaxis_opts=opts.AxisOpts(axislabel_opts=opts.
        LabelOpts(rotate=45)),
                    legend_opts=opts.LegendOpts(is_show=True),
                    graphic_opts=[opts.GraphicGroup(graphic_item=opts.
        GraphicItem(
                        rotation=JsCode("Math.PI/4"),
                        bounding="raw",
                        right=110,
                        bottom=110,
                        z=100),
        children=[
            opts.GraphicRect(
```

```
            graphic_item=opts.GraphicItem(left="center",top="center",
        z=100),graphic_shape_opts=opts.GraphicShapeOpts(width=400,height=50),
        graphic_basicstyle_opts=opts.GraphicBasicStyleOpts(fill=
        "rgba(0,0,0,0.1)"),),opts.GraphicText(graphic_item=
        opts.GraphicItem(left="center",top="center",z=100),
        graphic_textstyle_opts=opts.GraphicTextStyleOpts(text=year,font=
        "blod 26px Micosoft YaHei",
        graphic_basicstyle_opts=opts.GraphicBasicStyle Opts(fill="#fff",
                    )
                )
            )
        ]
        )]
            )
    ).reversal_axis()
    t1.add(bar,year)
t1.render_notebook()
```

输出结果如图 1-3-1 和图 1-3-2 所示。

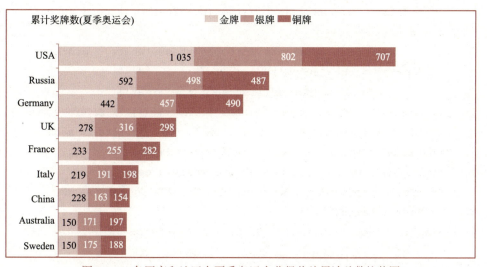

图 1-3-1 各国家和地区在夏季奥运会获得奖牌累计总数柱状图

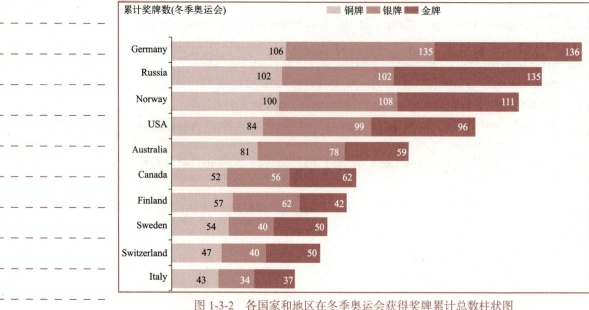

图 1-3-2 各国家和地区在冬季奥运会获得奖牌累计总数柱状图

（5）我国运动员在历届奥运会的表现，统计历届奥运会上的奖牌情况。

```
CN_medals = CN_data.groupby(['Year', 'Season', 'Medal'])
['Event'].nunique().reset_index()
CN_medals.columns = ['Year', 'Season', 'Medal', 'Nums']
CN_medals = CN_medals.sort_values(by="Year", ascending=False)
s_bar = (
        Bar(init_opts=opts.InitOpts(theme='white', width=
'1000px', height='300px'))
        .add_xaxis(sorted(list(set([row['Year'] for _, row in
CN_medals[CN_medals.Season=='Summer'].iterrows()])), reverse= True))
        .add_yaxis("金牌", [row['Nums'] for _, row in CN_medals
[(CN_medals.Season=='Summer') & (CN_medals.Medal=='Gold')].
iterrows()], category_gap='20%', itemstyle_opts=opts.
ItemStyleOpts(border_color='rgb(220,220,220)',color=JsCode
("""new echarts.
graphic.LinearGradient(0, 0, 0, 1, [{ offset: 0,
                color: '#FFD700'
            }, {
                offset: 1,
```

```python
                            color: '#FFFFF0'
                    }])""")))
            .add_yaxis("银牌", [row['Nums'] for _, row in CN_medals[(CN_medals.Season=='Summer') & (CN_medals.Medal=='Silver')].iterrows()], category_gap='20%',itemstyle_opts=opts.ItemStyleOpts(border_color='rgb(220,220,220)',color=JsCode("""new echarts.graphic.LinearGradient(0, 0, 0, 1, [{
                        offset: 0,
                        color: '#C0C0C0'
                }, {
                        offset: 1,
                        color: '#FFFFF0'
                }])""")))
            .add_yaxis("铜牌", [row['Nums'] for _, row in CN_medals[(CN_medals.Season=='Summer') & (CN_medals.Medal=='Bronze')].iterrows()], category_gap='20%',itemstyle_opts=opts.ItemStyleOpts(border_color='rgb(220,220,220)',color=JsCode("""new echarts.graphic.LinearGradient(0, 0, 0, 1, [{
                        offset: 0,
                        color: '#DAA520'
                }, {
                        offset: 1,
                        color: '#FFFFF0'
                }])""")))
            .set_series_opts(label_opts=opts.LabelOpts(is_show=True, position='top', font_style='italic'))
            .set_global_opts(
                title_opts=opts.TitleOpts(title="中国历年奥运会获得奖牌数数-夏奥会", pos_left='center'),
                xaxis_opts=opts.AxisOpts(axislabel_opts=opts.LabelOpts(rotate=45)),
                legend_opts=opts.LegendOpts(is_show=False),
                yaxis_opts=opts.AxisOpts(axislabel_opts=opts.LabelOpts(margin=20, color="#ffffff63")),
                graphic_opts=[
                    opts.GraphicImage(
```

```python
                    graphic_item=opts.GraphicItem(
                        id_="logo", right=0, top=0, z=-10, bounding="raw", origin=[75, 75]
                    ),
                )
            ],)
        )
w_bar = (
        Bar(init_opts=opts.InitOpts(theme='white', width='1000px', height='300px'))
        .add_xaxis(sorted(list(set([row['Year'] for _, row in CN_medals[CN_medals.Season=='Winter'].iterrows()])), reverse=True))
        .add_yaxis("金牌", [row['Nums'] for _, row in CN_medals[(CN_medals.Season=='Winter') & (CN_medals.Medal=='Gold')].iterrows()],category_gap='20%',itemstyle_opts=opts.ItemStyleOpts(
    border_color='rgb(220,220,220)',
    color=JsCode("""new echarts.graphic.LinearGradient(0, 0, 0, 1, [{
            offset: 0,
            color: '#FFD700'
    }, {
            offset: 1,
            color: '#FFFFF0'
    }])""")))
        .add_yaxis("银牌", [row['Nums'] for _, row in CN_medals[(CN_medals.Season=='Winter') & (CN_medals.Medal=='Silver')].iterrows()],category_gap='20%',itemstyle_opts=opts.ItemStyleOpts(border_color='rgb(220,220,220)',color=JsCode("""new echarts.graphic.LinearGradient(0, 0, 0, 1, [{
            offset: 0,
            color: '#C0C0C0'
    }, {
            offset: 1,
            color: '#FFFFF0'
    }])""")))
        .add_yaxis("铜牌", [row['Nums'] for _, row in CN_medals
```

```
[(CN_medals.Season=='Winter') & (CN_medals.Medal=='Bronze')].
iterrows()], category_gap='20%',itemstyle_opts=opts.
ItemStyleOpts(border_color='rgb(220,220,220)',color=JsCode("""
new echarts.graphic.
LinearGradient(0, 0, 0, 1, [{
            offset: 0,
            color: '#DAA520'
    }, {
            offset: 1,
            color: '#FFFFF0'
    }])""")))
        .set_series_opts(label_opts=opts.LabelOpts(is_show=True,
position='top', font_style='italic'))
        .set_global_opts(
            title_opts=opts.TitleOpts(title=" 中国历年奥运会获得奖
牌数 - 冬奥会 ", pos_left='center'),
            xaxis_opts=opts.AxisOpts(axislabel_opts=opts.
LabelOpts(rotate=45)),
            legend_opts=opts.LegendOpts(is_show=False),
            yaxis_opts=opts.AxisOpts(axislabel_opts=opts.
LabelOpts(margin=20, color="#ffffff63")),
            graphic_opts=[
            opts.GraphicImage(
                graphic_item=opts.GraphicItem(
                    id_="logo", right=0, top=-300, z=-10,
bounding="raw", origin=[75, 75]
                ),
            )
        ],)
        )
page = (
    Page()
    .add(s_bar,)
    .add(w_bar,)
)
page.render_notebook()
```

输出结果如图 1-3-3 所示。

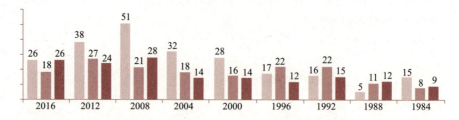

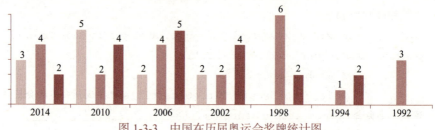

图 1-3-3　中国在历届奥运会奖牌统计图

3.4　任务评价与总结

上述任务完成后，填写下表，对知识点掌握情况进行自我评价，并进行学习总结，评价表见表 1-3-3。

表 1-3-3　评价总结表

任务知识点自我测评与总结			
考核项目	任务知识点	自我评价	学习总结
数据分组	基本概念	☐ 没有掌握 ☐ 基本掌握 ☐ 完全掌握	
数据分组	Groupby() 函数基本使用	☐ 没有掌握 ☐ 基本掌握 ☐ 完全掌握	
数据聚合	基本概念	☐ 没有掌握 ☐ 基本掌握 ☐ 完全掌握	
数据聚合	聚合方法	☐ 没有掌握 ☐ 基本掌握 ☐ 完全掌握	

数据聚合	agg() 方法聚合数据	☐ 没有掌握 ☐ 基本掌握 ☐ 完全掌握	
	Transform() 方法聚合数据	☐ 没有掌握 ☐ 基本掌握 ☐ 完全掌握	
	povit_table() 函数创建透视表	☐ 没有掌握 ☐ 基本掌握 ☐ 完全掌握	
	crosstab() 函数创建交叉表	☐ 没有掌握 ☐ 基本掌握 ☐ 完全掌握	
数据可视化	Pyecharts 模块	☐ 没有掌握 ☐ 基本掌握 ☐ 完全掌握	
	Pyecharts 绘制散点图	☐ 没有掌握 ☐ 基本掌握 ☐ 完全掌握	
	Pyecharts 绘制饼图	☐ 没有掌握 ☐ 基本掌握 ☐ 完全掌握	
	Pyecharts 绘制柱状图	☐ 没有掌握 ☐ 基本掌握 ☐ 完全掌握	
	Pyecharts 绘制折线图	☐ 没有掌握 ☐ 基本掌握 ☐ 完全掌握	

3.5 知识积累

3.5.1 数据分组

Pandas 提供了一个灵活高效的 groupby 功能，它能对数据集进行切片、切块、摘要等操作。使用一个或多个键（形式可以是函数、数组或 DataFrame 列名）分割 Pandas 对象。对计算分组进行统计，比如计算数量、平均值、标准差，或是用户定义的函数进行统计。实现组内转换或其他运算，如规格化、线性回归、排名或选取子集等。

1. 数据的分组

Pandas 能利用 groupby 在行（axis=0）或列（axis=1）上进行分组运算，将一

个函数应用到各个分组并产生一个新值，然后函数执行结果被合并到最终的结果对象中。分组运算过程包括：拆分（split）、应用（apply）、合并（combine）。简单的分组聚合过程示意图如图 1-3-4 所示。

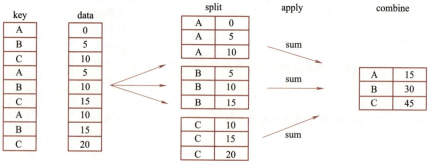

图 1-3-4　简单的分组聚合过程示意图

2. groupby 基本使用

该方法提供分组聚合步骤中的拆分功能，能根据索引或字段对数据进行分组。其常用参数与使用格式为：

```
DataFrame.groupby(by=None, axis=0, level=None, as_index=True,
sort=True, group_keys=True, squeeze=False, **kwargs)
```

groupby() 函数实现数据聚合参数设置如图 1-3-5 所示。

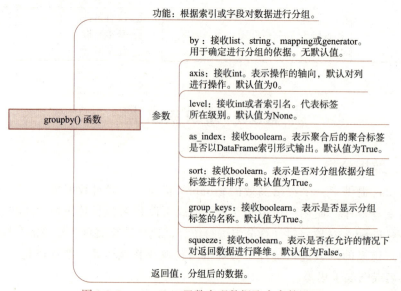

图 1-3-5　groupby() 函数实现数据聚合参数设置

groupby() 函数的参数及其说明——by 参数的特别说明：

- 如果传入的是一个函数，则对索引进行计算并分组。
- 如果传入的是一个字典或者 Series，则字典或者 Series 的值用来做分组依据。
- 如果传入一个 Numpy 数组，则数据的元素作为分组依据。
- 如果传入的是字符串或者字符串列表，则使用这些字符串所代表的字段作为分组依据。

◎ 练一练

✪ 知识应用练一练 1：根据 DataFrame 本身的某一列或多列内容进行分组聚合。

```
import pandas as pd
import numpy as np
df=pd.DataFrame({'数据聚合key1':['甲','甲','乙','乙','甲'],
                 'key2':['A','B','A','B','A'],
                 'data1':np.random.randint(5),
                 'data2':np.random.randint(5)})
df
# 按指定的某一列进行聚合
for i in df.groupby('key1'):
    print(i)
# 按多列进行聚合
for i in df.groupby(['key1','key2']):
    print(i)
# 按key1进行分组，并计算data1列的平均值
df1=df['data1'].groupby(df['key1']).mean()
df1
# 按key1、key2进行分组，并计算data1列的平均值
df2=df['data1'].groupby([df['key1'],df['key2']]).mean().unstack()
df2
city=np.array(['北京','上海','上海','北京','北京'])
years=np.array([2004,2005,2006,2005,2006])
df3=df['data1'].groupby([states,years]).mean()
df3
df.groupby(['key1','key2']).size()
```

✪ 知识应用练一练 2：对聚合后的数据片段，进行格式类型转化。

```
import pandas as pd
import numpy as np
df=pd.DataFrame({'key1':['甲','甲','乙','乙','甲'],
                 'key2':['A','B','A','B','A'],
                 'data1':np.random.randn(5),
                 'data2':np.random.randn(5)})
pieces=dict(list(df.groupby('key1')))
```

```
print(pieces['甲'])
pieces=list(df.groupby('key1'))
pieces
```

✪ 知识应用练一练 3：自定义数组、列表、字典、Series 的组合作为分组键进行聚合。

```
import pandas as pd
import numpy as np
df=pd.DataFrame(np.random.randn(5,5),columns=list('abcde'),index=['Joe','Steve','Wes','Jim','Travis'])
df
df.loc[2:3,['b','c']]=np.nan
print(df)
color={'a':'red','b':'red','c':'blue','d':'blue','e':'red','f':'orange'}
print(color)
by_column=df.groupby(color,axis=1).sum()
print(by_column)
map_series=pd.Series(color)
df1=df.groupby(map_series,axis=1).count()
print(df1)
df2=df.groupby(len).sum()
print(df2)
key_list=['one','one','one','two','two']
df3=df.groupby([len,key_list]).min()
print(df3)
```

完成上述学习资料的学习后，根据自己的学习情况进行归纳总结，并填写学习笔记，见表1-3-4。

表 1-3-4 学习笔记

主题	
内容	问题与重点
总结：	

3.5.2 数据聚合

聚合指任何能够从数组产生标量值的数据转换过程。Pandas 和 Series 使用 groupby 技术可以在得到的数据上进行一些数值型的聚合计算。

1. 聚合函数

通常的聚合函数包括：count（求数据量）、sum（求和）、mean（求均值）、median（求中位数）、std（求方差）、var（求标准差）、min（求最小值）、max（求最大值）、prod（求积）、first（求第一个值）、last（求最后一个值）。

- count：计算分组中非 NA 值的数量。
- sum：计算非 NA 值的和。
- mean：计算非 NA 值的平均值。
- median：计算非 NA 值的算术中位数。
- std、var：计算非 NA 值的标准差和方差。
- min、max：获得非 NA 值的最小值和最大值。
- prod：计算非 NA 值的积。
- first、last：获得第一个和最后一个非 NA 值。

以上这些聚合函数都会排除每个分组内的 NaN 值，当然也可以自定义聚合函数。

2. agg() 函数聚合

Pandas 还可以使用到 agg() 函数实现数据聚合，其格式为：

```
DataFrame.agg,(func,axis=0,*args,**kwargs)
```

agg() 函数聚合数据的参数设置如图 1-3-6 所示。

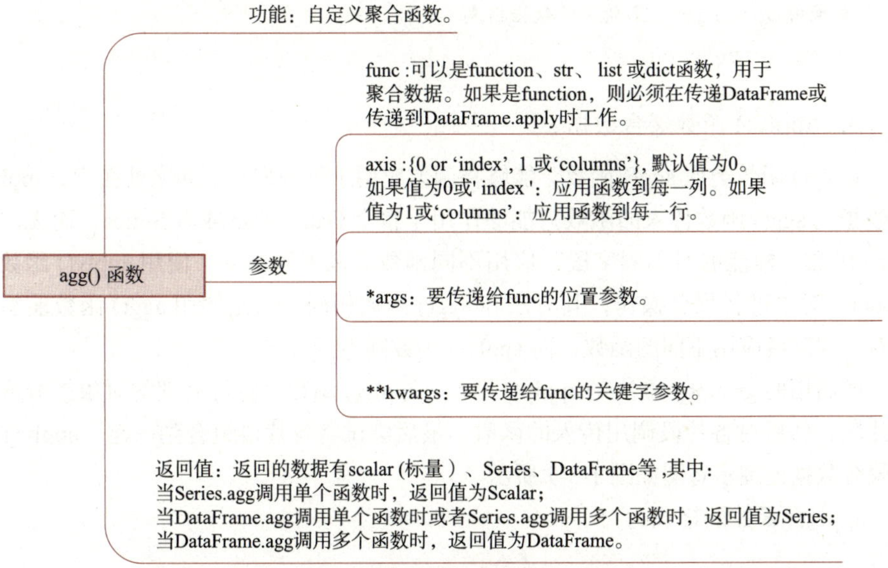

```
agg() 函数 ── 功能：自定义聚合函数。
          └─ 参数 ┬─ func：可以是function、str、list 或dict函数，用于
                 │        聚合数据。如果是function，则必须在传递DataFrame或
                 │        传递到DataFrame.apply时工作。
                 ├─ axis：{0 or 'index', 1 或 'columns'}，默认值为0。
                 │        如果值为0或'index'：应用函数到每一列。如果
                 │        值为1或'columns'：应用函数到每一行。
                 ├─ *args：要传递给func的位置参数。
                 └─ **kwargs：要传递给func的关键字参数。

返回值：返回的数据有scalar (标量)、Series、DataFrame等，其中：
当Series.agg调用单个函数时，返回值为Scalar；
当DataFrame.agg调用单个函数时或者Series.agg调用多个函数时，返回值为Series；
当DataFrame.agg调用多个函数时，返回值为DataFrame。
```

图 1-3-6 agg() 函数聚合数据的参数设置

练一练

✪ 知识应用练一练：利用 agg() 函数实现数据聚合。

```
import pandas as pd
df1=pd.DataFrame({'sex':list('FFMFMMF'),
                  'sport':list('YNYYNYY'),
                  'age':[21,30,17,37,40,18,26],
                  'weight':[120,100,132,140,94,89,123]})
df1
g=df1.groupby(['sex','sport'])
# 按单列聚合
g['age'].agg('mean')
# 按多列聚合
g.agg('mean')
# 聚合运算
g['age'].agg(['min','max'])
# 聚合运算并更改列名
g['age'].agg([('A','mean'),('B','max')])
# 不同的列运用不同的聚合函数进行聚合运算
g.agg({'age':['sum','mean'],'weight':['min','max']})
# 使用自定义的聚合函数进行聚合
def Max_cut_Min(group):
    return group.max()-group.min()
g.agg(Max_cut_Min)
# 使用 descibe() 函数了解数据信息
g.describe()
```

3. apply() 函数聚合数据

apply() 函数类似 agg() 函数，能够将函数应用于每一列。不同之处在于，apply() 函数相比 agg() 函数传入的函数只能够作用于整个 DataFrame 或者 Series，而无法像 agg() 函数一样能够对不同字段，应用不同函数获取不同结果。使用 apply() 函数对 groupby 对象进行聚合操作，其方法和 agg() 函数相同，只是使用 agg() 函数能够实现对不同字段应用不同的函数，而 apply() 函数则不行。

最通用的 groupby 方法是 apply() 函数，apply() 函数会将待处理的对象拆分成多个片段，然后对各片段调用传入的函数，最后尝试将各片段组合到一起。apply() 函数聚合数据处理示意图如图 1-3-7 所示。

apply() 函数的格式为：

```
DataFrame.apply(func, axis=0, broadcast=None, raw=False, reduce=None, result_type=None, args=(), **kwds)
```

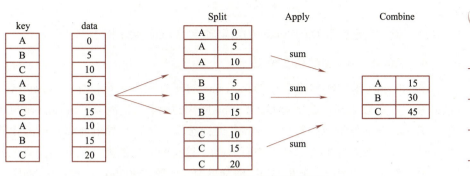

图 1-3-7　apply() 函数聚合数据处理示意图

apply() 函数的参数说明如下：

func：此功能将应用于每个列或行。func 是要应用 DataFrame 的函数，可以自己编写，也可以是已经存在的。

axis 轴：{0 或 'index', 1 或 'columns'}，默认值为 0。它是应用该功能的轴。它可以有两个值：

◆ 0 或 'index'：将函数应用于每个列。

◆ 1 或 'columns'：将函数应用于每一行。

broadcast 广播：这是一个可选参数，返回布尔值，仅与聚合功能有关。

◆ False 或 None：它返回一个 Series，其长度依据 axis 参数的索引长度或列数。

◆ True：结果将广播到帧的原始形状，原始索引和列将保留。

raw：布尔值，默认值为 False。

◆ False：将每一行或每一列作为 Series 传递给该函数。

◆ True：传递的函数将接收 ndarray 对象。如果要应用 NumPy 缩减功能，它将获得更好的性能。

reduce：布尔值或无，默认值为无。它尝试应用减量程序。如果 DataFrame 为空，则应用将使用 reduce 确定结果应为 Series 还是 DataFrame。默认情况下，reduce = None, 将通过在空的 Series 上调用 func 猜测应用的返回值。如果 reduce = True, 将始终返回 Series, 而 reduce = False, 将始终返回 DataFrame。

result_type：{'expand', 'reduce', 'broadcast', None}，默认值为 None，这些仅在 axis = 1(列) 时起作用：

'expand'：它定义了类似列表的结果，这些结果将变成列。

'reduce'：与 'expand' 相反。如果可能，它返回一个 Series 而不是扩展类似列表的结果。

'broadcast'：它将结果广播到 DataFrame 的原始形状、原始索引和列中。

默认值为 None：取决于所应用函数的返回值，即作为一系列结果返回的类似列表的结果，如果 apply 返回一个 Series，它将扩展到列。

args：这是一个位置参数，除了数组 / 系列外，还将传递给 func。

**kwds：这是一个可选的关键字参数，用于将关键字参数传递给 func。

返回值：它返回沿 DataFrame 的给定轴应用 func 的结果。

4. transform() 函数聚合数据

transform() 函数能够对整个 DataFrame 的所有元素进行操作，transform() 函数只有一个参数 func，表示对 DataFrame 操作的函数。同时 transform() 函数还能够对 DataFrame 分组后的对象 groupby 进行操作，可以实现组内离差标准化等操作。若在计算离差标准化时结果中有 NaN，这是因为根据离差标准化公式，最大值和最小值相同的情况下分母是 0。而分母为 0 的数在 Python 中表示为 NaN。

5. pivot_table() 函数创建透视表

利用 pivot_table() 函数可以实现透视表，pivot_table() 函数的使用格式为：

```
pands.pivot_table(data, values=None, index=None, columns=None,
aggfunc='mean', fill_value=None, margins=False, dropna=True)
```

pivot_table() 函数创建透视表的参数设置如图 1-3-8 所示。

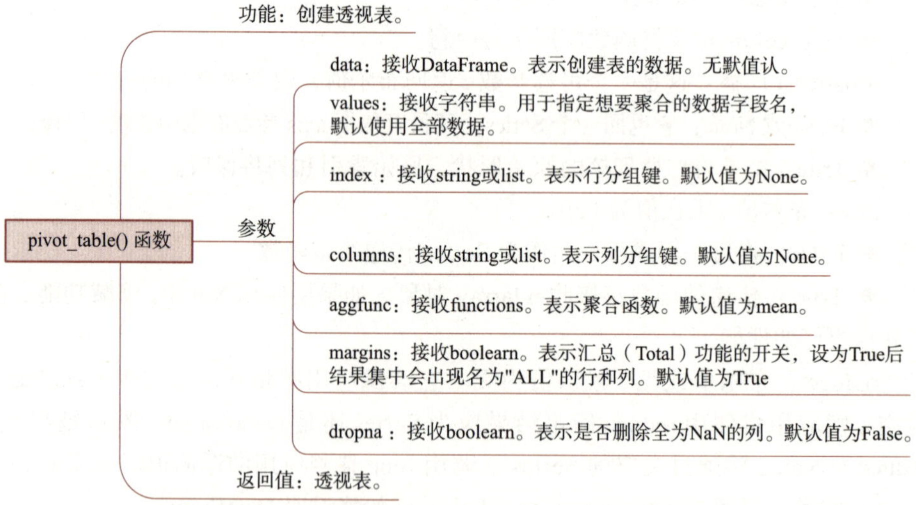

功能：创建透视表。

pivot_table() 函数 — 参数：
- data：接收 DataFrame。表示创建表的数据。无默认认。
- values：接收字符串。用于指定想要聚合的数据字段名，默认使用全部数据。
- index：接收 string 或 list。表示行分组键。默认值为 None。
- columns：接收 string 或 list。表示列分组键。默认值为 None。
- aggfunc：接收 functions。表示聚合函数。默认值为 mean。
- margins：接收 boolearn。表示汇总（Total）功能的开关，设为 True 后结果集中会出现名为"ALL"的行和列。默认值为 True
- dropna：接收 boolearn。表示是否删除全为 NaN 的列。默认值为 False。

返回值：透视表。

图 1-3-8　pivot_table() 函数创建透视表的参数设置

6. crosstab() 函数创建交叉表

交叉表是一种特殊的透视表，主要用于计算分组频率。利用 pandas 提供的 crosstab() 函数可以制作交叉表。由于交叉表是透视表的一种，其参数基本保持一致，不同之处在于 crosstab() 函数中的 index、columns、values 输入的都是从 Dataframe 中取出的对应某一列。crosstab() 函数的常用参数和使用格式为：

```
pandas.crosstab(index, columns, values=None, rownames=None,
colnames=None, aggfunc=None, margins=False, dropna=True,
normalize=False)
```

crosstab() 函数创建交叉表的参数设置如图 1-3-9 所示。

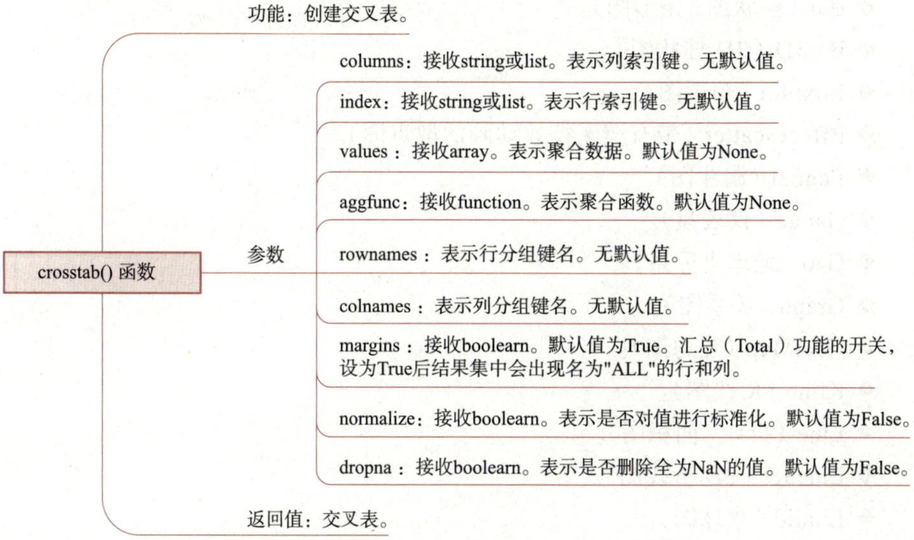

```
crosstab() 函数
├─ 功能：创建交叉表。
├─ 参数
│   ├─ columns：接收 string 或 list。表示列索引键。无默认值。
│   ├─ index：接收 string 或 list。表示行索引键。无默认值。
│   ├─ values：接收 array。表示聚合数据。默认值为 None。
│   ├─ aggfunc：接收 function。表示聚合函数。默认值为 None。
│   ├─ rownames：表示行分组键名。无默认值。
│   ├─ colnames：表示列分组键名。无默认值。
│   ├─ margins：接收 boolearn。默认值为 True。汇总（Total）功能的开关，设为 True 后结果集中会出现名为 "ALL" 的行和列。
│   ├─ normalize：接收 boolearn。表示是否对值进行标准化。默认值为 False。
│   └─ dropna：接收 boolearn。表示是否删除全为 NaN 的值。默认值为 False。
└─ 返回值：交叉表。
```

图 1-3-9　crosstab() 函数创建交叉表的参数设置

完成上述学习资料的学习后，根据自己的学习情况进行归纳总结，并填写学习笔记，见表 1-3-5。

表 1-3-5　学习笔记

主题	
内容	问题与重点
总结：	

3.5.3　数据可视化

1. Pyecharts 模块

Echarts 凭借着良好的交互性、精巧的图表设计，得到了众多开发者的认可。而 Python 是一门富有表达力的语言，很适合用于数据处理。Pyecharts 为了与 Python 进行对接，方便在 Python 中直接使用数据生成图，是百度开源的一个数据可视化 JS 库，主要用于生成 Echarts 图表的类库。

Pyecharts 包含的图表：
- Bar（柱状图 / 条形图）。
- Bar3D（3D 柱状图）。
- Boxplot（箱形图）。
- EffectScatter（带有涟漪特效动画的散点图）。
- Funnel（漏斗图）。
- Gauge（仪表盘）。
- Geo（地理坐标系）。
- Graph（关系图）。
- HeatMap（热力图）。
- Kline（K 线图）。
- Line（折线 / 面积图）。
- Line3D（3D 折线图）。
- Liquid（水球图）。
- Map（地图）。
- Parallel（平行坐标系）。
- Pie（饼图）。
- Polar（极坐标系）。
- Radar（雷达图）。
- Sankey（桑基图）。
- Scatter（散点图）。
- Scatter3D（3D 散点图）。
- ThemeRiver（主题河流图）。
- WordCloud（词云图）。
- Grid 类：并行显示多张图。
- Overlap 类：结合不同类型图表叠加画在同张图上。
- Page 类：同一网页按顺序展示多张图。
- Timeline 类：提供时间线轮播多张图。

2. Pyecharts 绘制散点图

散点图又称 XY 散点图，将数据以点的形式展现，以显示变量间的相互关系或者影响程度，点的位置由变量的数值决定。主要使用场景为显示若干数据系列中各数值之间的关系，判断两变量之间是否存在某种关联，或者发现数据的分布或者聚合情况。

散点图具有可以展示数据的分布和聚合情况，适合展示较大的数据集等优点。散点图的缺点是：散点图看上去比较乱，基本只能看相关、分布和聚合，其他信息均不能很好地展现。

练一练

✪ 知识应用练一练 1：Pyecharts 绘制基本散点图。

```
from pyecharts import options as opts
from pyecharts.charts import Scatter
from pyecharts.faker import Faker
s = Scatter()
s.add_xaxis(Faker.values())
s.add_yaxis("",Faker.values(),symbol_size=20)
s.set_global_opts(title_opts=opts.TitleOpts(title="基本散点图"),
                  xaxis_opts=opts.AxisOpts(
                       type_="value",
                       splitline_opts=opts.SplitLineOpts(is_show=True)),    # X轴分割线
                  yaxis_opts=opts.AxisOpts(
                       splitline_opts=opts.SplitLineOpts(is_show=True))
                  )
s.set_series_opts(label_opts=opts.LabelOpts(is_show=False))
s.render_notebook()
```

输出结果如图 1-3-10 所示。

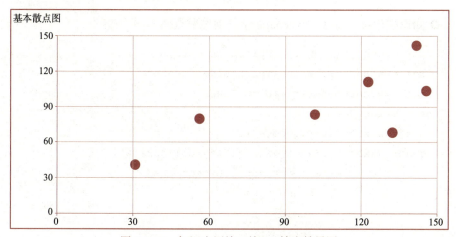

图 1-3-10　知识应用练一练 1：输出结果图

✪ 知识应用练一练 2：Pyecharts 绘制基本散点图的视觉映射组件。

```
from pyecharts import options as opts
from pyecharts.charts import Scatter
from pyecharts.faker import Faker
s = Scatter()
```

```
s.add_xaxis(Faker.choose())
s.add_yaxis("商家A",Faker.values(),symbol_size=20)
s.set_global_opts(title_opts=opts.TitleOpts(title="视觉映射组件"),
        visualmap_opts=opts.VisualMapOpts(is_show=True))
s.render_notebook()
```

输出结果如图 1-3-11 所示。

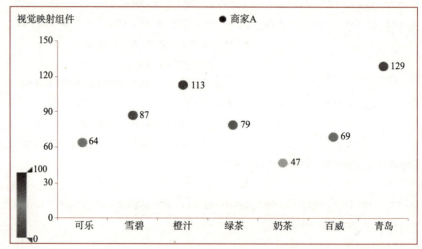

图 1-3-11　知识应用练一练 2：输出结果图

✪ 知识应用练一练 3：Pyecharts 绘制动态散点图。

```
from pyecharts import options as opts
from pyecharts.charts import EffectScatter
from pyecharts.faker import Faker
es = EffectScatter()
es.add_xaxis(Faker.choose())
es.add_yaxis("",Faker.values(),symbol="arrow",
        effect_opts=opts.EffectOpts(
            brush_type="fill",
            scale=3.5,
            period=5
        ))
es.set_global_opts(title_opts=opts.TitleOpts(title="EffectScatter-特效配置"))
es.render_notebook()
```

输出结果如图 1-3-12 所示。

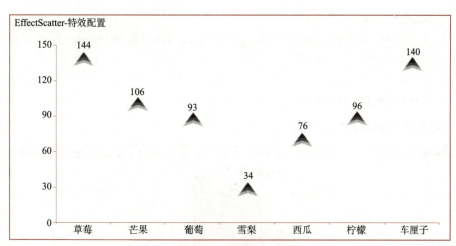

图 1-3-12 知识应用练一练 3：输出结果图

3. Pyecharts 绘制饼图

饼状图常用于统计学模型，显示的是一个数据系列，图表中的每个数据系列具有唯一的颜色。饼状图只有一个数据系列，组成了饼状图中各项的大小与各项总和的比例。饼状图中数据点显示为整个饼状图。

饼状图的绘图要点：
- 仅有一个要绘制的数据系列。
- 要绘制的数值没有负值。
- 要绘制的数值几乎没有零值。
- 类别数目无限制。
- 各类别分别代表整个饼状图的一部分。
- 各部分需要标注百分比。

可以利用 Pyecharts 绘制各种满足不同需求的饼图，包含基础饼图、改变饼图的位置和颜色、环状饼图、内嵌饼图、多饼图、玫瑰图等。

⭐ 练一练

◉ 知识应用练一练 1：Pyecharts 绘制基本饼图。

```
from pyecharts.charts import Page,Pie
from pyecharts.commons.utils import JsCode
from pyecharts.faker import Faker
from pyecharts import options as opts
c=(
    Pie()
    .add("",[list(z)for z in zip(Faker.choose(),Faker.values())])
    .set_global_opts(title_opts=opts.TitleOpts(title="Pie-基本
```

```
饼图绘制"))
    .set_series_opts(label_opts=opts.LabelOpts(formatter=
"{b}:{c}"))
)
c.render_notebook()
```

输出结果如图 1-3-13 所示。

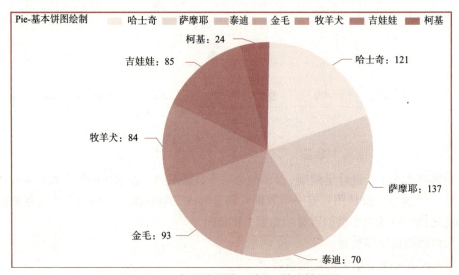

图 1-3-13　知识应用练一练 1：输出结果图

✪ 知识应用练一练 2：Pyecharts 设置饼图颜色。

```
from pyecharts.charts import Page,Pie
from pyecharts.commons.utils import JsCode
from pyecharts.faker import Faker
from pyecharts import options as opts
pie=(
    Pie()
    .add("",[list(z)for z in zip(Faker.choose(),Faker.values())])
    .set_colors(["black","orange","green","yellow","red",
"pink","red"])
    .set_global_opts(title_opts=opts.TitleOpts(title="设置饼图
颜色"))
    .set_series_opts(label_opts=opts.LabelOpts(formatter=
"{b}:{c}"))
)
pie.render_notebook()
```

结果输出如图 1-3-14 所示。

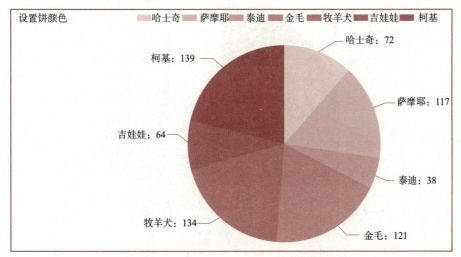

图 1-3-14　知识应用练一练 2：输出结果图

● 知识应用练一练 3：Pyecharts 调整圆心和图例位置。

```
from pyecharts.charts import Page,Pie
from pyecharts.commons.utils import JsCode
from pyecharts.faker import Faker
from pyecharts import options as opts
pie = (
    Pie()
    .add(
        "",
        [list(z) for z in zip(Faker.choose(), Faker.values())],
        center=[250, 250],
    )
    .set_global_opts(
        title_opts=opts.TitleOpts(title="Pie-调整饼图位置"),
        legend_opts=opts.LegendOpts(pos_bottom="0%"),
    )
    .set_series_opts(label_opts=opts.LabelOpts(formatter="{b}: {c}"))
)
pie.render_notebook()
```

输出结果如图 1-3-15 所示。

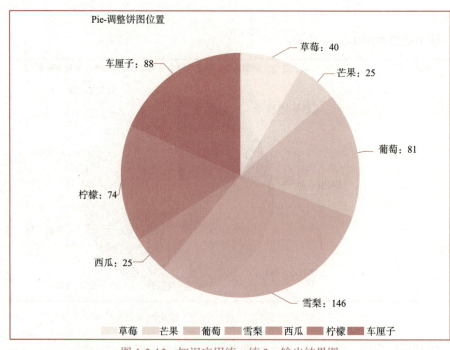

图 1-3-15 知识应用练一练 3：输出结果图

◎ 知识应用练一练 4：Pyecharts 绘制多饼图。

```
from pycharts.charts import Page,Pie
from pycharts.commons.utils import JsCode
from pycharts.faker import Faker
from pycharts import options as opts
pie = (
    Pie()
    .add(
        "",
        [list(z) for z in zip(["第一", "其他"], [25, 75])],
        center=["20%", "30%"],
        radius=[60, 80],
    )
    .add(
        "",
        [list(z) for z in zip(["第二", "其他"], [24, 76])],
        center=["55%", "30%"],
        radius=[60, 80],
    )
    .add(
        "",
```

```
            [list(z) for z in zip(["第三", "其他"], [14, 86])],
            center=["20%", "70%"],
            radius=[60, 80],
        )
        .add(
            "",
            [list(z) for z in zip(["第四", "其他"], [11, 89])],
            center=["55%", "70%"],
            radius=[60, 80],
        )
        .set_global_opts(
            title_opts=opts.TitleOpts(title="Pyecharts 绘制多饼图"),
            legend_opts=opts.LegendOpts(
                pos_top="20%", pos_left="80%", orient="vertical"
            ),
        )
)
pie.render_notebook()
```

输出结果如图 1-3-16 所示。

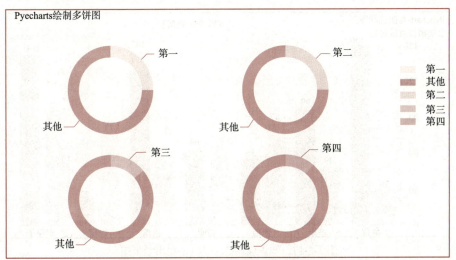

图 1-3-16　知识应用练一练 4：输出结果图

4. Pyecharts 绘制柱状图

柱状图（bar chart）是一种以长方形的长度为变量的表达图形的统计报告图，由一系列高度不等的纵向条纹表示数据分布的情况，用来比较两个或以上的价值（不同时间或者不同条件），只有一个变量，通常用于较小的数据集分析。

练一练

✪ 知识应用练一练 1：Pyecharts 绘制基本柱状图。

```
from pyecharts.commons.utils import JsCode
from pyecharts.faker import Faker
from pyecharts import options as opts
from pyecharts.charts import Bar, Grid
from pyecharts.globals import ThemeType
bar=(
        Bar()
        .add_xaxis(Faker.choose())
        .add_yaxis("数据1",Faker.values())
        .add_yaxis("数据2",Faker.values())
        # 使用副标题属性subtitle
        .set_global_opts(title_opts=opts.TitleOpts(title="Pyecharts 绘制柱状图",subtitle="水果销售数量对比"))
    )
#bar.render('bar.html')
bar.render_notebook()
```

输出结果如图 1-3-17 所示。

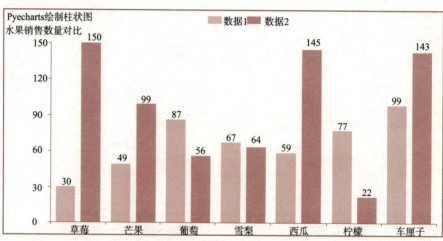

图 1-3-17 知识应用练一练 1：输出结果图

✪ 知识应用练一练 2：Pyecharts 绘制渐变圆柱图。

```
from pyecharts.commons.utils import JsCode
from pyecharts.faker import Faker
from pyecharts import options as opts
from pyecharts.charts import Bar, Grid
from pyecharts.globals import ThemeType
```

```
bar=(
        Bar()
        .add_xaxis(Faker.choose())
        .add_yaxis("数据1",Faker.values(),category_gap="60%")
        .set_series_opts(itemstyle_opts={
            "normal":{
                "color": JsCode("""new echarts.graphic.LinearGradient(0, 0, 0, 1, [{
                    offset: 0,
                    color: 'rgba(0, 233, 245, 1)'
                }, {
                    offset: 1,
                    color: 'rgba(0, 45, 187, 1)'
                }], false)"""),
                "barBorderRadius": [30, 30, 30, 30],
                "shadowColor": 'red',
            }})
        .set_global_opts(title_opts=opts.TitleOpts(title="Pyecharts绘制渐变圆柱"))
    )
bar.render_notebook()
```

输出结果如图 1-3-18 所示。

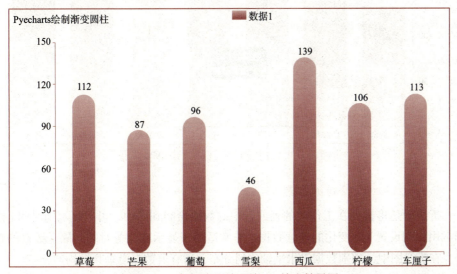

图 1-3-18 知识应用练一练 2：输出结果图

❂ 知识应用练一练 3：Pyecharts 绘制堆叠数据柱状图。

```
from pyecharts.commons.utils import JsCode
```

```python
from pyecharts.faker import Faker
from pyecharts import options as opts
from pyecharts.charts import Bar, Grid
from pyecharts.globals import ThemeType
bar=(
    Bar()
    .add_xaxis(Faker.choose())
    .add_yaxis("数据1",Faker.values(),stack='stack1')
    .add_yaxis("数据2",Faker.values(),stack='stack1')
    .set_series_opts(label_opts=opts.LabelOpts(is_show=False))
    .set_global_opts(title_opts=opts.TitleOpts(title='Pyecharts绘制堆叠数据柱状图'))
)
bar.render_notebook()
```

输出结果如图 1-3-19 所示。

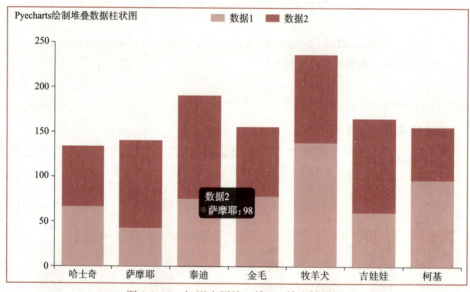

图 1-3-19 知识应用练一练 3：输出结果图

5. Pyecharts 绘制折线图

折线图是将排列在工作表的列或行中的数据绘制到图中，可以显示随时间（根据常用比例设置）而变化的连续数据，非常适用于显示在相等时间间隔下数据的趋势。在折线图中，类别数据沿水平轴均匀分布，所有值数据沿垂直轴均匀分布。

◎ 练一练

✪ 知识应用练一练 1：Pyecharts 绘制基本折线图。

```
from pyecharts.charts import Line
```

```
import pyecharts.options as opts
from pyecharts.faker import Faker
line=(
    Line()
    .add_xaxis(Faker.choose())
    .add_yaxis('数据1',Faker.values())
    .add_yaxis('数据2',Faker.values())
    .set_global_opts(title_opts=opts.TitleOpts(title=
'Pyecharts绘制基本折线图'))
)
line.render_notebook()
```

输出结果如图 1-3-20 所示。

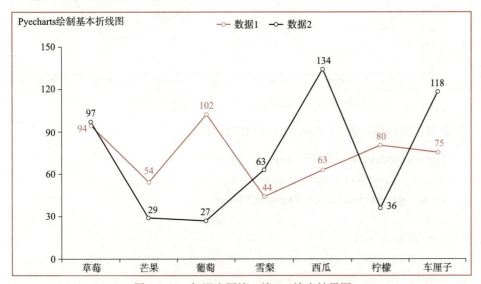

图 1-3-20　知识应用练一练 1：输出结果图

★ 知识应用练一练 2：Pyecharts 绘制平滑曲线图。

```
from pyecharts.charts import Line
import pyecharts.options as opts
from pyecharts.faker import Faker
line=(
    Line()
    .add_xaxis(Faker.choose())
    .add_yaxis('数据1',Faker.values(),is_smooth=True)
    .add_yaxis('数据2',Faker.values(),is_smooth=True)
    .set_global_opts(title_opts=opts.TitleOpts(title=
'Pyecharts绘制平滑曲线图'))
```

)
line.render_notebook()

输出结果如图 1-3-21 所示。

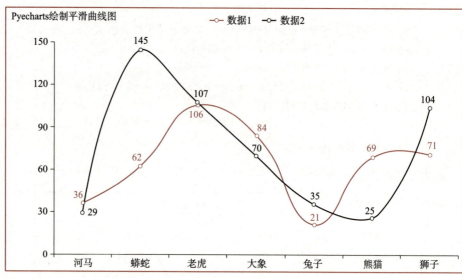

图 1-3-21　知识应用练一练 2：输出结果图

● 知识应用练一练 3：Pyecharts 对数轴示例。

```
from pyecharts.charts import Line
import pyecharts.options as opts
from pyecharts.faker import Faker
line=(
    Line()
    .add_xaxis(xaxis_data=['一','二','三','四','五','六','七','八','九'])
    .add_yaxis(
        '2 的指数',
        y_axis=[1,2,4,8,16,32,64,128,256],
        linestyle_opts=opts.LineStyleOpts(width=2)  # 线宽度设置为 2
    )
    .add_yaxis(
        '3 的指数',
        y_axis=[1,3,9,27,81,243,729,2187,6561],
        linestyle_opts=opts.LineStyleOpts(width=2),
    )
    .set_global_opts(
        title_opts=opts.TitleOpts(title='Pyecharts 对数轴示例'),
```

```
        xaxis_opts=opts.AxisOpts(name='x'),
        yaxis_opts=opts.AxisOpts(
            type_='log',
            name='y',
            splitline_opts=opts.SplitLineOpts(is_show=True),
            is_scale=True
        )
    )
)
line.render_notebook()
```

输出结果如图 1-3-22 所示。

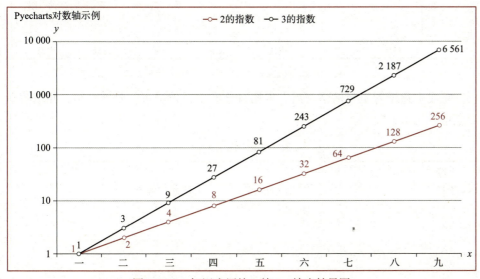

图 1-3-22　知识应用练一练 3：输出结果图

● 知识应用练一练 4：Pyecharts 绘制阶梯图。

```
from pyecharts.charts import Line
import pyecharts.options as opts
from pyecharts.faker import Faker
line=(
    Line()
    .add_xaxis(Faker.choose())
    .add_yaxis('数据1',Faker.values(),is_step=True)
    .set_global_opts(title_opts=opts.TitleOpts(title='Pyecharts绘制阶梯图'))
)
line.render_notebook()
```

输出结果如图 1-3-23 所示。

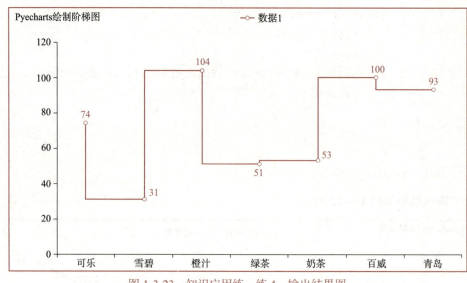

图 1-3-23　知识应用练一练 4：输出结果图

完成上述学习资料的学习后，根据自己的学习情况进行归纳总结，并填写学习笔记，见 1-3-6。

表 1-3-6　学习笔记

主题	
内容	问题与重点
总结：	

项目 2　处理计算机视觉应用图像

计算机视觉图像由于环境和拍摄自身因素影响，使得计算机视觉图像存在一定的问题，同时由于操作的要求，需要对图像进行一定的转换，要对图像做出预处理，方便后续操作。本项目内容设置如图 2-1-1 所示。

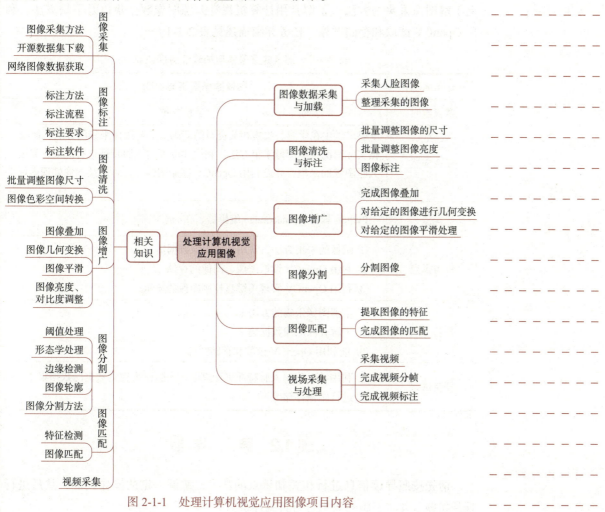

图 2-1-1　处理计算机视觉应用图像项目内容

任务 1 图像数据采集与加载

在近几年的发展中,图像分类、对象检测、目标跟踪、语义分割、实例分割等成为计算机视觉技术的核心,图像的质量好坏影响到这些业务的实现。通过本任务的学习,可以掌握图像的采集方法并进行视觉图像的采集,了解常用计算机视觉开源图像数据集,熟练掌握使用 OpenCV 实现图像存储和加载的方法,为后续学习做好准备,打下基础。

1.1 任务介绍

本任务要求学生在学习知识积累部分中所列的知识点、收集相关资料的基础上了解图像采集的方法。了解常用计算机视觉开源图像数据集以及下载方法,利用 OpenCV 读取和存储图像,任务详细描述见表 2-1-1。

表 2-1-1 图像数据采集与加载任务描述表

任务名称	图像数据采集与加载	
建议学时	4 学时	实际学时
任务描述	要求学生在学习、收集相关资料的基础上了解图像采集的方法,能根据实际情况选择图像采集方法,利用 dlib 库对人脸特征进行提取,完成人脸图像的采集,并利用 OpenCV 存储图像等,为后续图像处理做好准备	
任务完成环境	Python 软件、Anaconda3 编辑器、OpenCV	
任务重点	① 图像的采集方法,常用开源图像数据集; ② 利用 OpenCV 读取图像、图像的存储; ③ 利用 OpenCV 实现用键盘控制图像的显示	
任务要求	① 了解图像采集的方法; ② 了解开源图像数据集; ③ 能利用 OpenCV 读取和存储图像	
任务成果	① 利用 dlib 库对人脸特征进行提取,人脸作为视觉数据的数据集; ② 进行图像存储等	

1.2 导　学

请先按照导读信息进行相关知识点的学习,掌握一定的操作技能,然后进行任务实施,并对实施的效果进行自我评价。

本任务知识点和技能的导学见表 2-1-2。

表 2-1-2　图像数据采集与加载导学

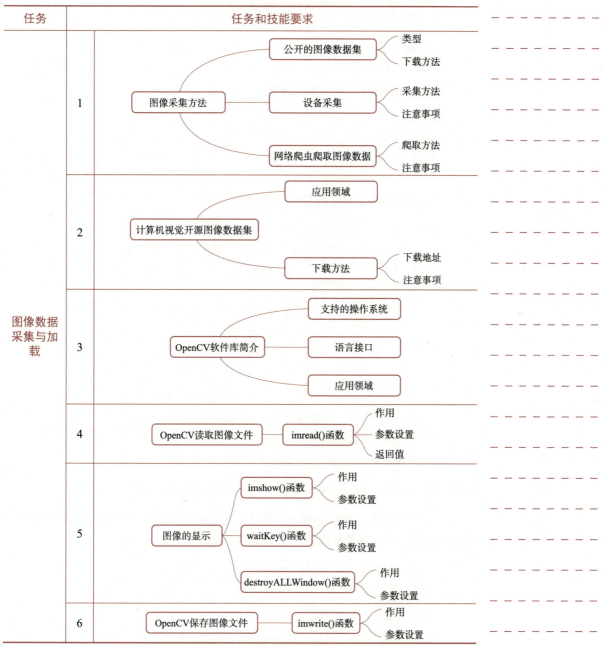

1.3　任务实施

（1）利用 dlib 库对人脸特征进行提取，人脸作为视觉数据的数据集，图片尺寸为 64×64 像素。

① 导入模块。

```
import cv2
import dlib
import os
import sys
import random
```

② 利用 OS 操作完成图像位置的定义。

```
pic ='pic'
size = 64
if not os.path.exists(pic):
    os.makedirs(pic)
```

③ 定义函数调整图像的亮度和对比度。

```
def relight(img, light=1, bias=0):
    w = img.shape[1]
    h = img.shape[0]
    for i in range(0,w):
        for j in range(0,h):
            for c in range(3):
                tmp = int(img[j,i,c]*light + bias)
                if tmp > 255:
                    tmp = 255
                elif tmp < 0:
                    tmp = 0
                img[j,i,c] = tmp
    return img
```

④ 使用 dlib 的 frontal_face_detector 特征提取器。

```
detector = dlib.get_frontal_face_detector()
```

⑤ 打开摄像头，利用 detector 进行人脸检测，采集 30 张人脸图像作为数据集的人脸图像，同时调整图像的对比度和亮度增加样本的多样性。

```
camera = cv2.VideoCapture(0)
index = 1
while True:
    if (index <= 30):
        print('Being processed picture %s' % index)
        success, img = camera.read()
        gray_img = cv2.cvtColor(img, cv2.COLOR_BGR2GRAY)
        dets = detector(gray_img, 1)
        for i, d in enumerate(dets):
            x1 = d.top() if d.top() > 0 else 0
            y1 = d.bottom() if d.bottom() > 0 else 0
```

```
                x2 = d.left() if d.left() > 0 else 0
                y2 = d.right() if d.right() > 0 else 0
                face = img[x1:y1,x2:y2]
                face = relight(face, random.uniform(0.5, 1.5),
random.randint(-50, 50))
                face = cv2.resize(face, (size,size))
                cv2.imshow('image', face)
                cv2.imwrite(output_dir+'/'+str(index)+'.jpg', face)
                index += 1
            key = cv2.waitKey(30) & 0xff
            if key == 27:
                break
        else:
            print('已经人脸检测!')
```

⑥ 释放摄像头,并删除窗口。

```
camera.release()
cv2.destroyAllWindows()
break
```

(2) 编写程序,读入给定的一幅图片,查看图像的存储信息。

```
import numpy as np
import cv2
img = cv2.imread('111.jpg',cv2.IMREAD_GRAYSCALE)
print(img)
```

输出结果如图 2-1-2 所示。

图 2-1-2　读取图像并显示图像的存储信息

(3) 编写程序,读入给定的一幅图片用按键控制其显示。

```
import cv2
img =cv2.imread("333.jpg")
cv2.imshow("image",img)
```

视　频

OpenCV实现
图像的保存

视　频

图像的读取

视　频

图像的显示

```
key=cv2.waitKey()
if key==ord("a"):
    cv2.imshow("image1",img)
if key==ord("b"):
    cv2.imshow("image2",img)
```

1.4 任务评价与总结

上述任务完成后,填写下表,对知识点掌握情况进行自我评价,并进行学习总结,评价表见表 2-1-3。

表 2-1-3 图像数据采集与加载任务评价总结表

任务知识点自我测评与总结			
考核项目	任务知识点	自我评价	学习总结
图像采集方法	下载公开的图像数据集	□ 没有掌握 □ 基本掌握 □ 完全掌握	
	设备采集	□ 没有掌握 □ 基本掌握 □ 完全掌握	
	网络爬虫爬取图像数据	□ 没有掌握 □ 基本掌握 □ 完全掌握	
计算机视觉开源图像数据集	了解常用图像开源数据集	□ 没有掌握 □ 基本掌握 □ 完全掌握	
OpenCV 软件库简介	OpenCV 软件库支持的操作系统	□ 没有掌握 □ 基本掌握 □ 完全掌握	
	OpenCV 软件库语言接口类型	□ 没有掌握 □ 基本掌握 □ 完全掌握	
	OpenCV 软件库应用领域	□ 没有掌握 □ 基本掌握 □ 完全掌握	
OpenCV 实现图像文件的读取	读入图像	□ 没有掌握 □ 基本掌握 □ 完全掌握	
	支持的图片格式	□ 没有掌握 □ 基本掌握 □ 完全掌握	
	OpenCV 实现图像的显示	□ 没有掌握 □ 基本掌握 □ 完全掌握	
OpenCV 实现图像文件的保存	OpenCV 保存图像	□ 没有掌握 □ 基本掌握 □ 完全掌握	

1.5 知识积累

1.5.1 图像采集方法

计算机视觉不同的应用场景对图像数据要求不同，视觉图像根据应用场景不同可以采用不同的采集方式。计算机视觉图像可以由输入设备包括成像设备和数字化设备完成采集，通过光学摄像机或红外、激光、超声、X射线对周围场景或物体进行探测成像，得到关于场景或物体的二维或三维数字化图像。也可以通过拍摄包括商品、汽车、文档、风景等各类真实生活中的图像，助力图像识别模型的训练，可应用于智慧零售、智能设备等场景。这些采集根据需要识别的业务需求，对图像的背景光线、噪声、距离、遮挡物等会有相关要求。

计算机视觉图像也可以通过快速抓取网络公开的各类图像，并通过技术和人工清洗，筛选出符合模型要求的数据，助力图像识别模型训练，可应用于智能设备、智慧金融、智慧零售等场景。可拍摄指定的物体、人脸、安防等场景的视频，支持多角度、多光线、多场景的多样化采集要求，应用在智能安防、智能设备、智慧金融等视觉场景。

通过搭载激光雷达和工业相机，可提供跨城市的2D、3D道路数据，支持车辆定制化和传感器改装，适用于自动驾驶模型的训练，可应用于基于视觉或雷达方案的自动驾驶场景训练。

完成上述学习资料的学习后，根据自己的学习情况进行归纳总结，并填写学习笔记，见表2-1-4。

表2-1-4　学习笔记

主题	
内容	问题与重点
总结：	

1.5.2 计算机视觉开源图像数据集

1. MNIST 数据集

MNIST 是一个手写数字的数据集，图片一共有 10 类，分别对应阿拉伯数字 0~9。该数据集由美国国家标准与技术研究所（National Institute of Standards and Technology，NIST）发起整理，MNIST 数据集包含文件列表见表 2-1-5。

表 2-1-5 MNIST 数据集包含文件列表

文件名称	文件用途
train-images-idx3-ubyte.gz	训练集图像
train-labels-idx1-ubyte.gz	训练集标签
t10k-images-idx3-ubyte.gz	测试集图像
t10k-labels-idx1-ubyte.gz	测试集标签

在上述文件中，训练集共包含 60 000 张图像和标签，测试集共包含 10 000 张图像和标签。测试集中前 5 000 个来自最初 NIST 项目的训练集，后 5 000 个来自最初 NIST 项目的测试集，前 5 000 个比后 5 000 个要规整，这是因为前 5 000 个数据来自美国人口普查局的员工，而后 5 000 个来自大学生。

该数据集自 1998 年起，被广泛地应用于机器学习和深度学习领域，用来测试算法的效果，如线性分类器（Linear Classifiers）、K-近邻算法（K-Nearest Neighbors）、支持向量机（SVMs）、神经网络（Neural Nets）、卷积神经网络（Convolutional nets）等。

2. CIFAR-10

CIFAR-10 是由 Hinton 的学生 Alex Krizhevsky、Ilya Sutskever 整理的一个用于普适物体识别的计算机视觉数据集，它包含 60 000 张 32×32 像素的 RGB 彩色图片，包含飞机、汽车、鸟类、猫、鹿、狗、蛙类、马、船和卡车等 10 个类别，50 000 张用于训练集，10 000 张用于测试集。

3. CIFAR-100

CIFAR-100 数据集就像 CIFAR-10，共有 100 个类，每个类包含 600 张图像，每类有 500 个训练图像和 100 个测试图像。CIFAR-100 中的 100 个类被分成 20 个超类。每个图像都带有一个"精细"标签（它所属的类）和一个"粗糙"标签（它所属的超类）。

4. Pascal VOC 数据集

Pascal VOC 数据集用于构建和评估图像分类、对象检测和分割的算法。该数据集主要解决目标检测、目标之间的上下文关系等问题。图像包括 91 类目标，共有 328 000 个影像和 2 500 000 个 label。

5. ImageNet

ImageNet 数据集最初由斯坦福大学李飞飞等人在 CVPR 2009 的一篇论文中推出,并被用于替代 PASCAL 数据集和 LabelMe 数据集。ImageNet 是根据 WordNet 层次结构组织的图像数据集。WordNet 包含大约 10 万个单词,ImageNet 平均提供了大约 1 000 个图像来说明每个单词。总图像数大约是 150 万,每个都有多个边界框和相应的类标签。在 ImageNet 上最重要的几个深度学习模型有 AlexNet、VGGNet、GoogLeNet 和 ResNet(深度残差网络)。

完成上述学习资料的学习后,根据自己的学习情况进行归纳总结,并填写学习笔记,见表 2-1-6。

表 2-1-6 学习笔记

主题	
内容	问题与重点
总结:	

1.5.3 OpenCV软件库简介

OpenCV 是一个基于 BSD 许可(开源)发行的跨平台计算机视觉和机器学习软件库,可以运行在 Linux、Windows、Android 和 Mac OS 操作系统上。它由一系列 C 函数和少量 C++ 类构成,同时提供了 Python、Ruby、MATLAB 等语言的接口,实现了图像处理和计算机视觉方面的很多通用算法。

OpenCV 用 C++ 语言编写,它具有 C++、Python、Java 和 MATLAB 接口,并支持 Windows、Linux、Android 和 Mac OS,OpenCV 主要倾向于实时视觉应用,并在可用时利用 MMX 和 SSE 指令,如今也提供对于 C#、Ch、Ruby 和 GO 的支持。

OpenCV 的主要应用领域有人机互动、物体识别、图像分割、人脸识别、动作识别、运动跟踪、机器人、运动分析、机器视觉、结构分析、汽车安全驾驶。

完成上述学习资料的学习后,根据自己的学习情况进行归纳总结,并填写学习笔记,见表 2-1-7。

表 2-1-7 学习笔记

主题	
内容	问题与重点
总结：	

1.5.4 OpenCV读取图像文件

OpenCV 的 imread() 函数支持各种静态图像文件格式图像的读入，使用 imread() 函数读入一副图片的格式为：dst=cv2.imread(filepath,flags)。

imread() 函数参数设置如图 2-1-3 所示。

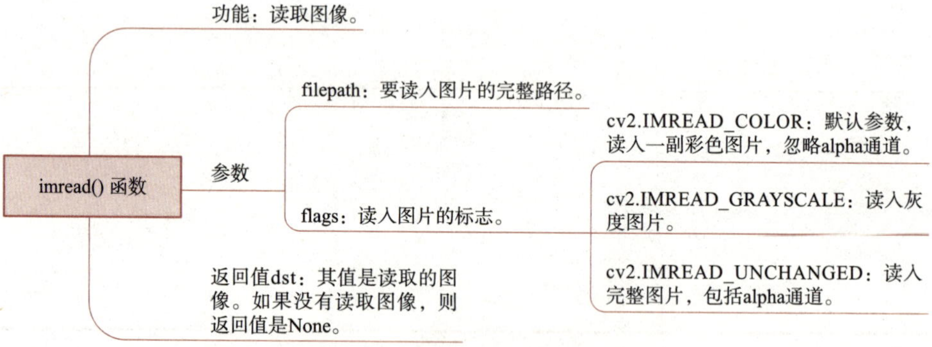

```
                   功能：读取图像。
                   
                            filepath：要读入图片的完整路径。
                                                              cv2.IMREAD_COLOR：默认参数，
                                                              读入一副彩色图片，忽略alpha通道。
 imread() 函数 ── 参数
                            flags：读入图片的标志。            cv2.IMREAD_GRAYSCALE：读入灰
                                                              度图片。
                   返回值dst：其值是读取的图
                   像。如果没有读取图像，则     cv2.IMREAD_UNCHANGED：读入
                   返回值是None。              完整图片，包括alpha通道。
```

图 2-1-3 imread() 函数参数设置

当只填写文件名时，图像文件需要和 Python 程序文件放在同一文件夹下，否则会出错，如果想不放在一起，可以使用绝对路径。

OpenCV 支持的图片格式如下（仅列举常见的格式）：

- Windows 位图：扩展名为 bmp。
- JPEG 文件：扩展名为 jpeg/jpg。
- JPEG2000：扩展名为 jp2。
- 便携式网络图像文件：扩展名为 png。
- TIFF 文件：扩展名为 tiff/tif。

flags：读入图片的标志如下：

- cv2.IMREAD_UNCHANGED：保持原格式不变，数值为 –1。
- cv2.IMREAD_GRAYSCALE：将图像调整为单通道灰度图像，数值为 0。
- cv2.IMREAD_COLOR：将图像调整为 3 通道 RGB 图像，该值是默认参数，

数值是 1。
- cv2.IMREAD_ANYDEPTH：当载入的图像深度为 16 位或者 32 位时，返回其对应的深度图像；否则转换为 8 位图像，其值是 2。
- cv2.IMREAD_ANYCOLOR：以任何可能的颜色格式读取图像，其值是 4。
- cv2.IMREAD_LOAD_GDAL：使用 gdal 驱动程序加载图像，其值是 8。
- cv2.IMREAD_REDUCED_GRAYSCALE_2：将图像转换成单通道灰度图像，并将图像尺寸减小 1/2。
- cv2.IMREAD_REDUCED_COLOR_2：将图像转换成 3 通道 RGB 图像，并将图像尺寸减小 1/2。
- cv2.IMREAD_REDUCED_GRAYSCALE_4：将图像转换成单通道灰度图像，并将图像尺寸减小 1/4。
- cv2.IMREAD_REDUCED_COLOR_4：将图像转换成 3 通道 RGB 图像，并将图像尺寸减小 1/4。
- cv2.IMREAD_REDUCED_GRAYSCALE_8：将图像转换成单通道灰度图像，并将图像尺寸减小 1/8。
- cv2.IMREAD_REDUCED_COLOR_8：将图像转换成 3 通道 RGB 图像，并将图像尺寸减小 1/8。
- cv2.IMREAD_IGNORE_ORIENTATION：不以 EXIF 方向为标记的旋转图像。

⭐ 练一练

✪ 知识应用练一练：编写程序读入一幅图像文件存储格式。

```
import numpy as np
import cv2
img = cv2.imread('111.jpg',cv2.IMREAD_GRAYSCALE)
print(img)
```

1.5.5 OpenCV 显示图像

使用 cv2.namedWindows()、cv2.imshow() 函数显示图像，除了这两个函数之外，还需要 cv2.waitKey()、cv2.destroyWindow()、cv2.destroyAllWindows() 三个函数。

使用 cv2.imshow() 函数显示图像的格式为：

```
cv2.imshow(wname,img)
```

cv2.imshow() 函数的设置参数如图 2-1-4 所示。

K =cv2.waitKey(0) 函数的作用是等待键盘输入，将输入的值赋予 K，如果参数为 0 则表示一直等待。

cv2.destoryALLWindows() 函数用于关闭打开的窗口，参数中输入窗口的名称可以删除指定的窗口。

cv2.waitKey() 函数：image=cv2.waitKey([delay])。

- image：如果没有按键按下，则返回值是 –1，如果有按键按下，返回值是该按键的 ASCII 码。

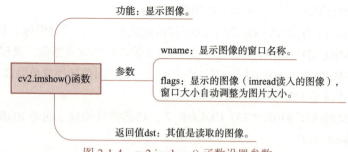

图 2-1-4　cv2.imshow() 函数设置参数

- delay：表示等待键盘触发的时间，单位是 ms。当该值是负数或者 0 时，表示无限等待，该值默认为 0。

从另外一个角度理解，该函数还可以让程序实现暂停功能，当程序运行到该语句时，会按照参数 delay 的设定，可能有下面两种情况：

- 如果参数为了 0，则程序一直等待下去，直到有按键事件发生，才会执行后续程序。
- 如果参数为一个正数，则程序在这段时间内等待按键，直到按键事件发生，执行后续程序。当指定的时间内一直没有事件发生，则超过等待时间后继续执行后续程序。

✪ 练一练

★ 知识应用练一练：利用 OpenCV 编写程序，实现图像显示。

```
import numpy as np
import cv2
img = cv2.imread('cat.jpg',cv2.IMREAD_GRAYSCALE)
cv2.namedWindow('cat')
cv2.imshow('cat',img)
cv2.waitKey(0)
```

输出结果如图 2-1-5 所示。

图 2-1-5　图像显示

完成上述学习资料的学习后，根据自己的学习情况进行归纳总结，并填写学习笔记，见表 2-1-8。

表 2-1-8　学习笔记

主题	
内容	问题与重点
总结：	

1.5.6　OpenCV保存图像文件

OpenCV 使用 cv2.imwrite() 函数保存一幅图像。其格式为：

```
cv2.imwrite(file,img,num)
```

cv2.imwrite() 函数的参数设置如图 2-1-6 所示。

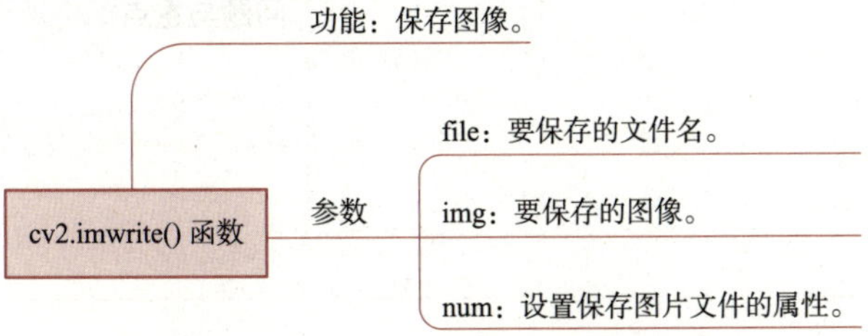

图 2-1-6　cv2.imwrite() 函数参数设置

cv2.imwrite() 函数
- 功能：保存图像。
- 参数：
  - file：要保存的文件名。
  - img：要保存的图像。
  - num：设置保存图片文件的属性。

可选的第三个参数是设置保存的图片文件的属性，取值如下：
- MWRITE_JPEG_QUALITY：对于 JPEG，其值为 0 ~ 100（值越大表示质量越好）。默认值为 95。
- IMWRITE_JPEG_PROGRESSIVE：启用 JPEG 功能，0 或 1，默认值为 0。
- IMWRITE_JPEG_OPTIMIZE：启用 JPEG 功能，0 或 1，默认值为 0。
- IMWRITE_JPEG_RST_INTERVAL：JPEG 重新启动间隔，0 ~ 65 535，默认值为 0，表示不重新启动。
- IMWRITE_JPEG_LUMA_QUALITY：单独的亮度质量等级，0 ~ 100，默认值为 0，表示不使用。
- IMWRITE_JPEG_CHROMA_QUALITY：独立的色度质量等级，0 ~ 100，

默认值为 0，表示不使用。
- IMWRITE_PNG_COMPRESSION：对于 PNG，它可以是从 0 ~ 9 的压缩级别。较高的值意味着较小的尺寸和较长的压缩时间。默认值为 3。
- IMWRITE_PNG_STRATEGY：cv::ImwritePNGFlags 之一，默认值为 IMWRITE_PNG_STRATEGY_DEFAULT。
- IMWRITE_PNG_BILEVEL：二进制级 PNG 0 或 1，默认值为 0。
- IMWRITE_PXM_BINARY：对于 PPM、PGM 或 PBM，它可以是二进制格式标志 0 或 1，默认值为 1。
- IMWRITE_WEBP_QUALITY：对于 WEBP，其值为 1 ~ 100（值越大表示质量越好）。默认情况下（没有任何参数），质量超过 100 的情况下使用无损压缩。

✪ 练一练

✪ 知识应用练一练：编写程序，利用 cv2.imwrite() 函数保存图像。

```
import cv2
image2 = cv2.imread('cat.jpg')
cv2.imwrite('cat.png',image2)
```

完成上述学习资料的学习后，根据自己的学习情况进行归纳总结，并填写学习笔记，见表 2-1-9。

表 2-1-9 学习笔记

主题	
内容	问题与重点
总结：	

任务 2　图像清洗与标注

进行深度学习训练时，将标记好的图片，批量进入神经网络进行训练，如果没有进行图像数据清洗，不能够帮助完成精准的数据模型和算法实现。图像清洗主要包括图片去模糊、过滤清晰度较低的图片，保证数据质量。图片去重过滤大量重复的图片，提高关键图片处理效率。批量裁剪图片中的无关元素，提升数据质量。旋转校正采集到的图片角度，方便进行下一步处理。

图像数据经过清洗后才可以进入标注环节，根据标注要求完成分类、标框、描点或区域标注等操作。学生通过学习本任务，可以熟练掌握图像数据的清洗内容和方法，能完成图像标注，为后续工作做好准备，打下基础。

2.1 任务介绍

本任务要求学生在学习知识积累部分所列的知识点、收集相关资料的基础上了解数字图像的定义、属性、存储格式。利用 OpenCV 对图像数据进行清洗，并利用标注工具对图像进行标注。详细任务清单见表 2-2-1。

表 2-2-1 图像清洗与标注任务清单

任务名称	图像清洗与标注		
建议学时	6 学时	实际学时	
任务描述	本任务以前面自己采集的数据集为基础，利用 OpenCV 实现图像数据的清洗等，利用标注软件完成图像标注，为之后的图像处理做准备		
任务完成环境	Python 软件、Anaconda3 编辑器、OpenCV、LabelMe 标注软件		
任务重点	① 图像存储的格式、图像数据类型； ② 利用 OpenCV 进行图像的翻转、缩放； ③ 利用 OpenCV 实现图片批量删除； ④ 利用 LabelMe 进行图像数据的标注等，为之后进行具体图像的处理做准备		
任务要求	① 了解图像存储的格式； ② 能利用 OpenCV 完成对图像文件的清洗； ③ 能利用 LabelMe 进行图像数据的标注		
任务成果	清洗和标注后的数据集		

2.2 导　学

请先按照导读信息进行相关知识点的学习，掌握一定的操作技能，然后进行任务实施，并对实施效果进行自我评价。

本任务知识点和技能的导学见表 2-2-2。

表 2-2-2　图像清洗与标注导学表

任务	任务和技能要求			
1	图像清洗与标注	数字图像	概念	
			描述参数	
			图像数字化表示	二值图像
				灰度图像
				彩色图像 — RGB颜色模型 / HSV模型
2		图像文件格式	BMP格式	标准 / 应用
			GIF格式	标准 / 应用
			TIFF格式	标准 / 应用
			JPEG格式	标准 / 应用
3		Python的OS模块	目录相关操作	创建目录 / 删除目录 / 获取目录路径
			os.path相关方法	文件判断 / 文件路径获取 / 获取文件信息
			其他相关常用操作	环境变量获取与设置 / 退出当前进程 / 执行命令
4		OpenCV实现色彩空间转换	cvtColor()函数参数设置	
			cvtColor()函数应用	

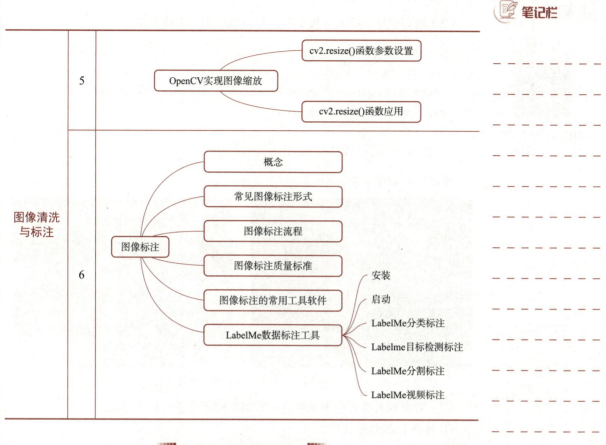

2.3 任务实施

（1）上一个任务，已经完成了利用 dlib 库对人脸特征进行提取，生成了人脸采集视觉数据的数据集，现在编写程序批量调整图像的大小。

```
import cv2
import os
import numpy as np
def read_directory(directory_name):
    for filename in os.listdir(directory_name):
        img1 = directory_name + "\\" + filename
        img = cv2.imdecode(np.fromfile(img1, dtype=np.uint8), -1)
        cv2.imshow(filename, img)
        cv2.waitKey(0)
        img=cv2.resize(img,(0,0),fx=0.5,fy=0.5)
        cv2.imwrite("C://Users//Administrator//Desktop//face"
+ "/" + filename, img)
read_directory("face01")
```

视　频

图像缩放

（2）编写程序，读入一幅图片，将图像转换为灰度图像。

```
import numpy as np
import cv2
img = cv2.imread('monkey.jpg',cv2.IMREAD_GRAYSCALE)
cv2.imshow("image",img)
cv2.waitKey()
cv2.destroyAllWindows()
```

输出结果如图 2-2-1 所示。

图 2-2-1　彩色图像转换为灰度图像

（3）对提取人脸作为视觉数据的数据集中图像进行标框标注。
① 准备 LabelMe 文件。
② 启动 LabelMe 文件。
③ 完成标注。

2.4　任务评价与总结

上述任务完成后，填写下表，对知识点掌握情况进行自我评价，并进行学习总结，评价总结表见表 2-2-3。

表 2-2-3　评价总结表

任务知识点自我测评与总结			
考核项目	任务知识点	自我评价	学习总结
数字图像	数字图像概念	□ 没有掌握 □ 基本掌握 □ 完全掌握	
	图像数字化表示方法	□ 没有掌握 □ 基本掌握 □ 完全掌握	

知识/技能点	子项	掌握情况	
图像文件格式	BMP 格式	□ 没有掌握 □ 基本掌握 □ 完全掌握	
	GIF 格式	□ 没有掌握 □ 基本掌握 □ 完全掌握	
	TIFF 格式	□ 没有掌握 □ 基本掌握 □ 完全掌握	
	JPEG 格式	□ 没有掌握 □ 基本掌握 □ 完全掌握	
Python 的 OS 模块	目录相关操作方法	□ 没有掌握 □ 基本掌握 □ 完全掌握	
	os.path 相关方法	□ 没有掌握 □ 基本掌握 □ 完全掌握	
	其他相关常用操作	□ 没有掌握 □ 基本掌握 □ 完全掌握	
OpenCV 实现色彩空间转换	cvtColor() 函数参数设置	□ 没有掌握 □ 基本掌握 □ 完全掌握	
	cvtColor() 函数应用	□ 没有掌握 □ 基本掌握 □ 完全掌握	
OpenCV 实现图像缩放	cv2.resize() 函数参数设置	□ 没有掌握 □ 基本掌握 □ 完全掌握	
	cv2.resize() 函数应用	□ 没有掌握 □ 基本掌握 □ 完全掌握	
图像标注	图像标注概念	□ 没有掌握 □ 基本掌握 □ 完全掌握	
	常见的图像标注形式	□ 没有掌握 □ 基本掌握 □ 完全掌握	
	数据标注流程	□ 没有掌握 □ 基本掌握 □ 完全掌握	
	图像标注的质量标准	□ 没有掌握 □ 基本掌握 □ 完全掌握	
	图像标注的常用工具软件	□ 没有掌握 □ 基本掌握 □ 完全掌握	
	LabelMe 数据标注工具的使用	□ 没有掌握 □ 基本掌握 □ 完全掌握	

2.5 知识积累

2.5.1 数字图像

人类了解一个东西的颜色，可以通过眼睛的视网膜成像，那么机器是如何读取图像的呢？图像如何表示和存储呢？

1. 数字图像

数字图像又称数码图像或数位图像，是由模拟图像数字化得到的，以像素（或像元，Pixel）为基本元素，可以用计算机或数字电路存储和处理的图像。数字图像可以由不同的输入设备和技术生成，例如数码照相机、扫描仪、坐标测量机等，也可以从任意的非图像数据合成得到，例如用数学函数、三维几何模型等得到。

图像是由许多像素组成的，图像处理是在二维平面上对图片的每一个像素进行处理，而如何知道我们处理的是这一个像素，而不是另外一个像素，就需要定义一个图像的最基本的元素，这个元素就是像素。像素是在模拟图像数字化时对连续空间进行离散化得到的。每个像素具有整数行（高）和列（宽）位置坐标，同时每个像素都具有整数灰度值或颜色值。通常像素在计算机中保存为二维整数数组的光栅图像，这些值常用压缩格式进行传输和存储。

2. 图像数字化表示

每个图像的像素通常对应于二维空间中一个特定的位置，并且有一个或者多个与那个点相关的采样值组成数值，根据这些采样数目及特性不同将数字图像可以划分为：二值图像、灰度图像、彩色图像。

1）二值图像

二值图像是指仅仅包含黑色和白色两种颜色的图像，图像的每个像素只能是黑或者白，其像素值为 0 或 1。图 2-2-2 所示为二值图像。

2）灰度图像

一幅灰度图像就是一个数据矩阵，矩阵的值表示灰度的浓淡。其每个像素只有一个采样颜色的图像，这类图像通常显示为从最暗的黑色到最亮的白色。灰度图像与二值图像不同，在计算机图像领域中二值图像只有黑色与白色两种颜色；灰度图像在黑色与白色之间还有许多级的颜色深度。二值图像表示起来简单方便，但是因为其仅有黑白两种颜色，所表示的图像不够细腻。如果想要表现更多的细节，就需要使用更多的颜色。图 2-2-3 所示为一幅灰度图像，它采用了更多的数值以体现不同的颜色，因此该图像的细节信息更丰富。

灰度图像经常是在单个电磁波频谱（如可见光）内测量每个像素的亮度得到的，用于显示的灰度图像通常用每个采样像素 8 位（uint8）的非线性尺度来保存，这样可以有 256 级灰度（如果用 16(uint16) 位，则有 65 536 级）。

通常，计算机会将灰度处理为 256 个灰度级，用数值区间 [0,255] 表示。其中数值 255 表示纯白色，数值 0 表示纯黑色，其余数值表示从纯白到纯黑之间不同级别，灰度有 256 个灰度级，数值在 0 ~ 255 之间，正好可以用一个字节 (8 位二进制值) 来表示。按照上述方法，灰度图像需要使用一个各行各列的数值都在 [0 ~ 255] 之间的矩阵来表示。

图 2-2-2　二值图像　　　　　　图 2-2-3　灰度图像

3）彩色图像

相比二值图像和灰度图像，彩色图像是更常见的一类图像，它能表现更丰富的细节信息。神经生理学实验发现，在视网膜上存在三种不同的颜色感受器，能够感受三种不同的颜色：红色、绿色和蓝色，即三基色。自然界中常见的各种色光都可以通过将三基色按照一定的比例混合构成。除此以外，从光学角度出发，可以将颜色解析为主波长、纯度、明度等，从心理学和视觉角度出发，可以将颜色解析为色调、饱和度、亮度等。通常，将上述采用不同方式表述颜色的模式称为色彩空间，或者颜色空间、颜色模式等。

（1）RGB 颜色模型

RGB 模型又称加色法混色模型。它是以 R、G、B 三原色光互相叠加实现混色的方法，适合于显示器等发光体的显示。人类视觉系统能感知的颜色都可以用红、绿、蓝三种基色光按照不同的比例混合，例如，白色 =100% 红色 +100% 绿色 +100% 蓝色，黄色 =100% 红色 +100% 绿色 +0% 蓝色等。该模型基于三维笛卡儿坐标系，具体描述如图 2-2-4 所示。

从黑色（0,0,0）到白色（1,1,1），若沿三维立方体对角线取值，可得到灰度级色彩，其 RGB 三色值相等。

在 RGB 彩色模型中表示的图像由 R、G、B 三个 8 位分量图像构成，三幅图像在屏幕上混合生成一幅合成的 24 位彩色图像，即全彩色图像，图 2-2-5 所示为对应的 24 位彩色立方图。在一般的机器视觉中，很多时候在 BGR 颜色模型下面处理图像。

（2）HSV 模型

HSV 颜色空间是一种用色调（H）、饱和度（S）、亮度（V）表示的颜色模型，其色彩空间由三部分组成：

Hue(色调)：表示颜色种类，如红、蓝、黄，范围为 0 ~ 360°，每个值对应着一种颜色。

Saturation(饱和度)：表示颜色的强度或是颜色的丰满程度，范围为 0～100%，0 表示没有颜色，100% 表示强烈的颜色，降低饱和度其实就是在颜色中增加灰色的分量。

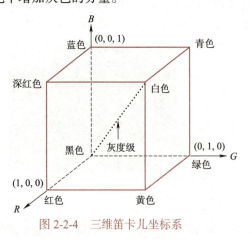

图 2-2-4　三维笛卡儿坐标系

图 2-2-5　24 位彩色立方图

Value(亮度值)：表示颜色的亮度，范围为 0～100%，0 总是表示为黑色，100% 时根据饱和度可能为白色或饱和度更低的颜色。

HSV 模型是一种比较直观的颜色模型，在许多图像编辑工具中应用比较广泛，如 Photoshop。但不适合使用在光照模型，许多光线混合运算、光强运算等都无法直接使用 HSV 实现。由于 H、S 分量代表了色彩分信息，不同 H、S 值在表示颜色时有较大差异，所以该模型可用于颜色分割。该模型如图 2-2-6 所示。

图 2-2-6　HSV 模型

OpenCV 中的 H 分量是 0～180，S 分量是 0～255，V 分量是 0～255，但是 HSV 颜色空间却规定的是，H 范围为 0～360，S 范围为 0～1，V 范围为 0～1，所以需要转换一下，即 H×2、V/255、S/255。H 分量是 0～360°，所以在 OpenCV 中被除以 2 处理，以匹配 UCHAR 255 的上限。在根据颜色分割图像的场景下用 HSV 颜色空间处理图像。

完成上述学习资料的学习后，根据自己的学习情况进行归纳总结，并填写学习笔记，见表 2-2-4。

表 2-2-4 学习笔记

主题	
内容	问题与重点
总结：	

2.5.2 图像文件格式

图像数据在计算机存储器设备中的存储形式是图像文件，图像必须按照某个公开的、规范约定的数据存储顺序和结构进行保存，才能使不同的程序对图像文件顺利进行打开或存盘操作，实现数据共享。图像数据在文件中的存储顺序和结构称为图像文件格式。

1. BMP 格式

BMP（Bitmap）是 Windows 操作系统中的标准图像文件格式，可以分成两类：设备相关位图（DDB）和设备无关位图（DIB）。它采用位映射存储格式，除了图像深度可选以外，不采用其他任何压缩，因此 BMP 文件所占用的空间很大。BMP 文件的图像深度可选 1 位、4 位、8 位及 24 位。BMP 文件存储数据时，图像的扫描方式是按从左到右、从下到上的顺序。由于 BMP 文件格式是 Windows 环境中交换与图有关的数据的一种标准，因此在 Windows 环境中运行的图形图像软件都支持 BMP 图像格式。在 Windows 系统平台上和 Android 手机上，直接使用系统默认的图片浏览器即可打开。

BMP 图像文件又称位图文件，包括以下内容：

（1）BMP 文件头 (bmp file header)：图像文件的类型、大小和位图阵列的起始位置等信息。

（2）位图信息头 (bitmap information)：图像数据的尺寸、位平面数、压缩方式、颜色索引等信息。

（3）调色板 (color palette)：可选，如使用索引表示图像，调色板就是索引与其对应的颜色的映射表，在使用 256 位彩色、16 位彩色等情况下用到。

（4）位图数据 (bitmap data)：图像的像素数据。

位图文件头分 4 部分，共 14 字节，每部分的组成见表 2-2-5。

表 2-2-5　位图文件头

名　　称	占用空间	内　　容	实际数据
bfType	2 字节	标识，就是 BM 两字	BM
bfSize	4 字节	整个 BMP 文件的大小	0x000C0036(786486)
bfReserved1/2	4 字节	保留字，没用	0
bfOffBits	4 字节	偏移数，即位图文件头 + 位图信息头 + 调色板的大小	0x36(54)

2．GIF 格式

GIF 格式是一种公用的图像文件格式标准，它是 8 位文件格式（一个像素一个字节），所以最多只能存储 256 色图像。GIF 文件中的图像数据均为压缩过的。GIF 文件结构较复杂，一般包括 7 个数据单元：文件头、通用调色板、图像数据区，以及 4 个补充区。其中，表头和图像数据区是不可缺少的单元。

一个 GIF 文件中可以存放多幅图像，所以文件头中包含适用于所有图像的全局数据和仅属于其后那幅图像的局部数据。当文件中只有一幅图像时，全局数据和局部数据一致。存放多幅图像时，每幅图像集中成一个图像数据块，每块的第一个字节是标识符，指示数据块的类型。

3．TIFF 格式

TIFF 格式是一种独立于操作系统和文件系统的格式（在 Windows 环境和 Macintosh 机器上都可使用），便于在软件之间进行图像数据交换。TIFF 图像文件包括文件头（表头）、文件目录（标识信息区）和文件目录项（图像数据区）。文件头只有一个，且在文件前端。它给出数据存放顺序、文件目录的字节偏移信息。文件目录给出文件目录项的个数信息，并有一组标识信息，给出图像数据区的地址。文件目录项是存放信息的基本单位，又称为域。从类别上讲，域的种类主要包括基本域、信息描述域、传真域、文献存储和检索域 5 类。

TIFF 格式的描述能力很强，可制定私人用的标识信息。TIFF 格式支持任意大小的图像，文件可分为 4 类：二值图像、灰度图像、调色板彩色图像和全彩色图像。一个 TIFF 文件中可以存放多幅图像，也可存放多份调色板数据。

4．JPEG 格式

JPEG 格式源自对静止灰度或彩色图像的一种压缩标准 JPEG，在使用有损压缩方式时可节省的空间是相当大的，目前数码照相机中均使用这种格式。JPEG 标准只是定义了一个规范的编码数据流，并没有规定图像数据文件的格式。Cube Microsystems 公司定义了一种 JPEG 文件交换格式（JFIF），JFIF 图像是一种使用灰度表示或使用 Y、Cb、Cr 分量彩色表示的 JPEG 图像。它包含一个与 JPEG 兼容的文件头。一个 JFIF 文件通常包含单个图像，图像可以是灰度的（其中的数据为单个分量），也可以是彩色的（其中的数据是 Y、Cb、Cr 分量）。

TIFF 6.0 也支持用 JPEG 压缩的图像，TIFF 文件可以包含直接 DCT 的图像，也可以包含无损 JPEG 图像，还可以包含用 JPEG 编码的条或块的系列（这样允许只恢复图像的局部而不用读取全部内容）。

OpenCV 中的 cv2.imread() 函数能够读取的图像格式见表 2-2-6。

表 2-2-6　cv2.imread() 函数支持的图像格式

图　　像	扩　展　名
Windows 位图	*.bmp、*.dib
JPEG 文件	*.jpeg、*.jpg、*.jpe
JPEG 2000 文件	*.jp2
便携式网络图形（Portable Network Graphics，PNG）文件	*.png
WebP 文件	*.webp
便携式图像格式（Portable Image Format）	*.pbm、*.pgm、*.ppm、*.pxm、*.pnm
Sun（Sun rasters）格式	*.sr、*.ras
TIFF 文件	*.tiff、*.tif
OpenEXR 图像文件	*.exr
Radiance 格式高动态范围（High-Dynamic Range，HDR）成像图像	*.hdr、*.pic
GDAL 支持的栅格和矢量地理空间数据	Raster、Vector 两大类

完成上述学习资料的学习后，根据自己的学习情况进行归纳总结，并填写学习笔记，见表 2-2-7。

表 2-2-7　学习笔记

主题	
内容	问题与重点
总结：	

2.5.3 Python的OS模块

OS 模块是一个功能强大的模块，主要提供操作系统相关功能接口，当 OS 模块被导入后，它会自适应于不同的操作系统平台，根据不同的平台进行相应操作，在 Python 编程时，经常和文件、目录打交道，这时就离不了 OS 模块。

1. 目录相关操作

OS 模块的目录相关常用操作见表 2-2-8。

表 2-2-8　OS 模块的目录相关常用操作

方　　法	说　　明
os.getcwd()	获取当前脚本工作的目录路径
os.getcwdb()	同上，返回 byte 对象
os.chdir(path)	修改当前目录为 path
os.mkdir(path, mode=0o777, *, dir_fd=None)	创建目录
os.makedirs(name, mode=0o777, exist_ok=False)	创建多层目录
os.rmdir(path, *, dir_fd=None)	删除目录
os.removedirs(name)	删除多级目录
os.listdir(path='.')	返回指定目录下所有文件
scandir(path='.')	返回迭代器，内容为指定目录下所有文件目录
os.chmod(path, mode, *, dir_fd=None, follow_symlinks=True)	修改路径权限
os.rename(src, dst,...)	OS 模块修改文件名

2. os.path 相关方法

这些方法包括目录判断、路径获取、路径拼接、文件信息获取。

1）文件判断

OS 文件判断相关常用操作见表 2-2-9。

表 2-2-9　文件判断相关常用操作

方　　法	说　　明
os.path.isdir(s)	判断是否为目录，如果为目录返回 True
os.path.isfile(s)	判断是否为文件，如果为文件返回 True
os.path.exists(path)	判断文件或目录是否存在，存在返回 True

2）文件路径获取

OS 文件路径获取相关常用操作见表 2-2-10。

表 2-2-10　文件路径获取相关常用操作

方　　法	说　　明
os.path.dirname(path)	返回目录所在路径
os.path.split(p)	目录切分，返回元组（head,tail）
os.path.basename(p)	返回最后一级目录
os.path.join(a, *p)	目录拼接
os.path.abspath(path)	获取文件绝对路径

3）获取文件信息

OS 获取文件信息相关常用操作见表 2-2-11。

表 2-2-11　获取文件信息相关常用操作

方　　法	说　　明
os.stat(path, *, dir_fd=None, follow_symlinks=True)	获取文件或目录信息
os.path.getatime(filename)	获取文件最后访问时间
os.path.getctime(filename))	获取文件最后改变时间
os.path.getmtime(filename)	获取文件最后修改时间
os.path.getsize(filename)	获取文件大小

3. OS 其他相关常用操作

OS 其他相关常用操作见表 2-2-12。

表 2-2-12　OS 其他相关常用操作

方　　法	说　　明
os.system(command)	执行命令
os._exit(status)	退出当前进程，需要添加退出状态
os.getenv(key, default=None)	获取指定环境变量
os.putenv(name, value, /)	设置指定环境变量
os.environ	环境变量获取与设置

完成上述学习资料的学习后，根据自己的学习情况进行归纳总结，并填写学习笔记，见表 2-2-13。

表 2-2-13　学习笔记

主题	
内容	问题与重点
总结：	

2.5.4　OpenCV实现色彩空间转换

在 OpenCV 中，cvtColor() 函数用于图像颜色空间转换，可以实现 RGB 颜色、HSV 颜色、HSI 颜色、lab 颜色、YUV 颜色等相互转换，也可以彩色和灰度图互转。cvtColor() 函数的应用格式为：

```
dst=cv2.cvtColor(src, code[,dstCn] )
```

cvtColor() 函数的参数如图 2-2-7 所示。

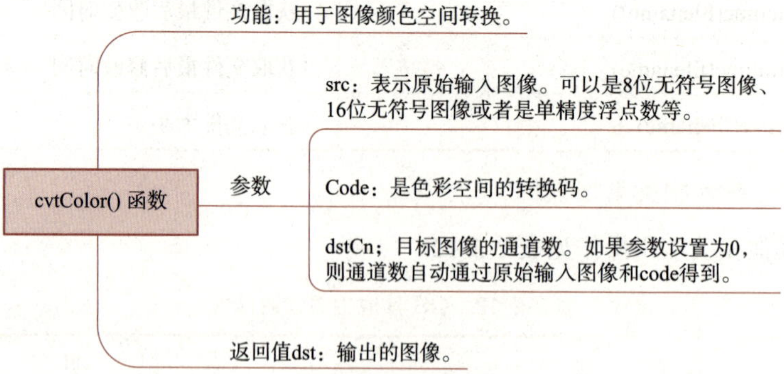

cvtColor() 函数
- 功能：用于图像颜色空间转换。
- 参数
  - src：表示原始输入图像。可以是8位无符号图像、16位无符号图像或者是单精度浮点数等。
  - Code：是色彩空间的转换码。
  - dstCn：目标图像的通道数。如果参数设置为0，则通道数自动通过原始输入图像和code得到。
- 返回值dst：输出的图像。

图 2-2-7　cvtColor() 函数的参数

★ 练一练

★ 知识应用练一练：cvtColor() 函数实现图像色彩空间的转换

```
import matplotlib.pyplot as plt
import cv2
BGR = cv2.imread('1000.jpg')
plt.subplot(3,3,1)
plt.imshow(BGR);plt.axis('off');plt.title('BGR')
```

```python
RGB = cv2.cvtColor(BGR,cv2.COLOR_BGR2RGB)
plt.subplot(3,3,2)
plt.imshow(RGB);plt.axis('off');plt.title('RGB')
GRAY = cv2.cvtColor(BGR, cv2.COLOR_BGR2GRAY)
plt.subplot(3,3,3);
plt.imshow(GRAY);plt.axis('off');plt.title('GRAY')
HSV = cv2.cvtColor(BGR, cv2.COLOR_BGR2HSV)
plt.subplot(3,3,4)
plt.imshow(HSV);plt.axis('off');plt.title('HSV')
YcrCb = cv2.cvtColor(BGR, cv2.COLOR_BGR2YCrCb)
plt.subplot(3,3,5)
plt.imshow(YcrCb);plt.axis('off');plt.title('YcrCb')
HLS = cv2.cvtColor(BGR, cv2.COLOR_BGR2HLS)
plt.subplot(3,3,6)
plt.imshow(HLS);plt.axis('off');plt.title('HLS')
XYZ = cv2.cvtColor(BGR, cv2.COLOR_BGR2XYZ)
plt.subplot(3,3,7)
plt.imshow(XYZ);plt.axis('off');plt.title('XYZ')
LAB = cv2.cvtColor(BGR, cv2.COLOR_BGR2LAB)
plt.subplot(3,3,8)
plt.imshow(LAB);plt.axis('off');plt.title('LAB')
YUV = cv2.cvtColor(BGR, cv2.COLOR_BGR2YUV)
plt.subplot(3,3,9)
plt.imshow(YUV);plt.axis('off');plt.title('YUV')
plt.show()
```

输出结果如图 2-2-8 所示。

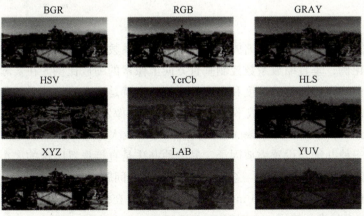

图 2-2-8　图像色彩空间的转换

完成上述学习资料的学习后,根据自己的学习情况进行归纳总结,并填写学习笔记,见表 2-2-14。

表 2-2-14 学习笔记

主题	
内容	问题与重点
总结:	

2.5.5 OpenCV实现图像缩放

图像的缩放是指将图像的尺寸变小或变大的过程,也就是减少或增加原图像的像素个数。简单来说,就是通过增加或删除像素点来改变图像的尺寸,如图 2-2-9 所示。当图像缩小时,图像会变得更加清晰,当图像放大时,图像的质量会有所下降,因此需要进行插值处理。

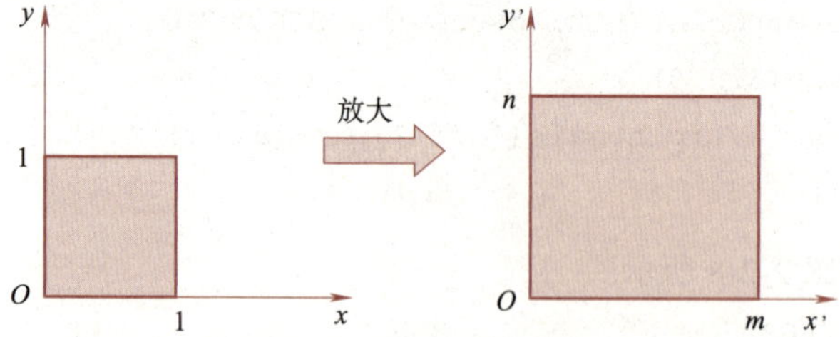

图 2-2-9 图像缩放原理图

在图像缩放中用到水平缩放系数和垂直缩放系数,水平缩放系数控制水平像素的缩放比例,垂直缩放系数控制垂直方向上像素的缩放比例。在实际运用缩放时,需要保持原始图像的宽度和高度的比例,也就是让水平缩放系数和垂直缩放系数相同,因为这种缩放系数不会使得缩放后的图像发生变形。

在 OpenCV 中,cv2.resize() 函数实现图像的放大和缩小,缩放中需要设置缩放比例,一种办法是设置缩放因子,另一种办法是直接设置图像的大小,在缩放以后,图像必然会发生变化,这就涉及图像的插值问题。

缩放有几种不同的插值(interpolation)方法,在缩小时推荐使用 cv2.INTER_AREA,扩大时推荐使用 cv2.INTER_CUBIC 和 cv2.INTER_LINEAR。

在 OpenCV 中,使用 cv2.resize() 函数实现对图像的缩放,其格式为:

```
dst=cv2.resize(src, dsize, dst=None, fx=None, fy=None, interpola
tion=None)
```

cv2.resize() 函数的参数配置如图 2-2-10 所示。

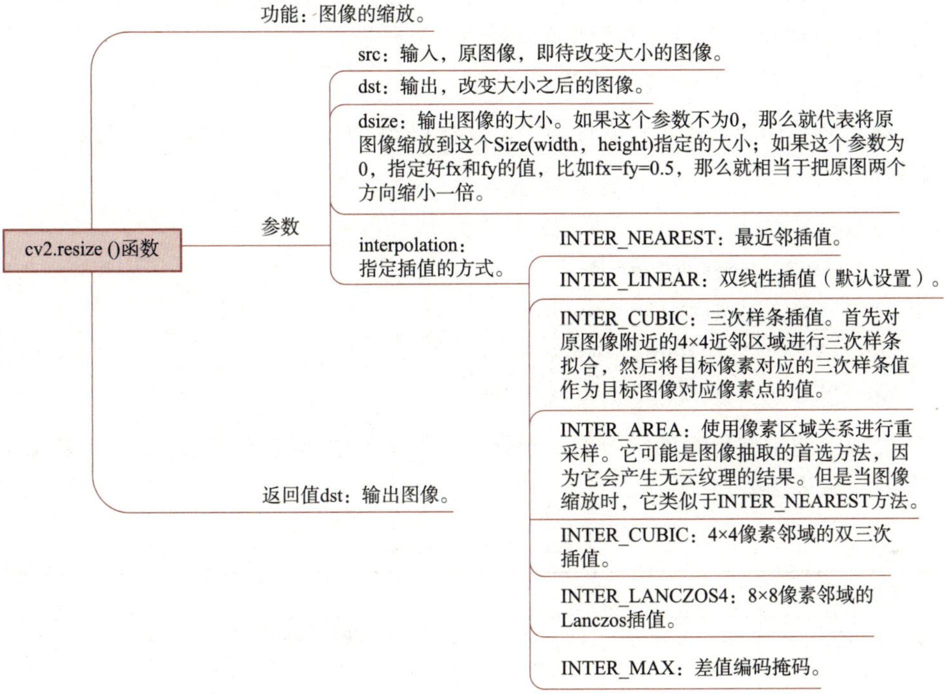

```
                              功能：图像的缩放。
                              src：输入，原图像，即待改变大小的图像。
                              dst：输出，改变大小之后的图像。
                              dsize：输出图像的大小。如果这个参数不为0，那么就代表将原
                                    图像缩放到这个Size(width, height)指定的大小；如果这个参数为
                                    0，指定好fx和fy的值，比如fx=fy=0.5，那么就相当于把原图两个
                                    方向缩小一倍。
                              interpolation:       INTER_NEAREST：最近邻插值。
cv2.resize ()函数 ── 参数       指定插值的方式。   INTER_LINEAR：双线性插值（默认设置）。
                                                   INTER_CUBIC：三次样条插值。首先对
                                                                原图像附近的4×4近邻区域进行三次样条
                                                                拟合，然后将目标像素对应的三次样条值
                                                                作为目标图像对应像素点的值。
                                                   INTER_AREA：使用像素区域关系进行重
                                                                采样。它可能是图像抽取的首选方法，因
                                                                为它会产生无云纹理的结果。但是当图像
                                                                缩放时，它类似于INTER_NEAREST方法。
                                                   INTER_CUBIC：4×4像素邻域的双三次
                                                                插值。
                                                   INTER_LANCZOS4：8×8像素邻域的
                                                                Lanczos插值。
                              返回值dst：输出图像。   INTER_MAX：差值编码掩码。
```

图 2-2-10　cv2.resize() 函数的参数

在 cv2.resize() 函数中，目标图像的大小可以通过参数 dsize 或者参数 fx 和 fy 二者之一来指定：

如果指定参数 dsize 的值，则无论是否指定参数 fx 和 fy，都由参数 dsize 决定图像的大小。此时 dsize 内第一个参数对应缩放后图像的宽度（width，即列数 cols，与参数 fx 有关），第二个参数对应缩放后图像的高度（height，即行数 rows，与参数 fy 相关）。

如果指定参数 dsize 的值时，X 方向的缩放大小为 (double)dsize.width/src.cols，同时，Y 方向的缩放大小为 (double)dsize.height/src.rows。

如果参数 dsize 的值是 None，那么目标图像的大小通过参数 fx 和 fy 决定。此时，目标图像的大小为：

```
dsize=size(round(fx*src.cols),round(fy*src.rows))
```

● 练一练

✪ 知识应用练一练 1：编写程序，使 cv2.resize() 函数完成图像缩放，查看缩放效果。

```
import cv2
```

```
img=cv2.imread("cat.jpg")
h,w=img.shape[:2]
size=(int(w *0.6),int(h *0.4))
new=cv2.resize(img,size)
print("img.shape=",img.shape)
print("new.shape=", new.shape)
```

✪ 知识应用练一练 2：设计程序，控制 cv2.resize() 函数的 fx、fy 参数，完成图像缩放。

```
import cv2
img=cv2.imread("cat.jpg")
new =cv2.resize(img,None,fx=2,fy=0.5)
print("img.shape=",img.shape)
print("new.shape=", new.shape)
```

完成上述学习资料的学习后，根据自己的学习情况进行归纳总结，并填写学习笔记，见表 2-2-15。

表 2-2-15　学习笔记

主题	
内容	问题与重点
总结：	

2.5.6　图像标注

1. 图像标注

图像标注是将标签添加到图像上的过程，其目标范围既可以是在整个图像上仅使用一个标签，也可以是在某个图像内的各组像素中配上多个标签。将带标注的图像馈入计算机视觉的对应算法，通过反复训练，模型便可以将已标注的实体与那些未标注的图像区分开来。

数据的需求紧随人工智能的大规模落地引来一波爆发式增长，拥有数据标注需求的主要领域集中在机器视觉、指纹识别、人脸识别、视网膜识别、虹膜识别、掌纹识别、专家系统、智能搜索、自动驾驶等。监督学习下的深度学习算法训练十分依赖人工标注数据，人工智能行业不断优化算法增加深度神经网络层级，利用大量的数据集训练提高算法精准性，保持算法优越性，市场中产生了大量的标注数据需求。

2. 常见图像标注形式

常见图像数据标注形式包含分类标注、标框标注、区域标注、描点标注、其他标注等。

1）分类标注

分类标注是最基本的一种标注手段，一般是从既定的标签中选择数据对应的标签，通常使用在文本、图像、语音、视频等类型文件的数据标注中。

图像分类标注是指根据业务的需求，将图片按照不同类别进行分类，设置不同的分类标签。针对不同的场景和项目，对图片的分类方式也有所不同，可以根据主要物体进行单一分类，也可以对图像提供多个分类。比如 Dogs vs Cats 数据集，其表现形式就是一张图对应一个数字标签，该数据集共可分为 dog 和 cat 两类，标签设计时可以用 0 代表 dog，1 代表 cat。

2）标框标注

机器视觉中的标框标注，很容易理解，就是框选要检测的对象。如人脸识别，首先把人脸的位置确定下来。标框标注主要是使用圆形、长方形、三角形、梯形、菱形、多边形等几何图形用来框选对象的某个特征在图像中的具体位置，标框标注又可以分为 2D 边界框（Box2D）和 3D 边界框（Box3D）。图 2-2-11 所示为 2D 边界框，图 2-2-12 所示为 3D 边界框。

图 2-2-11　2D 边界框

3）区域标注

物体的边缘可以是柔性的，相比于标框标注，对图像的区域标注要求更加精确，更加关注如何将图像分割成属于不同语义类别的区域，而这些区域的标注和预测都是像素级的。通常用多边形贴合物体的轮廓，从而针对图像进行像素分类。

图 2-2-12　3D 边界框

4）描点标注

对于特征要求细致的应用中常常需要描点标注，检测并量化小型目标，将重点特征点结合起来便能创建目标轮廓，就像是连点拼图的游戏。这些点形成的轮廓能用来识别面部特征，或者分析人的动作或姿势。

5）其他标注

标注除了上面几种常见类型外，还有很多个性化的，根据不同的需求则需要不同的标注。

3. 数据标注流程

中国电子工业标准化技术协会制定了《信息技术 人工智能 面向机器学习的数据标注规程》给出了数据标注的流程框架，包括标注项的前期准备工作（包括对于所需数据的定义、标注规则的制定、标注人力的确定）；标注任务的创建、分发、开展、回收和标注结果的质检和质量控制；标注结果输出的建议格式和交付等。具体流程如图 2-2-13 所示。

图 2-2-13　数据标注流程

人工数据标注的好处是标注结果比较可靠，自动数据标注一般都需要二次复核，避免程序错误，外包数据标注很多时候会面临数据泄密与流失风险。人工数据标注特别是图像数据标注常用的标注工具从软件属性上分类可分为客户端与Web端标注。自动数据标注（智能标注）的标注流程如图2-2-14所示。人工标注的流程如图2-2-15所示。

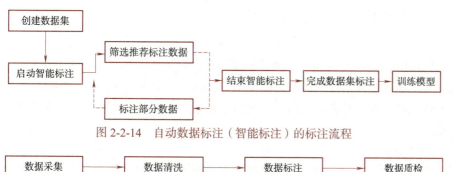

图2-2-14 自动数据标注（智能标注）的标注流程

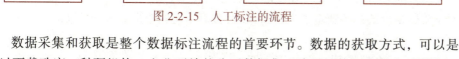

图2-2-15 人工标注的流程

数据采集和获取是整个数据标注流程的首要环节。数据的获取方式，可以是通过下载政府、科研机构、企业开放的公开数据集、编写网络爬虫等方式收集互联网上的多种数据，也可以是企业内部采集、直接用采集设备获取数据。

数据清洗对数据进行重新审查和校验的过程，目的在于删除重复信息、纠正存在的错误，并提供数据一致性，将数据统一成适合于标注且与之密切相关的数据格式，以帮助训练更为精确的数据模型和算法。

数据经过清洗之后才可以进入数据标注，一般在正式标注前，需要算法工程师给出标注样板，并为具体标注人员详细阐述标注需求和标注规则，经过充分讨论和沟通，以保证最终数据输出的方式、格式和质量一步到位，这个过程称为试标过程。试标后，标注工程师需要参照数据标注的背景和标准制定的要求，完成分类、标框、描点或区域标注等操作，对图片或视频数据进行标注及归纳整理。

无论是数据采集、数据清洗还是数据标注，通过人工处理数据的方式并不能保证完全正确。为了提高数据的准确率，数据质检成为最重要的一环，通过质检环节的数据才算是完全过关。对于具体质检而言，可以采用抽查或者排查的方式，检查数据标注的完整性、一致性、准确性、及时性。质检时，一般设有多名专职的质检员，对数据质量进行层层把关，如果发现提交的数据不合格，会交由数据标注人员进行返工，直到最终通过审核为止。

4. 图像标注的质量标准

对于图像类的标注，因为机器学习训练图像识别是根据像素点进行的，所以对于图像标注的质量标准也是根据像素点判定。

① 对于标框标注，首先需要对标注物最边缘像素点进行判断，然后检验标框的四周边框是否与标注物最边缘像素点误差在1像素以内。

② 区域标注质量检验需要对每个边缘像素点进行检验，区域标注像素点与边缘像素点的误差在 1 像素以内。区域标注需要特别注意检验转折拐角。

③ 其他图像标注的质量标准需要结合实际的算法制定，所以质量检验人员一定要理解算法的标注要求。

5. 图像标注的常用工具软件

1）LabelImg

LabelImg 是一个可视化的图像标注工具，它是使用 Python 的 QT 开发的。通过它标注图像生成的标签文件支持 XML、PASCAL VOC、YOLO、Faster R-CNN、YOLO、SSD 等目标检测网络所需要的数据集，均需要借助此工具标定图像中的目标。

2）RoLabelImg

RoLabelImg 是在 LabelImg 的基础上开发的，新增了旋转矩形的标注功能。对于旋转矩形的标签新增了一个 angle 参数表示旋转矩形旋转的角度。

3）Labelme

labelme 支持矩形、多边形、圆、直线和点的标记。支持导出 VOC 格式和 COCO 格式语义和实例分割的标签文件，除此之外，它还支持标记视频。

4）Vott

Vott 是微软开源的一款标注软件，相对于前面几款标注软件来说它的功能更加强大。支持矩形、多边形的图片标注、多标签标注、视频的标注等，可以设置视频的帧率、结果的统计和可视化、快捷键操作、多人协同标注等功能，界面更加美观，标注结果能导出 CNTK、TFRecords、Pascal VOC、JSON、CSV 等多种格式。

5）CVAT

CVAT 是一个基于 Web 服务的标注图像和视频的标注工具，给关键帧添加 bounding boxes，使用深度学习模型自动进行标注，支持使用快捷键进行关键操作，利用控制面板注释任务、标注任务的分发等。

6. LabelMe 数据标注工具

1）安装 LabelMe

以 Windows 环境进行安装，在 Anaconda prompt 中输入如下命令：

```
conda create --name=labelme python=3.6（python 环境版本）
activate labelme
conda install pyqt
pip install labelme
conda activate labelme
```

2）启动 LabelMe

在终端中输入 labelme，使用 labelme 命令启动 LabelMe，显示界面如图 2-2-16 所示。

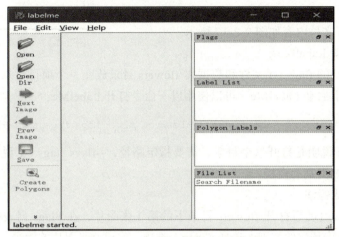

图 2-2-16　启动 LabelMe 显示界面

LabelMe 界面的顶部是菜单栏，左侧是操作选项栏，中间是图片区域，右侧显示 flags 文件列表、标签名称列表、多边形标注以及图片文件列表等。

顶部菜单栏包括文件、编辑、视图、帮助，左侧操作选项栏中包含打开文件、打开目录、下一张、上一张、保存、创建多边形、编辑多边形、复制、删除、撤销操作、图片放大等。

根据不同的标注任务要求，可以打开要标注的文件或者目录，然后进行分类、多边形框、描点等标注操作。

LabelMe 常用的命令行参数：

- --flags：comma separated list of flags 或者 file containing flags。
- --labels：comma separated list of labels 或者 file containing labels。
- --nodata：stop storing image data to JSON file。
- --nosortlabels：stop sorting labels。
- --output：指定输出文件夹。

3）LabelMe 分类标注

分类标注是最基本的一种标注手段，一般是从既定的标签中选择数据对应的标签，通常使用在文本、图像、语音、视频等类型文件的数据标注中。

图像分类标注是指根据业务的需求，将图片按照不同类别进行分类，设置不同的分类标签。针对不同的场景和项目，对图片的分类方式也有所不同，可以根据主要物体进行单一分类，也可以对图像提供多个分类。

标注过程：

（1）准备 flags 文件

通过 LabelMe 进行标注之前，需要准备一个类别的说明文件，通常命名为

flags.txt，以猫和狗的分类为例，在 flags.txt 文件中需要写入标签设计用 0 代表 dog，1 代表 cat，常规的做法是在第 1 行使用 --ignore-- 类别，说明如果标注物超出范围时，归为此类别。

flags.txt 文件内容如图 2-2-17 所示。

图 2-2-17　分类文件内容

（2）启动 LabelMe

把准备好的 flags.txt 文件和数据集 flowers 目录放在一个项目目录下，然后在该项目目录下启动 LabelMe。可以使用以下命令打开 LabelMe：

```
labelme C:\Users\Administrator\Desktop\pic --flags flags.txt --nodata
```

其中 pic 说明是打开这个目录，需要指定路径，--flags flags.txt 说明使用这个文件作为预置类别的模板。

（3）完成标注

LabelMe 启动后打开 flowers 目录下的第 1 张图片，在 Flags 列表框中可以看到在 flags.txt 中预置的类别，选择"dog"选项，完成此张图片的标注，如图 2-2-18 所示。

图 2-2-18　完成图片分类标注后的显示结果

单击左侧的 Next Image 按钮，系统会自动把当前的标注结果写入对应的 JSON 文件。然后打开第 2 张图片，继续类似刚才的操作，完成所有图像类别标注。也可以单击 Prev Image 按钮，查看前面标注过的图片是否漏标或者存在错误。全部完成后，可以直接关闭。

（4）保存并查看标注结果

标注完成后，查看 flowers 目录，可以看到每张图片都多了一个同样命名的 JSON 文件，这就是对应的标注文件，记录了所有的标注结果，如图 2-2-19 所示。

图 2-2-19 标注文件

打开其中一个 JSON 文件，如 pic1.json，文件内容如下：

```
{
  "version": "4.5.9",
  "flags": {
    "cat": true,
    "dog": false
  },
  "shapes": [],
  "imagePath": "pic1.jpg",
  "imageData": null,
  "imageHeight": 645,
  "imageWidth": 640
}
```

（5）标签格式转换

由于标注好的文件是 json 格式，将其转化成图片格式或者其他格式，如 labelme_json_to_dataset，每次只能转换一个 json 文件，即可得到一个文件夹，该文件夹中包含四个文件，具体组成如下：

- img.png：源文件图像。
- label.png：标签图像。
- label_names.txt：标签中各个类别的名称。
- label_viz.png：源文件与标签融合文件。

其中，label.png 即是我们想要的标签文件，标签格式转换标签文件如图 2-2-20 所示。

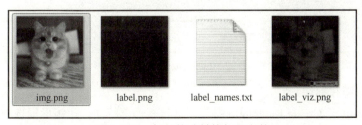

图 2-2-20 标签格式转换标签文件

接下来就是批量生成，需要在 Python 中调用 cmd。OS 模块调用 CMD 命令有两种方式：os.popen()、os.system() 函数都使用当前进程进行调用。os.system() 函数无法获取返回值，当运行结束后接着继续往下执行程序。

4）LabelMe 目标检测标注

（1）打开 LabelMe。

在 cmd 中输入 labelme，界面如图 2-2-21 所示。

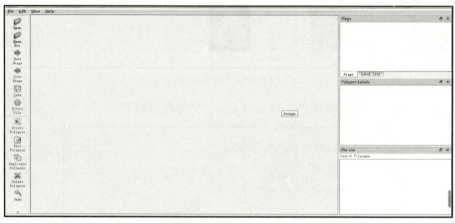

图 2-2-21　LabelMe 界面

（2）打开图片

选择 open 或者 OpenDir 命令，打开一张图片或一个文件夹，如果是一个文件夹，右下角会有文件列表，显示可以单击选择图片，如图 2-2-22 所示。

图 2-2-22　LabelMe 打开图片文件

（3）对图片标注

选择 Edit → Create Rectangle 命令，进行矩形框标注，用矩形框选中需要标注的对象即可，如图中的两只猴子。然后在弹出的框中输入对应的 label 标签即可，如 monkey1，如图 2-2-23 所示。

（4）保存

选择 save 命令将图片保存到需要的位置即可，如图 2-2-24 所示。

图 2-2-23　LabelMe 标注图像

图 2-2-24　LabelMe 图像标注结果文件

5）LabelMe 分割标注

（1）打开 LabelMe

在 cmd 中输入 labelme，打开 LabelMe 标注界面，如图 2-2-25 所示。

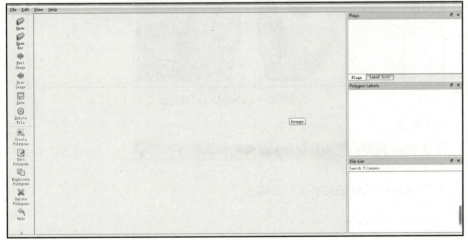

图 2-2-25　LabelMe 标注界面

（2）打开图片

选择 open 命令打开单个文件，选择 OpenDir 命令打开文件夹（内含多个文件），如图 2-2-26 所示。

图 2-2-26 LabelMe 打开图像文件

（3）进行标注

单击 Create Polygons 按钮，首尾点合并就能输入标签名称，如图 2-2-27 所示。

图 2-2-27 LabelMe 分割标注

（4）保存

选择 Save 命令，将图片保存到需要的位置即可。

6）LabelMe 视频标注

① 对视频利用 OpenCV 进行分帧。

```
import numpy as np
import cv2
import os
import sys
def cut(file,dir):
    cap = cv2.VideoCapture(file)
    isOpened = cap.isOpened
```

```
            temp = os.path.split(file)[-1]
            dir_name = temp.split('.')[0]
            pic_store_dir = os.path.join(dir, dir_name)
            if not os.path.exists(pic_store_dir):
                os.mkdir(pic_store_dir)
            i = 0
            while isOpened:
                i += 1
                (flag, frame) = cap.read()
                fileName = 'image' + str(i) + ".jpg"
                if (flag == True):
                    save_path = os.path.join(pic_store_dir, fileName)
                    res = cv2.imwrite(save_path, frame, [cv2.IMWRITE_JPEG_QUALITY, 70])
                else:
                    break
            return pic_store_dir
if __name__ == '__main__':
    video_file = 'C://Users//Administrator//Desktop//video//bgy 11.mp4'
    cut(video_file, 'C://Users//Administrator//Desktop//video//')
```

② 打开 LabelMe 对分帧后的图片完成标注。

③ 保存标注文件。

完成上述学习资料的学习后，根据自己的学习情况进行归纳总结，并填写学习笔记，见表 2-2-16。

表 2-2-16　学习笔记

主题	
内容	问题与重点
总结：	

任务 3　图像增广

图像数据的准备对神经网络与卷积神经网络模型训练有重要影响，当样本空间不够或者样本数量不足的情况下会严重影响训练或者导致训练出来的模型泛化程度不够、识别率与准确率不高。图像增广的目的是增加信息量、使模型获得高层语义信息、对问题有着更深的理解,从而提升准确率,在不改变图像类别的情况下,增加数据量,能提高模型的泛化能力。主要内容包括镜像(flip)、旋转(rotation)、缩放(scale)、裁剪(crop)、平移(translation)、高斯噪声(gaussian noise)、图像亮度、饱和度和对比度变化、生成对抗网络(generative adversarial network)等。

3.1 任务介绍

本任务要求学生在学习相关知识积累部分所列的内容、并收集相关资料的基础上了解图像镜像、旋转、缩放、裁剪、平移、高斯噪声等方法,学会如何对已有图像数据进行数据增强,获取样本的多样性与数据的多样性,从而为训练模型打下良好基础。任务详细描述见表2-3-1。

表2-3-1 任务详细描述

任务名称	图像增广	
建议学时	6学时	实际学时
任务描述	本任务以猴子图像为教学载体,要求学生在学习、收集相关资料的基础上了解图像灰度变换、直方图处理、图像几何变换、增加高斯噪声的方法,利用OpenCV实现给定的孙悟空图像增广处理等,掌握图像增广操作方法,为之后的处理做准备	
任务完成环境	Python软件、Anaconda3编辑器、OpenCV	
任务重点	①利用OpenCV实现图像灰度变换; ②利用OpenCV实现图像的缩放、仿射变换、平移的函数以及其使用方法等; ③利用OpenCV实现图像直方图处理等; ④利用OpenCV增加图像的高斯噪声等	
任务要求	①能利用OpenCV进行图像加法运算、减法运算、乘法运算、除法运算等; ②能利用OpenCV对图像进行缩放、仿射变换、平移变换; ③能利用OpenCV对图像进行直方图处理; ④能利用OpenCV增加图像的高斯噪声	
任务成果	①导入图片; ②完成图像的增广处理	

3.2 导学

请先按照导学信息进行相关知识点的学习,掌握一定的操作技能,然后进行任务实施,并对实施的效果进行自我评价。

本任务知识点和技能的导学见表2-3-2。

表 2-3-2 图像增广导学

任务		任务和技能要求		
图像增广	1	图像叠加	图像加法	Numpy实现加法
				cv2.add()函数
			图像减法	cv2.subtract()函数
			图像乘法	cv2.multiply()函数
			图像除法	cv2.divide()函数
	2	图像几何变换	缩放	
			翻转	
			图像变换	图形的平移
				旋转变换
				仿射变换
				透视变换
	3	图像裁剪	OpenCV中图像设置图像ROI	
			cv2.Rect()函数	
			cv2.Range()函数	
	4	图像亮度、对比度调整	概念	
			通过图像的加减实现	

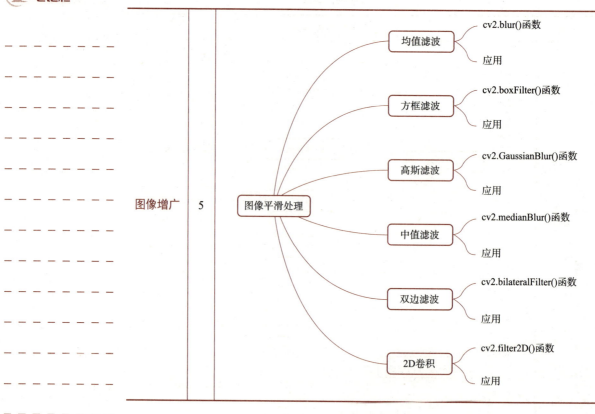

3.3 任务实施

（1）编写程序，完成对猴子图像减法运算，并输出处理前的图像和处理后的图像的差值。

```
import numpy as np
import cv2
def convert(r, h):
    s = r - h
    if np.min(s) >= 0 and np.max(s) <= 255:
        return s
    s = s - np.full(s.shape, np.min(s))
    s = s * 255 / np.max(s)
    s = s.astype(np.uint8)
    return s
def sub(r, h):
    s_dsplit = []
    for d in range(r.shape[2]):
        rr = r[:, :, d]
```

```
            hh = h[:, :, d]
            ss = convert(rr, hh)
            s_dsplit.append(ss)
        s = np.dstack(s_dsplit)
        return s
im = cv2.imread('monkey1.jpg')
im_mat = np.asarray(im)
im_converted = cv2.GaussianBlur(im, (3, 5), 5)
im_converted_mat = np.asarray(im_converted)
im_sub_mat = sub(im_mat, im_converted_mat)
cv2.imshow('original', im_mat)
cv2.imshow('gaussian', im_converted_mat)
cv2.imshow('sub',im_sub_mat)
cv2.waitKey()
```

输出结果如图 2-3-1 所示。

(a) 原图　　　　　　　(b) 高斯滤波后的图像　　　　　(c) 差值图像

图 2-3-1　图像减法运算

（2）图像基本操作。编写程序完成对猴子图像的图像放大、缩小、旋转 90 度、透明处理等。

① 图像水平放大 1.3 倍。

```
import cv2
img=cv2.imread("monkey1.jpg")
r,c=img.shape[:2]
size=(int(c*1.3),int(r*1.0))
new_pic=cv2.resize(img,size)
print("img.shape=",img.shape)
print("new_pic.shape=", new_pic.shape)
cv2.imshow("img",img)
cv2.imshow("new_pic", new_pic)
cv2.waitKey()
cv2.destroyAllWindows()
```

输出结果如图 2-3-2 所示。

```
img.shape= (1536, 2048, 3)
new_pic.shape= (1536, 2662, 3)
```

(a) 原图　　　　　　　　　　(b) 放大后图像

图 2-3-2　图像放大

② 图像的水平方向和垂直方向缩小到原先的一半，查看其像素值的变化。

```
import cv2
img=cv2.imread("monkey1.jpg")
r,c=img.shape[:2]
size=(int(c*0.5),int(r*0.5))
new=cv2.resize(img,size)
print("img.shape=",img.shape)
print("new.shape=", new.shape)
cv2.imshow("img",img)
cv2.imshow("new", new)
cv2.waitKey()
cv2.destroyAllWindows()
```

输出结果如图 2-3-3 所示。

(a) 原图　　　　　　　　(b) 缩小后图像

图 2-3-3　图像缩小

```
img.shape= (1536, 2048, 3)
new.shape= (768, 1024, 3)
```

③ 加载图像,利用 OpenCV 实现图像平移变换,观察变换的结果。

```
import cv2
import numpy as np
import matplotlib.pyplot as plt
plt.figure(figsize=(15,8))
img = cv2.imread("cat2.jpg")
image = cv2.cvtColor(img, cv2.COLOR_BGR2RGB)
M = np.float32([[1, 0, 0], [0, 1, 100]])
img1 = cv2.warpAffine(image, M, (image.shape[1], image.shape[0]))
M = np.float32([[1, 0, 0], [0, 1, -100]])
img2 = cv2.warpAffine(image, M, (image.shape[1], image.shape[0]))
M = np.float32([[1, 0, 100], [0, 1, 0]])
img3 = cv2.warpAffine(image, M, (image.shape[1], image.shape[0]))
M = np.float32([[1, 0, -100], [0, 1, 0]])
img4 = cv2.warpAffine(image, M, (image.shape[1], image.shape[0]))
titles = ['Image1', 'Image2', 'Image3', 'Image4']
images = [img1, img2, img3, img4]
for i in range(4):
    plt.subplot(1, 4, i + 1), plt.imshow(images[i], 'gray')
    plt.title(titles[i])
    plt.xticks([]), plt.yticks([])
plt.show()
```

输出结果如图 2-3-4 所示。

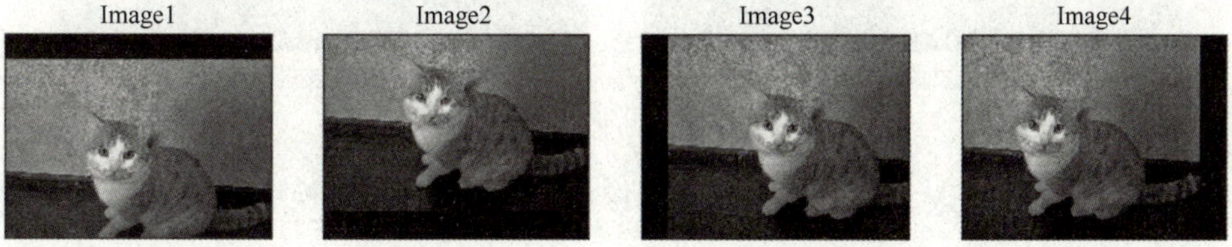

(a) 向下平移　　(b) 向上平移　　(c) 向右平移　　(d) 向左平移

图 2-3-4　图像平移

④ 利用 OpenCV 编写程序,实现图像沿水平和垂直方向镜像。

```
import cv2
sourceImage = cv2.imread("cat2.jpg")
cv2.imshow("sourceImage", sourceImage)
transposedImage = cv2.transpose(sourceImage)
cv2.imshow("transposedImage", transposedImage)
flipedImageX = cv2.flip(transposedImage, 0)
```

```
cv2.imshow("flipedImageX", flipedImageX)
flipedImageY = cv2.flip(transposedImage, 1)
cv2.imshow("flipedImageY", flipedImageY)
cv2.waitKey()
cv2.destroyAllWindows()
```

输出结果如图 2-3-5 所示。

(a) 原始图像

(b) 转置后的图像

(c) 沿 X 轴旋转后图像

(d) 沿 Y 轴旋转后图像

图 2-3-5 图像镜像

⑤ 利用 OpenCV 编写程序，实现图像仿射变换，观察变换结果。

```
import numpy as np
import cv2
import sys
import math
img=cv2.imread('cat.jpg')
h,w=img.shape[:2]
A1=np.array([[0.5,0,0],[0,0.5,0]],np.float32)
A2=cv2.warpAffine(img,A1,(w,h),borderValue=126)
B1=np.array([[0.5,0,w/4],[0,0.5,h/4]],np.float32)
```

```
B2=cv2.warpAffine(img,B1,(w,h),borderValue=126)
C1=cv2.getRotationMatrix2D((w/2.0,h/2.0),30,1)
C2=cv2.warpAffine(img,C1,(w,h),borderValue=126)
cv2.imshow('img',img)
cv2.imshow('A2',A2)
cv2.imshow('B2',B2)
cv2.imshow('C2',C2)
cv2.waitKey(0)
cv2.destroyAllWindows()
```

输出结果如图 2-3-6 所示。

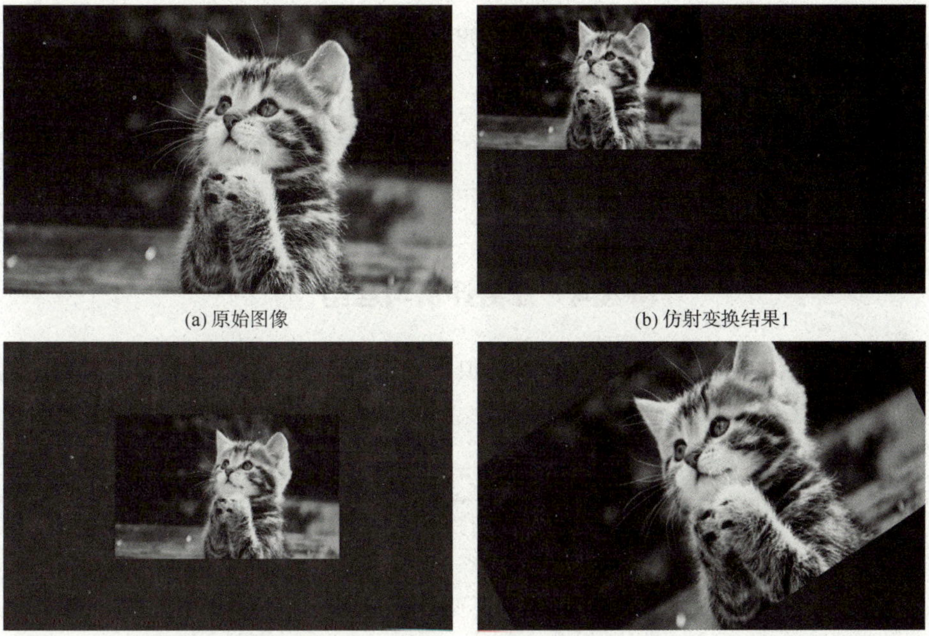

(a) 原始图像　　(b) 仿射变换结果1

(c) 仿射变换结果2　　(d) 仿射变换结果

图 2-3-6　图像仿射变换

（3）利用 OpenCV 编写程序，实现对指定图像进行裁剪。

```
import os
import cv2
def CropImage4File(filepath,destpath):
    pathDir = os.listdir(filepath)
    for allDir in pathDir:
        child = os.path.join(filepath, allDir)
        dest = os.path.join(destpath,allDir)
```

```
        if os.path.isfile(child):
            image = cv2.imread(child)
            sp = image.shape
            sz1 = sp[0]
            sz2 = sp[1]
            #sz3 = sp[2]
            a=int(sz1/2-64)  # x start
            b=int(sz1/2+64)  # x end
            c=int(sz2/2-64)  # y start
            d=int(sz2/2+64)  # y end
            cropImg = image[a:b,c:d]
            cv2.imwrite(dest,cropImg)
if __name__ == '__main__':
    filepath ='F:\\pic
    destpath='F:\\ pic _resize'
    CropImage4File(filepath,destpath)
```

3.4 任务评价与总结

上述任务完成后，填写下表，对知识点掌握情况进行自我评价，并进行学习总结，评价表见表 2-3-3。

表 2-3-3 图像增广评价总结表

任务知识点自我测评与总结			
考核项目	任务知识点	自我评价	学习总结
图像叠加	cv2.add() 函数	□ 没有掌握 □ 基本掌握 □ 完全掌握	
	cv2.subtract() 函数	□ 没有掌握 □ 基本掌握 □ 完全掌握	
	cv2.multiply() 函数	□ 没有掌握 □ 基本掌握 □ 完全掌握	
	cv2.divide() 函数	□ 没有掌握 □ 基本掌握 □ 完全掌握	

图像几何变换	缩放	☐ 没有掌握 ☐ 基本掌握 ☐ 完全掌握	
	翻转	☐ 没有掌握 ☐ 基本掌握 ☐ 完全掌握	
	变换	☐ 没有掌握 ☐ 基本掌握 ☐ 完全掌握	
图像裁剪	cv2.Range() 函数	☐ 没有掌握 ☐ 基本掌握 ☐ 完全掌握	
	cv2.Rect() 函数	☐ 没有掌握 ☐ 基本掌握 ☐ 完全掌握	
图像亮度、对比度调整	亮度调整	☐ 没有掌握 ☐ 基本掌握 ☐ 完全掌握	
	对比度调整	☐ 没有掌握 ☐ 基本掌握 ☐ 完全掌握	
图像平滑处理	均值滤波	☐ 没有掌握 ☐ 基本掌握 ☐ 完全掌握	
	方框滤波	☐ 没有掌握 ☐ 基本掌握 ☐ 完全掌握	
	高斯滤波	☐ 没有掌握 ☐ 基本掌握 ☐ 完全掌握	
	中值滤波	☐ 没有掌握 ☐ 基本掌握 ☐ 完全掌握	
	双边滤波	☐ 没有掌握 ☐ 基本掌握 ☐ 完全掌握	
	2D 卷积	☐ 没有掌握 ☐ 基本掌握 ☐ 完全掌握	

3.5 知识积累

3.5.1 图像叠加

对于两幅输入图像进行点对点的加、减、乘、除计算而得到输出图像。

1. 图像加法

对同一场景的多幅图像求平均值，可以达到降低加性随机噪声的影响，并能将一幅图像的内容叠加到另一幅图像上，也可以达到二次曝光的效果。

1）Numpy 库加法

其运算方法是：目标图像 = 图像1 + 图像2，运算结果进行取模运算。

（1）当像素值≤255时，结果为"图像1+图像2"。

（2）当像素值>255时，结果为对255取模的结果。

2）OpenCV 加法运算

直接调用 OpenCV 库实现图像加法运算，方法如下：目标图像 = cv2.add(图像1,图像2)，此时结果是饱和运算，即：

（1）当像素值≤255时，结果为"图像1+图像2"。

（2）当像素值>255时，结果为255。

使用 cv2.add() 函数将两个图像相加，可以使用 Numpy 中的矩阵加法实现。但是在 OpenCV 中加法是饱和操作，也就是有上限值，Numpy 会对结果取模，综上所述，使用 OpenCV 的效果更好一些。

在 OpenCV 中，cv2.add() 函数的格式为：

```
cv2.add(src1, src2, dst=None, mask=None, dtype=None)
```

cv2.add() 函数的参数设置如图 2-3-7 所示。

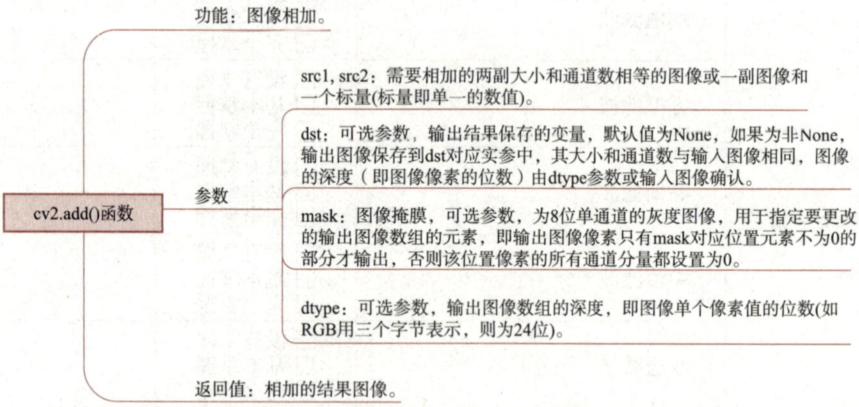

cv2.add()函数

- 功能：图像相加。
- 参数：
  - src1, src2：需要相加的两幅大小和通道数相等的图像或一幅图像和一个标量(标量即单一的数值)。
  - dst：可选参数，输出结果保存的变量，默认值为None，如果为非None，输出图像保存到dst对应实参中，其大小和通道数与输入图像相同，图像的深度（即图像像素的位数）由dtype参数或输入图像确认。
  - mask：图像掩膜，可选参数，为8位单通道的灰度图像，用于指定要更改的输出图像数组的元素，即输出图像像素只有mask对应位置元素不为0的部分才输出，否则该位置像素的所有通道分量都设置为0。
  - dtype：可选参数，输出图像数组的深度，即图像单个像素值的位数(如RGB用三个字节表示，则为24位)。
- 返回值：相加的结果图像。

图 2-3-7 cv2.add() 函数的参数设置

⭐ 练一练

● 知识应用练一练：观察使用加号运算符和 cv2.add() 函数对像素值求和的结果。

```
import cv2
a=cv2.imread("cat.jpg",0)
b=a
img1=a+b
img2=cv2.add(a,b)
cv2.imshow("original",a)
cv2.imshow("img1",img1)
cv2.imshow("img2",img2)
cv2.waitKey()
```

```
cv2.destroyAllWindows()
```

输出结果如图 2-3-8 所示。

(a) 原始图像

(b) 使用加号求和

(c) 使用add()函数求和

图 2-3-8 图像求和

使用加号运算符计算图像像素值的和时，将和大于 255 的值进行了取模处理，取模后大于 255 的这部分值变得更小了，导致本来应该更亮的像素点变得更暗了，相加后的图像变得看起来并不自然。

使用 add() 函数计算图像像素值的和时，将和大于 255 的值处理为饱和值 255，图像像素值相加后让图像的像素值增大，图像整体变亮。

2. 图像减法

对同一景物在不同时间的图像或同一景物在不同波段的图像相减（减影技术），实现混合图像分离。应用于提取图像间的差异信息，指导动态监测、运动目标检测和跟踪等、图像背景消除及目标识别的工作，减影技术被广泛应用于医学上。

在 OpenCV 中，图像减法的函数为 cv2.subtract()，其格式为：

```
cv2.subtract (src1, src2, dst=None, mask=None, dtype=None)
```

cv2.subtract() 函数的参数如图 2-3-9 所示。

cv2.subtract()函数 — 功能：图像相减。
— 参数：
  - src1：作为被减数的图像数组或一个标量。
  - src2：作为减数的图像数组或一个标量。
  - dst：可选参数，输出结果保存的变量，默认值为None，如果为非None，输出图像保存到dst对应实参中，其大小和通道数与输入图像相同，图像的深度（即图像像素的位数）由dtype参数或输入图像确认。
  - mask：图像掩膜，可选参数，为8位单通道的灰度图像，用于指定要更改的输出图像数组的元素，即输出图像像素只有mask对应位置元素不为0的部分才输出，否则该位置像素的所有通道分量都设置为0。
  - dtype：可选参数，输出图像数组的深度，即图像单个像素值的位数（如RGB用三个字节表示，则为24位）。
— 返回值：相减的结果图像。

图 2-3-9 cv2.subtract() 函数的参数

图像减法运算的应用有以下四种场景：

（1）两个图像矩阵相减，要求两个矩阵必须有相同大小和通道数。

```
dst(I)=saturate(src1(I) − src2(I))if mask(I)≠0
```

（2）1个图像矩阵和1个标量相减，要求src2是标量或者与src1的通道数相同的元素个数，经实际测试应该是一个四元组，如果src1是3通道的，则按通道顺序依次与该四元组的前3个元素相减。

```
dst(I)=saturate(src1(I) - src2)if mask(I) ≠ 0
```

（3）1个标量和一个图像数组相减，要求src1是标量或者与src1的通道数相同的元素个数。

```
dst(I)=saturate(src1 - src2(I))if mask(I) ≠ 0
```

（4）在给定值减去矩阵的SubRS情况下，为1个标量和一个图像数组相减的反向差，这是第二种场景的一种特殊解读。

```
dst(I)=saturate(src2 - src1(I))if mask(I) ≠ 0
```

3. 图像乘法

图像乘法可用来遮掉图像的某些部分（掩膜图像），在掩膜图像中要保留部分的值为1，要被抑制掉的区域值为零，使用掩膜图像去乘一幅图像，可抹去图像的某部分，即使该部分为零。OpenCV中实现图像乘法的函数为cv2.multiply()，其格式为：

```
cv2.multiply(src1, src2, dst=None, scale=None, dtype=None)
```

cv2.multiply() 函数的参数如图2-3-10所示。

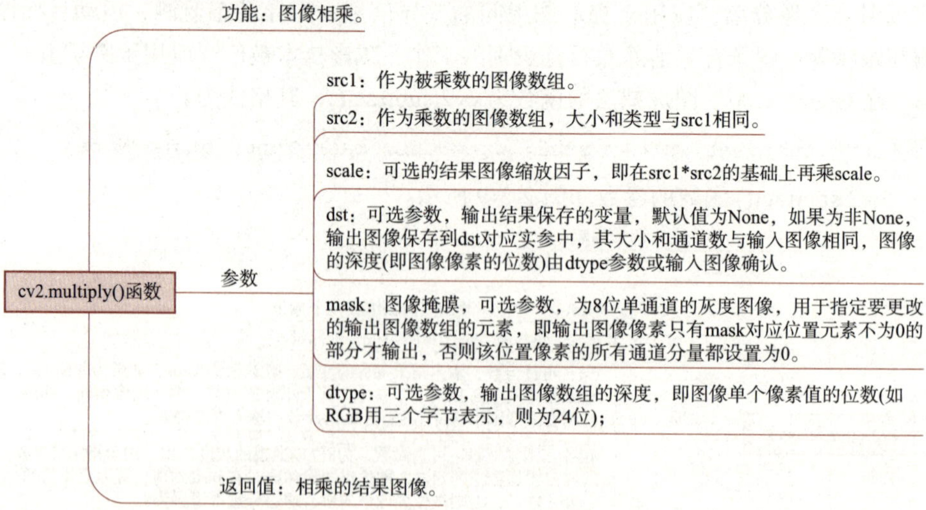

cv2.multiply()函数

- 功能：图像相乘。
- 参数：
  - src1：作为被乘数的图像数组。
  - src2：作为乘数的图像数组，大小和类型与src1相同。
  - scale：可选的结果图像缩放因子，即在src1*src2的基础上再乘scale。
  - dst：可选参数，输出结果保存的变量，默认值为None，如果为非None，输出图像保存到dst对应实参中，其大小和通道数与输入图像相同，图像的深度（即图像像素的位数）由dtype参数或输入图像确认。
  - mask：图像掩膜，可选参数，为8位单通道的灰度图像，用于指定要更改的输出图像数组的元素，即输出图像像素只有mask对应位置元素不为0的部分才输出，否则该位置像素的所有通道分量都设置为0。
  - dtype：可选参数，输出图像数组的深度，即图像单个像素值的位数(如RGB用三个字节表示，则为24位)；
- 返回值：相乘的结果图像。

图 2-3-10 cv2.multiply() 函数的参数

❂ 练一练

❂ 知识应用练一练：编写程序，实现一副图像和一个标量相乘。

```
import numpy as np
import cv2
def main():
```

```
        img = cv2.resize(cv2.imread('cat.jpg'),(1000,750))
        imgMultiply = cv2.multiply(img,1.2)
        cv2.imshow('img', img)
        cv2.imshow('imgMultiply', imgMultiply)
        cv2.waitKey(0)
main()
```

输出结果如图 2-3-11 所示。

(a) 原始图像　　　　　　　　　　(b) 图像与标量运算的结果

图 2-3-11　图像与标量运算

4. 图像除法

除法操作给出的是相应像素值的变化比率，而不是每个像素值的绝对差值，图像相除又称比值处理，是遥感图像处理中常用的方法。OpenCV 中实现图像除法的函数为 cv2.divide()，其格式为：

```
cv2.divide(src1, src2, dst=None, scale=None, dtype=None)
```

cv2.divide() 函数的参数如图 2-3-12 所示。

```
                          功能：图像相除。
                          
                          src1：作为被除数的图像数组。
                          
                          src2：作为除数的图像数组，大小和类型与src1相同。
                          
                          scale：可选的结果图像缩放因子，即在src1*src2的基础上再乘scale。
                          
cv2.divide()函数  参数    dst：可选参数，输出结果保存的变量，默认值为None，如果为非None，
                          输出图像保存到dst对应实参中，其大小和通道数与输入图像相同，图像
                          的深度（即图像像素的位数）由dtype参数或输入图像确认。
                          
                          mask：图像掩膜，可选参数，为8位单通道的灰度图像，用于指定要
                          更改的输出图像数组的元素，即输出图像像素只有mask对应位置元素
                          不为0的部分才输出，否则该位置像素的所有通道分量都设置为0。
                          
                          dtype：可选参数，输出图像数组的深度，即图像单个像素值的位数(如
                          RGB用三个字节表示，则为24位)。
                          
                          返回值：相除的结果图像。
```

图 2-3-12　cv2.divide() 函数的参数

完成上述学习资料的学习后,根据自己的学习情况进行归纳总结,并填写学习笔记,见表 2-3-4。

表 2-3-4　学习笔记

主题	
内容	问题与重点
总结:	

3.5.2　图像几何变换

1. 缩放

缩放技术在图像增广中得到广泛运用,该知识点在上一个任务中已经讲述,这里不再赘述。

2. 翻转

在 OpenCV 中,图像的翻转采用 cv2.flip() 函数实现,该函数可以实现水平方向翻转、垂直方向翻转、两个方向同时翻转。镜像翻转图片,可以采用 cv2.flip() 函数,其格式为:

```
dst=cv2.flip(src, flipCode, dst=None)
```

cv2.flip() 函数的参数如图 2-3-13 所示。

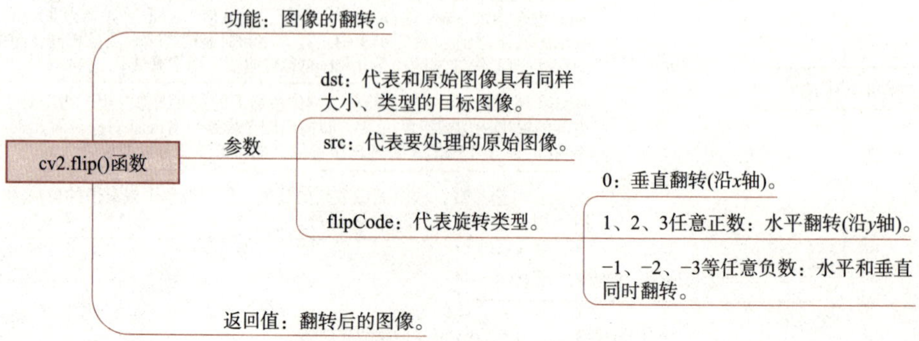

cv2.flip()函数
- 功能:图像的翻转。
- 参数
  - dst:代表和原始图像具有同样大小、类型的目标图像。
  - src:代表要处理的原始图像。
  - flipCode:代表旋转类型。
    - 0:垂直翻转(沿 x 轴)。
    - 1、2、3任意正数:水平翻转(沿 y 轴)。
    - -1、-2、-3等任意负数:水平和垂直同时翻转。
- 返回值:翻转后的图像。

图 2-3-13　cv2.flip() 函数的参数

练一练

✪ 知识应用练一练 1：编写程序，利用 cv2.flip() 函数完成图像翻转。

```
import cv2
img=cv2.imread("cat.jpg")
x=cv2.flip(img,0)
y=cv2.flip(img,1)
xy=cv2.flip(img,-1)
cv2.imshow("img",img)
cv2.imshow("x",x)
cv2.imshow("y",y)
cv2.imshow("xy",xy)
cv2.waitKey()
cv2.destroyAllWindows()
```

输出结果如图 2-3-14 所示。

(a) 原始图像　　　　(b) 沿 X 翻转　　　　(c) 沿 Y 翻转　　　　(d) 沿 XY 翻转

图 2-3-14　图像翻转

✪ 知识应用练一练 2：编写程序，将图像相对于中心旋转 90°而不进行任何缩放。

```
import cv2
import numpy as np
img = cv2.imread('cat.jpg',0)
r,c= img.shape
M = cv2.getRotationMatrix2D(((c-1)/2.0,(r-1)/2.0),90,1)
dst = cv2.warpAffine(img,M,(c,r))
cv2.imshow('img',img)
cv2.imshow('dst',dst)
cv2.waitKey(0)
cv2.destroyAllWindows()
```

输出结果如图 2-3-15 所示。

(a) 原始图像　　　　　　　　　　(b) 沿中心旋转后图像

图 2-3-15　图像中心旋转

3. 图像变换

几何变换不改变图像像素值，只是在图像平面上进行像素的重新安排。适当的几何变换可以最大限度地消除由于成像角度、透视关系乃至镜头自身原因所造成的几何失真所产生的负面影响。有利于在处理和识别中将注意力集中于图像内容本身，更确切地说是图像中的对象，而不是该对象的角度和位置等。几何变换常常作为图像处理应用的预处理步骤，是图像归一化的核心工作之一。

一个几何变换需要两部分运算：首先是空间变换所需的运算，如平移、缩放、旋转和正平行投影等，需要用它来表示输出图像与输入图像之间的（像素）映射关系；此外，还需要使用灰度差值算法，因为按照这种变换关系进行计算，输出图像的像素可能被映射到输入图像的非整数坐标上。

1）图形的平移

图像在平移之前，需要先构造一个移动矩阵，所谓移动矩阵，就是让图像在 X 轴方向上移动多少距离，在 Y 轴上移动多少距离。平移变换的示意图如图 2-3-16 所示。

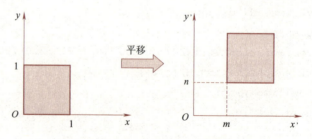

图 2-3-16　平移变换的示意图

★ 练一练

◆ 知识应用练一练：编写程序，利用 OpenCV 实现图像的平移变换。

```
import cv2
import numpy as np
img = cv2.imread('cat.jpg',0)
rows, cols = img.shape[:2]
M = np.float32([[1, 0, 100], [0, 1, 50]])
dst = cv2.warpAffine(img, M, (cols, rows))
cv2.imshow('shift', dst)
cv2.waitKey(0)
cv2.destroyAllWindows()
```

输出结果如图 2-3-17 所示。

(a) 原始图像　　　　　　　　(b) 平移变换后图像

图 2-3-17　图像平移变换

2）旋转变换

旋转变换的示意图如图 2-3-18 所示。

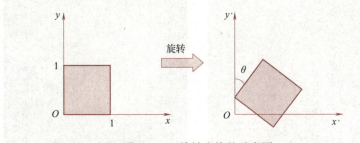

图 2-3-18　旋转变换的示意图

在 OpenCV 中，利用 cv2.getRotationMatrix2D() 函数实现旋转变换，其格式为：

```
cv2.getRotationMatrix2D(center, angle, scale)
```

cv2.getRotationMatrix2D() 函数的参数如图 2-3-19 所示。

图 2-3-19 cv2.getRotationMatrix2D() 函数的参数

✪ 练一练

✪ 知识应用练一练：编写程序，利用 OpenCV 实现图像旋转变换。

```
import cv2
img = cv2.imread('gray.jpg', 1)
cv2.imshow('src', img)
imgInfo = img.shape
h= imgInfo[0]
w = imgInfo[1]
deep = imgInfo[2]
Rotate = cv2.getRotationMatrix2D((h*0.5, w*0.5), 45, 0.7)
dst = cv2.warpAffine(img, Rotate, (h, w))
cv2.imshow('image',dst)
cv2.waitKey(0)
cv2.destroyAllWindows()
```

输出结果如图 2-3-20 所示。

(a) 原始图像　　　　　　　　　　　(b) 旋转变换后图像

图 2-3-20 图像旋转变换

3）仿射变换

仿射变换（Affine Transformation 或 Affine Map）又称仿射映射，是指在几何中将图像从一个向量空间进行一次线性变换和一次平移，变换为到另一个向量空间的过程。仿射变换保持了二维图形的平直性和平行性。所谓平直性是指变换是直线的，变换后还是直线。平行性是指二维图形之间的相对位置关系保持不变。仿射变换的示意图如图 2-3-21 所示。

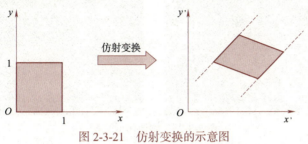

图 2-3-21　仿射变换的示意图

在 OpenCV 中，使用 cv2.warpAffine() 函数实现仿射变换，其格式为：

cv2.warpAffine(src, M, dsize[, dst[, flags[, borderMode[, borderValue]]]])

cv2.warpAffine() 函数的参数如图 2-3-22 所示。

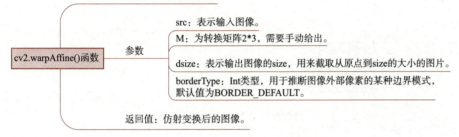

图 2-3-22　cv2.warpAffine() 函数参数

⭐ 练一练

✪ 知识应用练一练：编写程序，利用 OpenCV 实现仿射变换。

```
import cv2
import numpy as np
import matplotlib.pyplot as plt
img = cv2.imread('gray.jpg')
r, c = img.shape[:2]
pts1 = np.float32([[50, 65], [150, 65], [210, 210]])
pts2 = np.float32([[50, 100], [150, 65], [100, 250]])
M = cv2.getAffineTransform(pts1, pts2)
new = cv2.warpAffine(img, M, (c, r))
plt.subplot(121), plt.imshow(img), plt.title('input')
plt.subplot(122), plt.imshow(new), plt.title('output')
plt.show()
```

输出结果如图 2-3-23 所示。

图 2-3-23　图像仿射变换

4）透视变换

透视变换（Perspective Transformation）是仿射变换的一种非线性扩展，就是将图片投影到一个新的视平面，又称投影映射，相对仿射变换来说，改变了直线之间的平行关系。透视变换的示意图如图 2-3-24 所示。

图 2-3-24　透视变换的示意图

在 OpenCV 中，实现图像的透射变换的函数为 cv2.warpPerspective()。其格式为：

cv2.warpPerspective(src, M, dsize[, dst[, flags[, borderMode[, borderValue]]]])

cv2.warpPerspective() 函数的参数如图 2-3-25 所示。

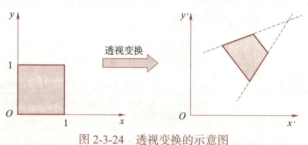

图 2-3-25　cv2.warpPerspective() 函数的参数

在 OpenCV 中，获取透视变换矩阵的函数为 cv2.getPerspectiveTransform()，其格式为：

```
cv2.getPerspectiveTransform(src, dst)
```

cv2.getPerspectiveTransform() 函数的参数如图 2-3-26 所示。

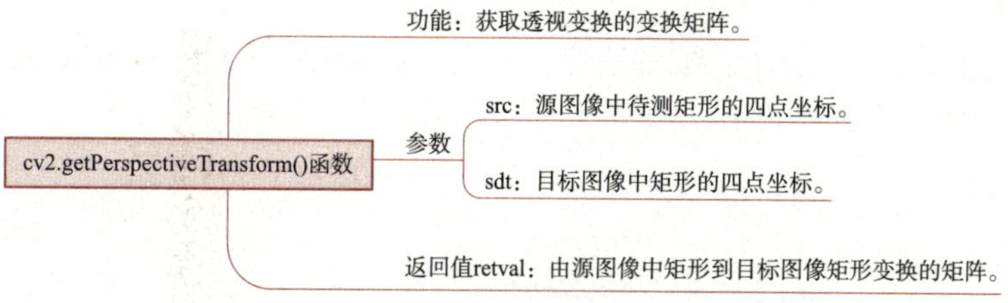

- cv2.getPerspectiveTransform()函数
  - 功能：获取透视变换的变换矩阵。
  - 参数
    - src：源图像中待测矩形的四点坐标。
    - sdt：目标图像中矩形的四点坐标。
  - 返回值 retval：由源图像中矩形到目标图像矩形变换的矩阵。

图 2-3-26　cv2.getPerspectiveTransform() 函数的参数

完成上述学习资料的学习后，根据自己的学习情况进行归纳总结，并填写学习笔记，见表 2-3-5。

表 2-3-5　学习笔记

主题	
内容	问题与重点
总结：	

3.5.3　图像裁剪

在图像输入神经网络之前，需要进行一定的裁剪处理，就是将图像中想要的研究区以外的区域去除，经常是按照行政区划或研究区域的边界对图像进行裁剪。

裁剪分为规则分幅裁剪和不规则分幅裁剪两个类型。规则分幅裁剪是指裁剪图像的边界范围是一个矩形，裁剪时只需要通过左上角和右下角两点的坐标，就可以确定图像的裁剪位置。不规则分幅裁剪是指裁剪图像的边界范围是任意多边形，裁剪时必须首先生成一个完整的闭合多边形区域。

在 OpenCV 中，图像被看成矩阵数据，将图像视为多维列表（list），规则分幅裁剪的边界范围是一个矩形，可以根据列表切片实现图像的规则分幅裁剪。在 OpenCV 中，图像设置图像 ROI(region of interest) 区域，实现只对 ROI 区域操作。在机器视觉、图像处理中，被处理的图像以方框、圆、椭圆、不规则多边形等方式勾勒出需要处理的区域，称为感兴趣区域 ROI。

定义 ROI 区域有两种方法，第一种是使用 cv2.Rect() 函数。指定矩形的左上角坐标和矩形的长宽就可以定义一个矩形区域。另一种定义 ROI 的方式是指定感兴趣行或列的范围（Range）。Range 是指从起始索引到终止索引（不包括终止索引）的一段连续序列。cv2.Range() 函数可以用来定义 Range。

✪ 练一练

✪ 知识应用练一练 1：编写程序，导入一幅图像，利用 OpenCV 将图像裁剪成上、下、左、右四个部分。

```
import numpy as np
import cv2
img = cv2.imread('monkey.jpg')
width = img.shape[1]
height = img.shape[0]
left_top = img[0 : height//2, 0: width//2]
left_down = img[height//2 : height, 0: width//2]
right_top = img[0 : height//2, width//2: width]
right_down = img[height//2 : height, width//2: width]
cv2.imshow("left_top", left_top)
cv2.imshow("left_down", left_down)
cv2.imshow("right_top", right_top)
cv2.imshow("right_down", right_down)
cv2.waitKey(0)
cv2.destroyAllWindows()
```

输出结果如图 2-3-27 所示。

(a) 图像左上部分图像

(b) 图像右上部分图像

(c) 图像左下部分图像

(d) 图像右下部分图像

图 2-3-27　图像裁剪

✪ 知识应用练一练 2：编写程序，利用 OpenCV 完成图像不规则裁剪。

```
import cv2;
import numpy as np
img = cv2.imread('monkey.jpg');
r=img.shape[0]
c=img.shape[1]
channels=img.shape[2]
mask=np.zeros(img.shape,dtype=np.uint8)
roi_corners=np.array([[(150,150),(190,170),(220,230),
(140,290)]],dtype=np.int32)
channel_count=channels
ignore_mask_color = (255,)*channel_count
cv2.fillPoly(mask,roi_corners,ignore_mask_color)
masked_image=cv2.bitwise_and(img,mask)
cv2.imshow("src",masked_image)
cv2.waitKey(0)
cv2.destroyAllWindows()
```

完成上述学习资料的学习后，根据自己的学习情况进行归纳总结，并填写学习笔记，见表 2-3-6。

表 2-3-6　学习笔记

主题	
内容	问题与重点
总结：	

3.5.4　图像亮度、对比度调整

在计算机视觉中，通常会对图像做一些随机变化，产生相似但又不完全相同的样本。主要作用是扩大训练数据集，抑制过拟合，提升模型的泛化能力。这样的操作包含随机改变亮暗、对比度和颜色等。

图像亮度是指画面的明亮程度，单位是坝德拉每平方米 (cd/m^2) 或称 nits。图像亮度是从白色表面到黑色表面的感觉连续体。对于数字图像来说，其亮度取决于图像像素值的大小。

图像对比度指的是一幅图像中明暗区域最亮的白和最暗的黑之间不同亮度层级的测量，即指一幅图像灰度反差的大小。对于数字图像来说，其对比度取决于图像所表示的二维矩阵中，相邻像素点的像素差值。

在 OpenCV 中，没有专门的函数实现图像的亮度、对比度的调整，需要经过像素的加减、乘除、逻辑运算、亮度提升等来实现。前面内容中介绍的图像的加减、乘除实际上也是像素的运算。

练一练

知识应用练一练：利用 OpenCV 调整彩色图像的亮度和对比度。

```
import cv2
import numpy as np
img = cv2.imread('cat.jpg')
img_t = cv2.cvtColor(img,cv2.COLOR_BGR2HSV)
h,s,v = cv2.split(img_t)
v1 = np.clip(cv2.add(1*v,30),0,255)
v2 = np.clip(cv2.add(2*v,20),0,255)
img1 = np.uint8(cv2.merge((h,s,v1)))
img1 = cv2.cvtColor(img1,cv2.COLOR_HSV2BGR)
img2 = np.uint8(cv2.merge((h,s,v2)))
img2 = cv2.cvtColor(img2,cv2.COLOR_HSV2BGR)
cv2.imshow('img',img)
cv2.imshow('img1',img1)
cv2.imshow('img2',img2)
cv2.waitKey(0)
cv2.destroyAllWindows()
```

输出结果如图 2-3-28 所示。

(a) 原始图像　　　　(b) 图像亮度增加　　　　(c) 图像亮度减弱

图 2-3-28　调整图像的亮度和对比度

完成上述学习资料的学习后，根据自己的学习情况进行归纳总结，并填写学习笔记，见表 2-3-7。

表 2-3-7 学习笔记

主题	
内容	问题与重点
总结：	

3.5.5 图像平滑处理

图像增强是对图像进行处理，使其比原始图像更适合于特定的应用，它需要与实际应用相结合。对于图像的某些特征如边缘、轮廓、对比度等，通过图像增强进行强调或锐化，以便于显示、观察或进一步分析与处理。

在图像产生、传输和复制过程中，常常会因为多方面原因而被噪声干扰或出现数据丢失，降低了图像的质量，这就需要对图像进行一定的增强处理以减小这些缺陷带来的影响。图像平滑是一种区域增强的算法，Python 调用 OpenCV 实现图像平滑，包括四个算法：均值滤波、方框滤波、高斯滤波和中值滤波。

1. 均值滤波

均值滤波通过使用归一化的盒式过滤器卷积图像，将内核区域下的所有像素的平均值取代中心像素来完成。均值滤波是指任意一点的像素值，都是周围 $N \times M$ 个像素值的均值。如图 2-3-29 所示，图中中间位置点的像素值为周围背景区域像素值之和除 9。

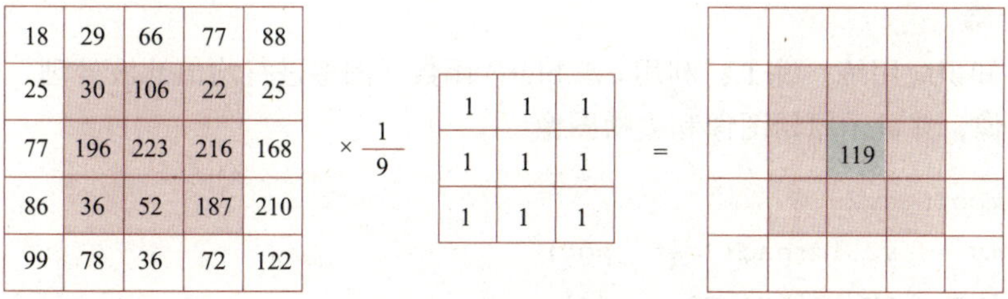

图 2-3-29 均值滤波算法示意图

图中 3×3 的矩阵称为核,针对原始图像内的像素点,采用核进行处理,得到结果图像。数字图像是一个二维数组,对数字图像做卷积操作其实就是利用卷积核在图像上滑动,将图像点上的像素值与对应的卷积核上的数值相乘,然后将所有相乘后的值相加作为卷积核中间像素点的像素值,并最终滑动完所有图像的过程,卷积核一般表达式为:

$$\text{Kernel} = \frac{1}{M \times N} \begin{bmatrix} 1 & 1 & 1 & \cdots & 1 \\ 1 & 1 & 1 & \cdots & 1 \\ \vdots & \vdots & \vdots & & \vdots \\ 1 & 1 & 1 & \cdots & 1 \\ 1 & 1 & 1 & \cdots & 1 \end{bmatrix}$$

式中,M 和 N 分别对应高度和宽度,一般情况下,M 和 N 是相等的,如 3×3、5×5、7×7 等。卷积核越大,参与到均值运算中的像素就越多,即当前点计算的是更多点的像素值的平均值。因此,卷积核越大,去噪效果越好,当然花费的计算时间就越长,同时图像失真越严重。在实际处理中,要在失真和去噪效果之间取得平衡,选取合适大小的卷积核。

在 OpenCV 中,函数 cv2.blur() 和 cv2.boxFilter() 可以完成均值滤波。

cv2.blur() 函数的格式为:

```
cv2.blur(src, ksize, dst=None, anchor=None, borderType=None)
```

cv2.blur() 函数的参数如图 2-3-30 所示。

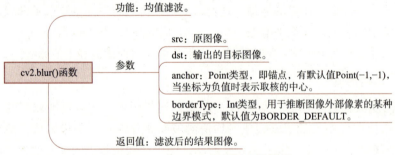

图 2-3-30 cv2.blur() 函数的参数说明

⭐ 练一练

❶ 知识应用练一练 1:利用 cv2.blur() 函数对图像进行均值滤波处理,得到去噪声图像,并显示原始图像和去噪图像。

```
import cv2
img = cv2.imread("cat.jpg")
blur = cv2.blur(img,(7,7))
```

```
cv2.imshow("orginal",img)
cv2.imshow("blur",blur)
cv2.waitKey()
cv2.destroyAllWindows()
```

输出结果如图 2-3-31 所示。

(a) 原始图像　　　　　　　　　　(b) 均值滤波后图像

图 2-3-31　图像均值滤波

● 知识应用练一练 2：显示使用不同大小的卷积核对图像进行均值滤波的情况。

```
import cv2
img=cv2.imread("cat.jpg")
r5=cv2.blur(img,(5,5))
r30=cv2.blur(img,(30,30))
cv2.imshow("orginal",img)
cv2.imshow("result5",r5)
cv2.imshow("result30",r30)
cv2.waitKey(0)
cv2.destroyAllWindows()
```

输出结果如图 2-3-32 所示。

(a) 原始图像　　　(b) 5×5卷积核均值滤波后图像　　(c) 30×30卷积核均值滤波后图像

图 2-3-32　不同卷积核对均值滤波的影响

2. 方框滤波

与均值滤波的不同在于方框滤波不会计算像素均值，在均值滤波中，滤波结果的像素值是任意一个点的邻域平均值，等于各邻域像素值之和除以邻域面积，而在方框滤波中，可以自由选择是否对均值滤波的结果进行归一化，即可以自由选择滤波结果是邻域像素值之和的平均值，还是邻域像素值之和。

在 OpenCV 中，实现方框滤波的函数是 cv2.boxFilter()，其语法格式为：

dst=cv2.boxFilter(scr,ddepth,ksize,anchor,normalize,borderType)

cv2.boxFilter() 函数的参数如图 2-3-33 所示。

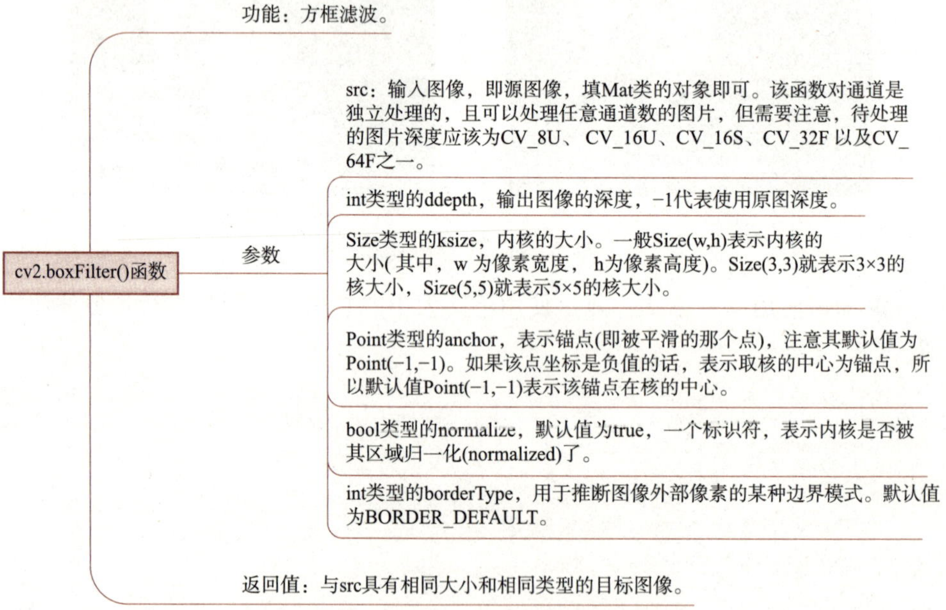

cv2.boxFilter()函数

功能：方框滤波。

参数：
- src：输入图像，即源图像，填Mat类的对象即可。该函数对通道是独立处理的，且可以处理任意通道数的图片，但需要注意，待处理的图片深度应该为CV_8U、CV_16U、CV_16S、CV_32F 以及 CV_64F之一。
- int类型的ddepth，输出图像的深度，-1代表使用原图深度。
- Size类型的ksize，内核的大小。一般Size(w,h)表示内核的大小（其中，w 为像素宽度，h为像素高度）。Size(3,3)就表示3×3的核大小，Size(5,5)就表示5×5的核大小。
- Point类型的anchor，表示锚点(即被平滑的那个点)，注意其默认值为Point(-1,-1)。如果该点坐标是负值的话，表示取核的中心为锚点，所以默认值Point(-1,-1)表示该锚点在核的中心。
- bool类型的normalize，默认值为true，一个标识符，表示内核是否被其区域归一化(normalized)了。
- int类型的borderType，用于推断图像外部像素的某种边界模式。默认值为BORDER_DEFAULT。

返回值：与src具有相同大小和相同类型的目标图像。

图 2-3-33　cv2.boxFilter() 函数的参数说明

normalize = 1 时，结果与均值滤波相同，这是由于当进行归一化处理时，其卷积核的值与均值处理时的计算方法相同，因此目标像素点的值相同。此时的卷积核为：

$$Kernel = \frac{1}{M \times N} \begin{bmatrix} 1 & 1 & 1 & \cdots & 1 \\ 1 & 1 & 1 & \cdots & 1 \\ \vdots & \vdots & \vdots & & \vdots \\ 1 & 1 & 1 & \cdots & 1 \\ 1 & 1 & 1 & \cdots & 1 \end{bmatrix}$$

normalize = 0 时，处理后的图片接近纯白色，部分点处有颜色。这是由于，目标像素点的值是卷积核范围内像素点像素值的和，本例中则是目标像素点 5×5 邻域的像素值之和，因此，处理后的像素点像素值基本都会超过当前像素值的最大值255。部分点有颜色是因为这些点周围邻域的像素值均较小，邻域像素值在相加后仍然小于 255。此时的核为：

$$\text{Kernel} = \begin{bmatrix} 1 & 1 & 1 & \cdots & 1 \\ 1 & 1 & 1 & \cdots & 1 \\ \vdots & \vdots & \vdots & & \vdots \\ 1 & 1 & 1 & \cdots & 1 \\ 1 & 1 & 1 & \cdots & 1 \end{bmatrix}$$

✪ 练一练

✪ 知识应用练一练：针对噪声图像，对其进行方框滤波，改变 normalize 值显示滤波结果。

```
import cv2
img = cv2.imread("cat.jpg")
boxFiter = cv2.boxFilter(img,-1,(5,5))
boxFiter2 = cv2.boxFilter(img,-1,(5,5),normalize=False)
cv2.imshow("orginal",img)
cv2.imshow("boxFilter",boxFiter)
cv2.imshow("boxFilter2",boxFiter2)
cv2.waitKey()
cv2.destroyAllWindows()
```

输出结果如图 2-3-34 所示。

(a) 原始图像　　　　(b) normalize=True 方框滤波后图像　　(c) normalize=False 方框滤波后图像

图 2-3-34　改变 normalize 值对方框滤波的影响

3. 高斯滤波

图像高斯平滑也是利用邻域平均的思想对图像进行平滑的一种方法，在图像高斯平滑中，对图像进行平均时，不同位置的像素被赋予了不同的权重。在进行均值滤波和方框滤波时，其邻域内每个像素的权重是相等的。在高斯滤波时，卷积核中心点的权重会加大，远离中心点的权重值减小，卷积核内的元素值呈现一种高斯分布。高斯滤波使用的是不同大小的卷积核，核的宽度和高度可以不相同，但是它们都必须是奇数。每一种尺寸的卷积核也可以有多种权重比例，实际使用时卷积核往往需要进行归一化处理，使用没有进行归一化处理的卷积核滤波，得到的结果往往是错误的。

笔记栏

高斯滤波让邻近的像素具有更高的重要度，对周围像素计算加权平均值，较近的像素具有较大的权重值。卷积核为 3×3，中心位置权重最高为 0.4，经过高斯滤波后的中心像素变化过程如图 2-3-35 所示。

21	138	129	120	127	130	218
230	8	82	73	240	14	219
192	193	29	108	162	149	169
94	138	32	106	7	71	168
209	159	192	226	221	150	160
102	201	39	67	189	157	109
255	40	71	250	41	72	179

×

0.05	0.1	0.05
0.1	0.4	0.1
0.05	0.1	0.05

=

			107			

图 2-3-35　高斯滤波中心像素变化过程

中心点像素值为：$29\times0.05+108\times0.1+162\times0.05+32\times0.01+106\times0.4+7\times0.01+192\times0.05+226\times0.01+221\times0.05=107$

在 OpenCV 中，实现高斯滤波的函数是 cv2.GaussianBlur()，该函数的语法格式是：

```
dst=cv2.GaussianBlur(scr,ksize,sigmaX,sigmaY,borderType)
```

cv2.GaussianBlur() 函数的参数如图 2-3-36 所示。

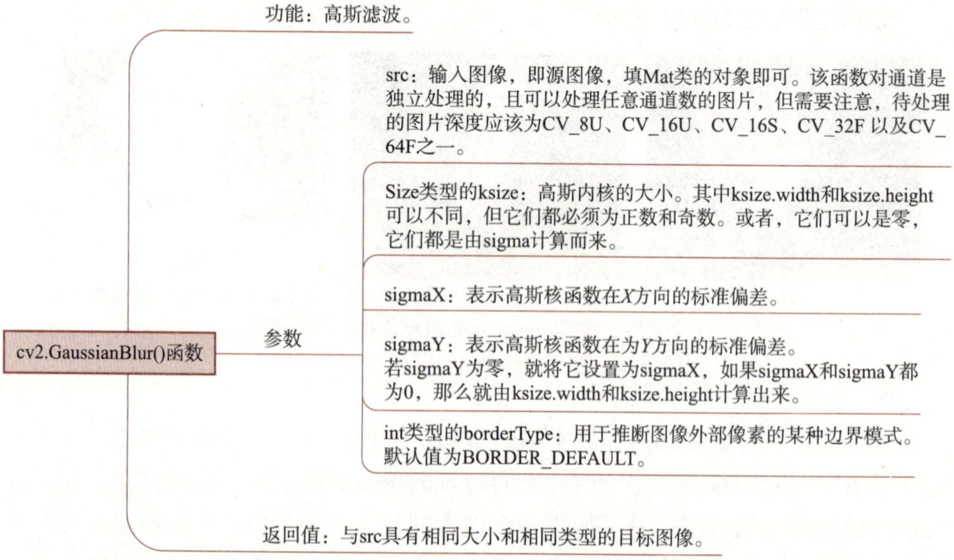
功能：高斯滤波。
cv2.GaussianBlur()函数
参数
src：输入图像，即源图像，填Mat类的对象即可。该函数对通道是独立处理的，且可以处理任意通道数的图片，但需要注意，待处理的图片深度应该为CV_8U、CV_16U、CV_16S、CV_32F 以及CV_64F之一。
Size类型的ksize：高斯内核的大小。其中ksize.width和ksize.height可以不同，但它们都必须为正数和奇数。或者，它们可以是零，它们都是由sigma计算而来。
sigmaX：表示高斯核函数在X方向的标准偏差。
sigmaY：表示高斯核函数在为Y方向的标准偏差。
若sigmaY为零，就将它设置为sigmaX，如果sigmaX和sigmaY都为0，那么就由ksize.width和ksize.height计算出来。
int类型的borderType：用于推断图像外部像素的某种边界模式。默认值为BORDER_DEFAULT。
返回值：与src具有相同大小和相同类型的目标图像。

图 2-3-36　cv2.GaussianBlur() 函数的参数

在此函数中，参数 sigmaY 和 borderType 是可选参数，sigmaX 是必选参数，但是可以将该参数设置为 0，让函数自己去计算 sigmaX 的具体值。在实际处理时，显示指定 sigmaX 和 sigmaY 为默认值 0，可以避免函数修改所造成的语法错误。

高斯滤波后的图像噪声点消失，图像依旧存在失真，其效果与均值滤波相当，但是高斯滤波卷积核的形式与均值滤波和方框滤波不同。

✪ 练一练

✪ 知识应用练一练：对噪声图像进行高斯滤波，显示滤波的结果。

```
import cv2
img = cv2.imread("cat.jpg")
result = cv2.GaussianBlur(img,(5,5),0,0)
cv2.imshow("orginal",img)
cv2.imshow("result",result)
cv2.waitKey()
cv2.destroyAllWindows()
```

输出结果如图 2-3-37 所示。

(a) 原始图像　　　　　　　　(b) 高斯滤波后图像

图 2-3-37　图像高斯滤波

4. 中值滤波

中值滤波（Median filter）是一种典型的非线性滤波技术，基本思想是用像素点邻域灰度值的中值来代替该像素点的灰度值，该方法在去除脉冲噪声、椒盐噪声的同时又能保留图像边缘细节。

中值滤波会取当前像素点及其周围邻近像素点的像素值，将这些像素排序，然后将位于中间位置的像素值作为当前像素点的像素值。中值滤波的像素计算示意图如图 2-3-38 所示。

图 2-3-38　中值滤波的像素计算示意图

中值滤波在一定条件下可以克服常见线性滤波器如最小均方滤波、方框滤波器、均值滤波等带来的图像细节模糊，对滤除脉冲干扰及图像扫描噪声非常有效，常用于保护边缘信息，保存边缘的特性使它在不希望出现边缘模糊的场合也很有用，是非常经典的平滑噪声处理方法。

中值滤波与均值滤波器比较：

中值滤波器与均值滤波器比较的优势：在均值滤波器中，由于噪声成分被放入平均计算中，所以输出受到了噪声的影响，但是在中值滤波器中，由于噪声成分很难选上，所以几乎不会影响到输出。因此同样用 3×3 区域进行处理，中值滤波消除的噪声能力更胜一筹。中值滤波无论是在消除噪声还是保存边缘方面都是一个不错的方法。

中值滤波器与均值滤波器比较的劣势：中值滤波花费的时间是均值滤波的 5 倍以上。

在 OpenCV 中，实现中值滤波的函数是 cv2.medianBlur()，其语法格式如下：

```
dst=cv2.medianBlur(src,ksize)
```

cv2.medianBlur() 函数的参数如图 2-3-39 所示。

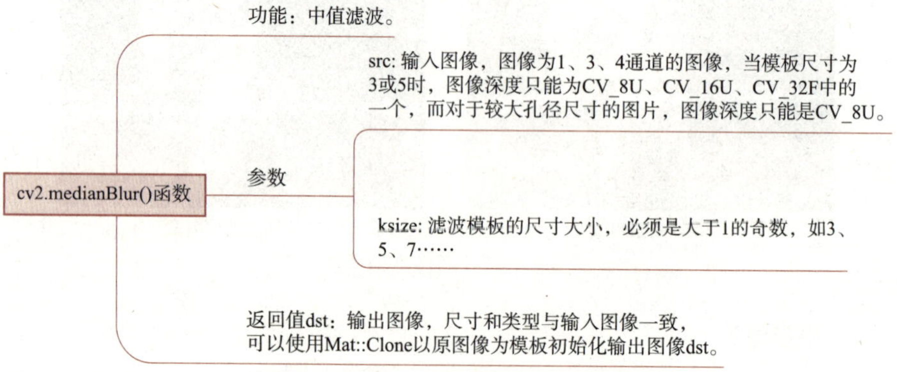

功能：中值滤波。

cv2.medianBlur()函数 —— 参数

- src：输入图像，图像为1、3、4通道的图像，当模板尺寸为3或5时，图像深度只能为CV_8U、CV_16U、CV_32F中的一个，而对于较大孔径尺寸的图片，图像深度只能是CV_8U。
- ksize：滤波模板的尺寸大小，必须是大于1的奇数，如3、5、7……
- 返回值dst：输出图像，尺寸和类型与输入图像一致，可以使用Mat::Clone以原图像为模板初始化输出图像dst。

图 2-3-39　cv2.medianBlur() 函数的参数

⊙ 练一练

★ 知识应用练一练：对噪声图像进行中值滤波，显示滤波的结果。

```
import cv2
img = cv2.imread("cat.jpg")
result = cv2.medianBlur(img,3)
cv2.imshow("orginal",img)
cv2.imshow("result",result)
cv2.waitKey()
cv2.destroyAllWindows()
```

输出结果如图 2-3-40 所示。

5. 双边滤波

双边滤波（Bilateral Filter）是一种非线性的滤波方法，是结合图像的空间邻近度和像素值相似度的一种折中处理，同时考虑空域信息和灰度相似性，达到保边去噪的目的。具有简单、非迭代、局部的特点。双边滤波器的好处在于可以实现边缘保存，一般用高斯滤波去降噪，会较明显地模糊边缘，对于高频细节的保护效果并不明显。双边滤波器顾名思义比高斯滤波多了一个高斯方差 sigma——d，它是基于空间分布的高斯滤波函数，所以在边缘附近，离的较远的像素不会太多影响到边缘上的像素值，这样就保证了边缘附近像素值的保存。由于保存了过多的高频信息，对于彩色图像中的高频噪声，双边滤波器不能够干净地滤掉，只能够对低频信息进行较好的滤波。

(a) 原始图像

(b) 中值滤波后图像

图 2-3-40　图像中值滤波

在 OpenCV 中，实现双边滤波的函数是 cv2.bilateralFilter()，该函数的语法格式如下：

```
dst =cv2.bilateralFilter(src,d,sigmaColor,sigmaSpace,borderType)
```

cv2.bilateralFilter() 函数的参数如图 2-3-41 所示。

cv2.bilateralFilter()函数
- 功能：双边滤波。
- 参数
  - src：输入图像，可以是Mat类型，图像必须是8位或浮点型单通道、三通道的图像。
  - d：表示在过滤过程中每个像素邻域的直径范围。如果这个值是非正数，则函数会从参数sigmaSpace计算该值。
  - sigmaColor：颜色空间过滤器的sigma值，该参数的值越大，表明该像素邻域内有越宽广的颜色会被混合到一起，产生较大的半相等颜色区域。
  - sigmaSpace：坐标空间中滤波器的sigma值，如果该值较大，则意味着颜色相近的较远的像素将相互影响，从而使更大的区域中足够相似的颜色获取相同的颜色。当d>0时，d指定了邻域大小且与sigmaSpace无关，否则d正比于sigmaSpace。
  - borderType=BORDER_DEFAULT：用于推断图像外部像素的某种边界模式，默认值为BORDER_DEFAULT。
- 返回值：与src具有相同大小和相同类型的目标图像。

图 2-3-41　cv2.bilateralFilter() 函数的参数

✪ 练一练

◉ 知识应用练一练1：对噪声图像进行双边滤波，显示滤波的结果。

```
import cv2
img = cv2.imread("cat.jpg")
result = cv2.bilateralFilter(img,25,100,100)
cv2.imshow("orginal",img)
cv2.imshow("result",result)
cv2.waitKey()
cv2.destroyAllWindows()
```

输出结果如图2-3-42所示。

(a) 原始图像　　　　　　　　(b) 双边滤波后图像

图 2-3-42　图像双边滤波

◉ 知识应用练一练2：针对噪声图像，分别对其进行高斯滤波和双边滤波，比较不同滤波方式对边缘的处理结果是否相同。

```
import cv2
img = cv2.imread("cat.jpg")
g= r = cv2.GaussianBlur(img,(55,55),0,0)
b = cv2.bilateralFilter(img,55,100,100)
cv2.imshow("orginal",img)
cv2.imshow("Gaussian",g)
cv2.imshow("bilateral",b)
cv2.waitKey()
cv2.destroyAllWindows()
```

输出结果如图2-3-43所示。

6. 2D 卷积

在 OpenCV 中，允许用户自定义卷积核实现卷积操作。使用自定义卷积核实现卷积操作的函数是 cv2.filter2D()，该函数的语法格式如下：

dst=cv2.filter2D(src,ddepth,kernel,anchor,delta,borderType)

(a) 原始图像

(b) 高斯滤波后图像

(c) 双边滤波后图像

图 2-3-43　高斯滤波和双边滤波效果比较

cv2.filter2D() 函数的参数如图 2-3-44 所示。

功能：2D卷积。

src：输入图像，即源图像，填Mat类的对象即可。该函数对通道是独立处理的，且可以处理任意通道数的图片，但需要注意，待处理的图片深度应该为CV_8U、CV_16U、CV_16S、CV_32F以及CV_64F之一。

kernel: 卷积核（或者是相关核），一个单通道浮点型矩阵。如果想在图像不同的通道使用不同的kernel，可以先使用split()函数将图像通道事先分开。

ddepth：是处理结果图像的深度，一般使用-1表示与原图像使用相同的深度。

anchor: 内核的基准点(anchor)，其默认值为(-1,-1)说明位于kernel的中心位置。基准点即kernel中与进行处理的像素点重合的点。

delta: 在存储目标图像前可选的添加到像素的值，默认值为0。

borderType: 像素向外逼近的方法，默认值为BORDER_DEFAULT，即对全部边界进行计算。

返回值：与src具有相同大小和相同类型的目标图像。

图 2-3-44　cv2.filter2D() 函数的参数

练一练

◎ 知识应用练一练：利用函数 cv2.filter2D() 函数自定义一个卷积核对图像进行滤波。

```
import cv2
import numpy as np
img = cv2.imread("cat.jpg")
kernel=np.ones((9,9),np.float32)/81
result = cv2.filter2D(img,-1,kernel)
cv2.imshow("orginal",img)
cv2.imshow("2D",result)
cv2.waitKey()
```

```
cv2.destroyAllWindows()
```

输出结果如图 2-3-45 所示。

(a) 原始图像　　　　　　　　　　　　(b) 滤波后图像

图 2-3-45　利用函数 cv2.filter2D() 函数自定义一个卷积核对图像进行滤波效果

完成上述学习资料的学习后，根据自己的学习情况进行归纳总结，并填写学习笔记，见表 2-3-8。

表 2-3-8　学习笔记

主题	
内容	问题与重点
总结：	

任务 4　图像分割

阈值处理可以去除较亮或较暗的图像区域和轮廓，而形态学处理可以从图像中提取对于表达和描绘区域形状有用处的图像分量。边缘检测的目的是找到图像中亮度变化剧烈的像素点构成的集合，表现出来往往是轮廓。图像分割主要是基于阈值的分割方法、基于区域的分割方法、基于边缘的分割方法以及基于特定理论的分割方法来完成。学生通过本任务的学习,可以熟练进行图像阈值处理、边缘检测,掌握图像处理的方法,为后续工作做好准备,打下基础。

笔记栏

4.1 任务介绍

本任务要求学生在学习知识积累部分所列的相关知识点、收集相关资料的基础上了解利用 OpenCV 进行二值化阈值处理、反二值化阈值处理、截断阈值化处理、超阈值零处理、低阈值零处理、图像腐蚀、图像膨胀、计算图像梯度、礼帽和黑帽操作、提取图像轮廓等操作,完成图像分割,为之后图像的特征提取做准备,任务详细描述见表 2-4-1。

表 2-4-1 图像分割任务单

任务名称	图像分割		
建议学时	6 学时	实际学时	
任务描述	本任务利用 OpenCV 完成对图像的二值化阈值处理、反二值化阈值处理、截断阈值化处理、超阈值零处理、低阈值零处理、图像腐蚀、图像膨胀、计算图像梯度、图像的礼帽和黑帽操作、图像轮廓等。让学生了解利用 OpenCV 进行图像分割的方法和内容,完成图像分割处理,为之后图像的特征提取做准备		
任务完成环境	Python 软件、Anaconda3 编辑器、OpenCV		
任务重点	① 图像二值化处理; ② 图像腐蚀、图像膨胀、计算图像梯度、图像的礼帽和黑帽操作、图像轮廓提前等操作; ③ 图像分割处理		
任务要求	① 能利用 OpenCV 进行二值化阈值处理、反二值化阈值处理、截断阈值化处理、超阈值零处理、低阈值零处理; ② 能利用 OpenCV 进行图像腐蚀、图像膨胀、图像的礼帽和黑帽操作、图像轮廓等操作; ③ 能利用 OpenCV 计算图像梯度; ④ 能读取指定的图像完成图像分割		
任务成果	① 导入图像; ② 按照给定的要求完成图像分割处理		

4.2 导　　学

请先按照导读信息进行相关知识点的学习,掌握一定的操作技能,然后进行任务实施,并对实施的效果进行自我评价。

本任务知识点和技能的导学见表 2-4-2。

表 2-4-2　图像分割导学

任务	任务和技能要求		
图像分割	1	图像阈值处理	图像的二值化：二值化阈值处理、反二值化阈值处理、截断阈值化处理、超阈值零处理、低阈值零处理；自适应阈值处理：cv2.adaptiveThreshold()函数、应用；Otsu处理：Otsu方法、应用
	2	图像的形态学处理	腐蚀：cv2.erode()函数、应用；膨胀：cv2.dilate()函数、应用；通用形态学函数：开运算、闭运算、礼帽运算、黑帽运算
	3	边缘检测	Sobel算子：cv2.Sobel()函数、应用；Scharr算子：cv2.Scharr()函数、应用；Laplacian算子：cv2.Laplacian()函数、应用；Canny边缘检测：cv2.Canny()函数、应用

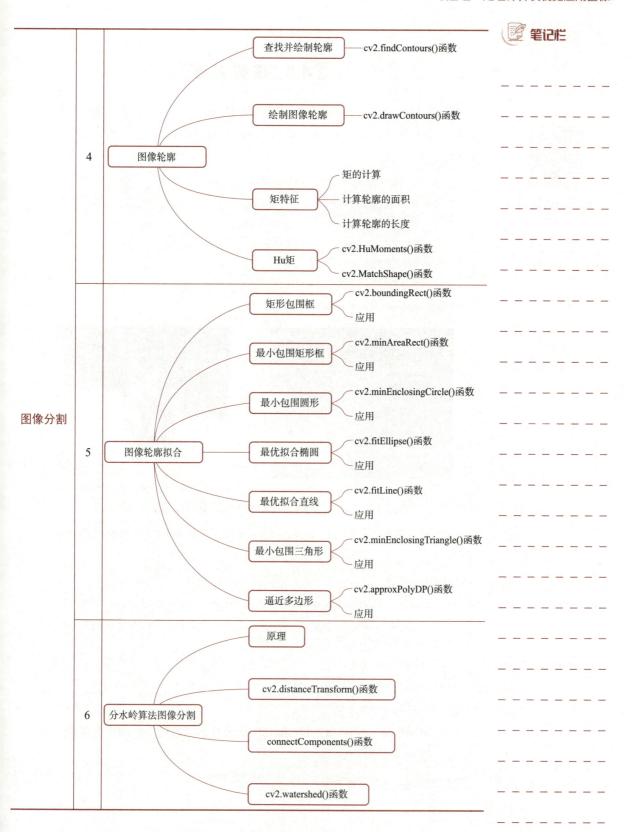

4.3 任务实施

学习完相关知识后，可以练习完成如下任务，实现对知识点的理解和应用。

（1）编写程序，使用 cv2.threshold() 函数对图像进行二值化阈值处理。

```
import cv2
img=cv2.imread("monkey1.jpg")
t,result=cv2.threshold(img,127,255,cv2.THRESH_BINARY)
cv2.imshow("img",img)
cv2.imshow("result ",result)
cv2.waitKey()
cv2.destroyAllWindows()
```

输出结果如图 2-4-1 所示。

(a) 原始图像　　　　　　　　(b) 二值化阈值处理后图像

图 2-4-1　使用 cv2.threshold() 函数对图像进行二值化阈值处理

（2）编写程序，使用 cv2.threshold() 函数对图像进行反二值化阈值处理。

```
import cv2
img=cv2.imread("monkey1.jpg")
t, result =cv2.threshold(img,127,255,cv2.THRESH_BINARY_INV)
cv2.imshow("img",img)
cv2.imshow("result",result)
cv2.waitKey()
cv2.destroyAllWindows()
```

输出结果如图 2-4-2 所示。

（3）编写程序，使用 cv2.threshold() 函数对图像进行截断阈值化处理。

```
import cv2
img=cv2.imread("monkey1.jpg")
```

```
t, result =cv2.threshold(img,127,255,cv2.THRESH_TRUNC)
cv2.imshow("img",img)
cv2.imshow("result", result)
cv2.waitKey()
cv2.destroyAllWindows()
```

(a) 原始图像　　　　　　　　　(b) 反二值化阈值处理后图像

图 2-4-2　使用 cv2.threshold() 函数对图像进行反二值化阈值处理

输出结果如图 2-4-3 所示。

(a) 原始图像　　　　　　　　　(b) 截断阈值化处理后图像

图 2-4-3　使用 cv2.threshold() 函数对图像进行截断阈值化处理

（4）编写程序，使用 cv2.threshold() 函数对图像进行超阈值零处理。

```
import cv2
img=cv2.imread("monkey1.jpg")
t, result =cv2.threshold(img,127,255,cv2.THRESH_TOZERO_INV)
cv2.imshow("img",img)
cv2.imshow("result",result)
cv2.waitKey()
cv2.destroyAllWindows()
```

输出结果如图 2-4-4 所示。

(a) 原始图像　　　　　　　　　　(b) 超阈值零处理后图像

图 2-4-4　使用 cv2.threshold() 函数对图像进行超阈值零处理

（5）编写程序，使用 cv2.threshold() 函数对图像进行低阈值零处理。

```
import cv2
img=cv2.imread("monkey1.jpg")
t, result =cv2.threshold(img,127,255,cv2.THRESH_TOZERO)
cv2.imshow("img",img)
cv2.imshow("result", result)
cv2.waitKey()
cv2.destroyAllWindows()
```

输出结果如图 2-4-5 所示。

(a) 原始图像　　　　　　　　　　(b) 低阈值零处理后图像

图 2-4-5　使用 cv2.threshold() 函数对图像进行低阈值零处理

视频

图像形态学处理

（6）编写程序，对图像进行腐蚀操作。

```
import cv2
import numpy as np
img=cv2.imread("cat3.jpg",cv2.IMREAD_UNCHANGED)
k=np.ones((5,5),np.uint8)
result =cv2.erode(img,k,iterations=10)
```

```
cv2.imshow("img", img)
cv2.imshow("result", result)
cv2.waitKey()
cv2.destroyAllWindows()
```

输出结果如图 2-4-6 所示。

(a) 原始图像

(b) 腐蚀操作后图像

图 2-4-6　图像腐蚀

（7）编写程序，完成对图像进行膨胀操作。

```
import cv2
import numpy as np
img=cv2.imread("cat3.jpg",cv2.IMREAD_UNCHANGED)
k=np.ones((5,5),np.uint8)
result =cv2.dilate(img,k,iterations=1)
cv2.imshow("original",img)
cv2.imshow("result", result)
cv2.waitKey()
cv2.destroyAllWindows()
```

输出结果如图 2-4-7 所示。

(a) 原始图像

(b) 膨胀操作后图像

图 2-4-7　图像膨胀

视　频

边缘检测

（8）编写程序，完成对图像的边缘检测，观察检测情况。

```python
import cv2
import numpy as np
def nothing(x):
    pass
cv2.namedWindow('Canny',0)
cv2.createTrackbar('minval','Canny',0,255,nothing)
cv2.createTrackbar('maxval','Canny',0,255,nothing)
img = cv2.imread("888.jpg",0)
img = cv2.GaussianBlur(img,(3,3),0)
edges =img
k=0
while(1):
    key = cv2.waitKey(50) & 0xFF
    if key == ord('q'):
        break
    minval = cv2.getTrackbarPos('minval','Canny')
    maxval = cv2.getTrackbarPos('maxval','Canny')
    edges = cv2.Canny(img,minval,maxval)
    img_2 = np.hstack((img,edges))
    cv2.imshow('Canny',img_2)
cv2.destroyAllWindows()
```

输出结果如图 2-4-8 所示。

图 2-4-8　图像边缘检测

（9）编写程序，完成对图像的轮廓检测，并绘制轮廓。

图像轮廓提取

```
import cv2
import numpy as np
img = cv2.imread('hang kong.jpg', -1)
gray_img = cv2.cvtColor(img, cv2.COLOR_BGR2GRAY)
ret, th = cv2.threshold(gray_img, 127, 255, cv2.THRESH_BINARY)
contours, hierarchy = cv2.findContours(th,cv2.RETR_TREE,cv2.CHAIN_APPROX_SIMPLE)
img_temp = img.copy()
for contour in contours:
    epsilon = 0.06 * cv2.arcLength(contour, True)
    approx_cnt = cv2.approxPolyDP(contour, epsilon, True)
    cv2.polylines(img_temp, [contour], True, (25, 25, 255), 3)
    cv2.polylines(img, [approx_cnt], True, (255, 25, 25), 3)
cv2.imshow('contours', img_temp)
cv2.imshow('approx_lines', img)
cv2.waitKey(0)
cv2.destroyAllWindows()
```

输出结果如图 2-4-9 所示。

(a) 原始图像

(b) 检测并绘制轮廓图像

图 2-4-9 图像轮廓检测并绘制轮廓

4.4 任务评价与总结

上述任务完成后，填写下表，对知识点掌握情况进行自我评价，并进行学习总结，评价表见表 2-4-3。

表 2-4-3 图像分割评价总结表

任务知识点自我测评与总结			
考核项目	任务知识点	自我评价	学习总结
图像阈值处理	图像的二值化	☐ 没有掌握 ☐ 基本掌握 ☐ 完全掌握	
	自适应阈值处理	☐ 没有掌握 ☐ 基本掌握 ☐ 完全掌握	
	Otsu 处理	☐ 没有掌握 ☐ 基本掌握 ☐ 完全掌握	
图像的形态学处理	腐蚀	☐ 没有掌握 ☐ 基本掌握 ☐ 完全掌握	
	膨胀	☐ 没有掌握 ☐ 基本掌握 ☐ 完全掌握	
	通用形态学函数	☐ 没有掌握 ☐ 基本掌握 ☐ 完全掌握	
	开运算	☐ 没有掌握 ☐ 基本掌握 ☐ 完全掌握	
	礼帽运算	☐ 没有掌握 ☐ 基本掌握 ☐ 完全掌握	
	黑帽运算	☐ 没有掌握 ☐ 基本掌握 ☐ 完全掌握	
边缘检测	Sobel 算子	☐ 没有掌握 ☐ 基本掌握 ☐ 完全掌握	
	Scharr 算子	☐ 没有掌握 ☐ 基本掌握 ☐ 完全掌握	
	Laplacian 算子	☐ 没有掌握 ☐ 基本掌握 ☐ 完全掌握	
	Canny 边缘检测	☐ 没有掌握 ☐ 基本掌握 ☐ 完全掌握	
图像轮廓	查找并绘制轮廓	☐ 没有掌握 ☐ 基本掌握 ☐ 完全掌握	
	绘制图像轮廓	☐ 没有掌握 ☐ 基本掌握 ☐ 完全掌握	
	矩特征	☐ 没有掌握 ☐ 基本掌握 ☐ 完全掌握	
	形状匹配	☐ 没有掌握 ☐ 基本掌握 ☐ 完全掌握	

图像轮廓拟合	矩形包围框	□ 没有掌握 □ 基本掌握 □ 完全掌握	
	最小包围矩形框	□ 没有掌握 □ 基本掌握 □ 完全掌握	
	最小包围圆形	□ 没有掌握 □ 基本掌握 □ 完全掌握	
	最优拟合椭圆	□ 没有掌握 □ 基本掌握 □ 完全掌握	
	最优拟合直线	□ 没有掌握 □ 基本掌握 □ 完全掌握	
	最小包围三角形	□ 没有掌握 □ 基本掌握 □ 完全掌握	
	逼近多边形	□ 没有掌握 □ 基本掌握 □ 完全掌握	
分水岭算法分割图像	分水岭算法原理	□ 没有掌握 □ 基本掌握 □ 完全掌握	
	cv2.distanceTransform() 距离变换函数	□ 没有掌握 □ 基本掌握 □ 完全掌握	
	connectComponents() 函数	□ 没有掌握 □ 基本掌握 □ 完全掌握	
	cv2.watershed() 函数	□ 没有掌握 □ 基本掌握 □ 完全掌握	

4.5 知识积累

4.5.1 图像阈值处理

1. 图像的二值化

图像的二值化就是将图像上像素点的灰度值设置为 0 或 255，也就是将整个图像呈现出明显的只有黑和白的视觉效果。在 OpenCV 中，图像的二值化分割采用 cv2.threshold() 函数，其语法格式如下：

```
ret,dst=cv2.threshold (src, thresh, maxval, type, dst=None)
```

cv2.threshold() 函数的参数如图 2-4-10 所示。

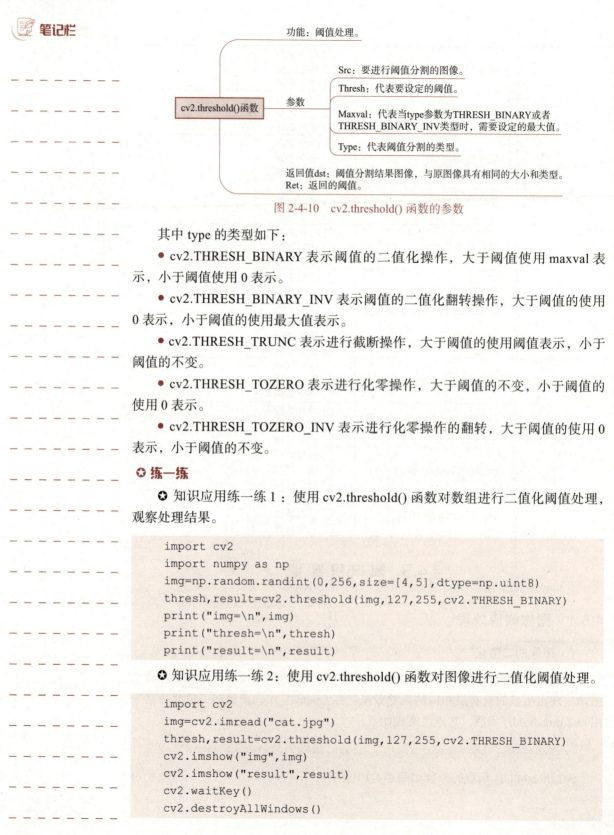

图 2-4-10　cv2.threshold() 函数的参数

其中 type 的类型如下：

● cv2.THRESH_BINARY 表示阈值的二值化操作，大于阈值使用 maxval 表示，小于阈值使用 0 表示。

● cv2.THRESH_BINARY_INV 表示阈值的二值化翻转操作，大于阈值的使用 0 表示，小于阈值的使用最大值表示。

● cv2.THRESH_TRUNC 表示进行截断操作，大于阈值的使用阈值表示，小于阈值的不变。

● cv2.THRESH_TOZERO 表示进行化零操作，大于阈值的不变，小于阈值的使用 0 表示。

● cv2.THRESH_TOZERO_INV 表示进行化零操作的翻转，大于阈值的使用 0 表示，小于阈值的不变。

◎ 练一练

★ 知识应用练一练 1：使用 cv2.threshold() 函数对数组进行二值化阈值处理，观察处理结果。

```
import cv2
import numpy as np
img=np.random.randint(0,256,size=[4,5],dtype=np.uint8)
thresh,result=cv2.threshold(img,127,255,cv2.THRESH_BINARY)
print("img=\n",img)
print("thresh=\n",thresh)
print("result=\n",result)
```

★ 知识应用练一练 2：使用 cv2.threshold() 函数对图像进行二值化阈值处理。

```
import cv2
img=cv2.imread("cat.jpg")
thresh,result=cv2.threshold(img,127,255,cv2.THRESH_BINARY)
cv2.imshow("img",img)
cv2.imshow("result",result)
cv2.waitKey()
cv2.destroyAllWindows()
```

输出结果如图 2-4-11 所示。

(a) 原始图像　　　　　　　　　　(b) 二值化阈值处理后图像

图 2-4-11　使用 cv2.threshold() 函数对图像进行二值化阈值处理

★ 知识应用练一练 3：使用 cv2.threshold() 函数对图像进行反二值化阈值处理。

```
import cv2
img=cv2.imread("cat.jpg")
thresh,result=cv2.threshold(img,127,255,cv2.THRESH_BINARY_INV)
cv2.imshow("img",img)
cv2.imshow("result",result)
cv2.waitKey()
cv2.destroyAllWindows()
```

输出结果如图 2-4-12 所示。

(a) 原始图像　　　　　　　　　　(b) 反二值化阈值处理后图像

图 2-4-12　使用 cv2.threshold() 函数对图像进行反二值化阈值处理

★ 知识应用练一练 4：使用 cv2.threshold() 函数对图像进行截断阈值化处理。

```
import cv2
img=cv2.imread("cat.jpg")
thresh,result=cv2.threshold(img,127,255,cv2.THRESH_TRUNC)
cv2.imshow("img",img)
cv2.imshow("result",result)
cv2.waitKey()
cv2.destroyAllWindows()
```

输出结果如图 2-4-13 所示。

(a) 原始图像　　　　　　　　　　(b) 截断阈值化处理后图像

图 2-4-13　使用 cv2.threshold() 函数对图像进行截断阈值化处理

★ 知识应用练一练 5：使用 cv2.threshold() 函数对图像进行超阈值零处理。

```
import cv2
img=cv2.imread("cat.jpg")
thresh,result=cv2.threshold(img,127,255,cv2.THRESH_TOZERO_INV)
cv2.imshow("img",img)
cv2.imshow("result",result)
cv2.waitKey()
cv2.destroyAllWindows()
```

输出结果如图 2-4-14 所示。

(a) 原始图像　　　　　　　　　　(b) 超阈值零处理后图像

图 2-4-14　使用 cv2.threshold() 函数对图像进行超阈值零处理

★ 知识应用练一练 6：使用 cv2.threshold() 函数对图像进行低阈值零处理。

```
import cv2
img=cv2.imread("cat.jpg")
thresh,result=cv2.threshold(img,127,255,cv2.THRESH_TOZERO)
cv2.imshow("img",img)
cv2.imshow("result",result)
cv2.waitKey()
cv2.destroyAllWindows()
```

输出结果如图 2-4-15 所示。

(a) 原始图像　　　　　　　　(b) 低阈值零处理后图像

图 2-4-15　使用 cv2.threshold() 函数对图像进行低阈值零处理

● 知识应用练一练 7：使用 cv2.threshold() 函数二值化比较。

```
import cv2
import numpy as np
from matplotlib import pyplot as plt
img = cv2.imread('cat.jpg',0)
thresh,result1 = cv2.threshold(img,127,255,cv2.THRESH_BINARY)
thresh,result2 = cv2.threshold(img,127,255,cv2.THRESH_BINARY_INV)
thresh,result3 = cv2.threshold(img,127,255,cv2.THRESH_TRUNC)
thresh,result4 = cv2.threshold(img,127,255,cv2.THRESH_TOZERO)
thresh,result5 = cv2.threshold(img,127,255,cv2.THRESH_TOZERO_INV)
titles = ['Original Image','BINARY','BINARY_INV','TRUNC','TOZERO',
'TOZERO_INV']
images = [img, result1, result2, result3, result4, result5]
for i in range(6):
    plt.subplot(2,3,i+1),plt.imshow(images[i],'gray')
    plt.title(titles[i])
    plt.xticks([]),plt.yticks([])
plt.show()
```

输出结果如图 2-4-16 所示。

图 2-4-16　使用 cv2.threshold() 函数二值化处理比较

2. 自适应阈值处理

如果使用全局阈值，即在整副图像采用同一个数作为阈值，这种方法并不适用所有情况，尤其是当同一幅图像上的不同部分具有不同亮度时。这种情况下需要采用自适应阈值，此时的阈值是根据图像上的每一个小区域自动计算与其对应的阈值。在同一副图像上的不同区域采用不同的阈值，从而能在亮度不同的情况下得到更好的结果。

在 OpenCV 中，cv2.adaptiveThreshold() 函数实现自适应阈值处理，其格式为：

```
dst=cv2.adaptiveThreshold(src, maxValue, adaptiveMethod,
thresholdType, blockSize, C[, dst])
```

cv2.adaptiveThreshold() 函数的参数如图 2-4-17 所示。

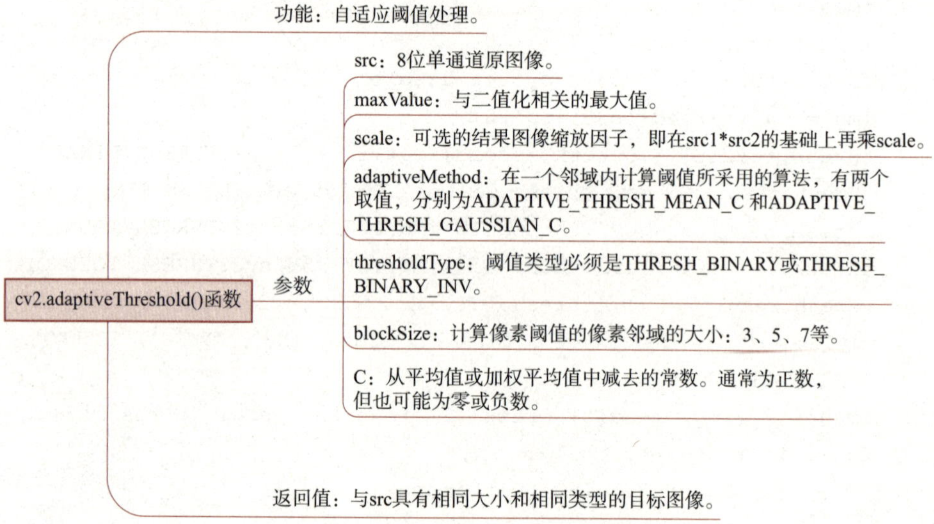

cv2.adaptiveThreshold()函数
- 功能：自适应阈值处理。
- 参数：
  - src：8位单通道原图像。
  - maxValue：与二值化相关的最大值。
  - scale：可选的结果图像缩放因子，即在src1*src2的基础上再乘scale。
  - adaptiveMethod：在一个邻域内计算阈值所采用的算法，有两个取值，分别为ADAPTIVE_THRESH_MEAN_C 和ADAPTIVE_THRESH_GAUSSIAN_C。
  - thresholdType：阈值类型必须是THRESH_BINARY或THRESH_BINARY_INV。
  - blockSize：计算像素阈值的像素邻域的大小：3、5、7等。
  - C：从平均值或加权平均值中减去的常数。通常为正数，但也可能为零或负数。
- 返回值：与src具有相同大小和相同类型的目标图像。

图 2-4-17　cv2.adaptiveThreshold() 函数的参数

练一练

◎ 知识应用练一练：使用二值化阈值 cv2.Threshold() 函数和自适应阈值 cv2.adaptiveThreshold() 函数处理图像，比较处理结果。

```
import cv2
img=cv2.imread("cat.jpg",0)
thresh,thrd=cv2.threshold(img,127,255,cv2.THRESH_BINARY)
adtpm=cv2.adaptiveThreshold(img,255,cv2.ADAPTIVE_THRESH_MEAN_C,cv2.THRESH_BINARY,5,3)
adpg=cv2.adaptiveThreshold(img,255,cv2.ADAPTIVE_THRESH_GAUSSIAN_C,cv2.THRESH_BINARY,5,3)
cv2.imshow("img",img)
cv2.imshow("thrd", thrd)
cv2.imshow("adtpm", adtpm)
```

```
cv2.imshow("adpg", adpg)
cv2.waitKey()
cv2.destroyAllWindows()
```

输出结果如图 2-4-18 所示。

(a) 原始图像　　(b) cv2.Threshold()阈值处理　(c) 自适应阈值处理(adtpm)　(d) 自适应阈值处理(adpg)

图 2-4-18　cv2.Threshold() 和 cv2.adaptiveThreshold() 处理图像结果的比较

3. Otsu 处理

使用 cv.threshold() 函数进行阈值处理时，需要定义一个阈值，并将此阈值作为图像阈值处理的依据。通常情况下处理的图像都是色彩均衡的，这时直接将阈值设为 127 比较合适。但是有时图像灰度级的分布是不均衡的，如果此时还将阈值设置为 127，那么阈值处理的结果就是失败的。

Otsu 方法能根据当前最佳的类间分割阈值。简单地说，Otsu 方法会遍历所有可能阈值，从而找到最佳阈值。在 OpenCV 中，通过 cv2.threshold() 函数对参数的类型传递一个 c 参数 "cv2.THRES_OTSU"，即可实现 Otsu 方式的阈值分割。需要说明的是，在使用 Otsu 方法时，需要把阈值设为 0，此时的 cv2.threshold() 函数会自动寻找最优阈值，并将该阈值返回。Otsu 方法进行阈值处理的格式为：

```
t,otsu=cv2.threshold(img,0,255,cv2.THRESH_BINARY+cv2.THRESH_OTSU )
```

与普通阈值分割的不同之处在于：
- 参数 type 增加了一个参数 "cv2.THRESH_OTSU"。
- 设定的阈值为 0。
- 返回值 t 是 Otsu 方法计算得到并使用的最优阈值。

需要注意的是，如果采用普通的阈值分割，返回的阈值就是设定的阈值。例如在 t=cv2.threshold(img,127,255,cv2.THRESH_BINARY) 语句中设定阈值为 127，最终返回值为 t=127。

◎ 练一练

✪ 知识应用练一练：利用二值化阈值处理和 Otsu 阈值函数处理图像，比较处理结果。

```
import cv2
img=cv2.imread("cat.jpg",0)
```

```
t1,thd=cv2.threshold(img,127,255,cv2.THRESH_BINARY)
t2,otsu=cv2.threshold(img,0,255,cv2.THRESH_BINARY+cv2.THRESH_OTSU )
cv2.imshow("img",img)
cv2.imshow("thd",thd)
cv2.imshow("otsu",otsu)
cv2.waitKey()
cv2.destroyAllWindows()
```

输出结果如图 2-4-19 所示。

(a) 原始图像　　　　　　(b) 二值化阈值处理　　　　　(c) Otsu阈值处理

图 2-4-19　二值化阈值处理和 Otsu 阈值处理图像处理结果比较

完成上述学习资料的学习后，根据自己的学习情况进行归纳总结，并填写学习笔记，见表 2-4-4。

表 2-4-4　学习笔记

主题	
内容	问题与重点
总结：	

4.5.2　图像的形态学处理

数学形态学（Mathematical morphology）是一门建立在格论和拓扑学基础之上的图像分析学科，是数学形态学图像处理的基本理论。其基本运算包括：腐蚀和膨胀、开运算和闭运算、骨架抽取、极限腐蚀、击中击不中变换、形态学梯度、礼帽运算（顶帽运算）、黑帽运算、颗粒分析、流域变换等。

膨胀、腐蚀、开运算和闭运算是数学形态学的四个基本运算，基于这些运算还可推导和组合成各种数学形态学实用算法，可以进行图像形状和结构的分析和处理，包括图像分割、特征提取、边缘检测、图像滤波、图像增强和恢复等。

形态学的主要应用在消除噪声、边界提取、区域填充、连通分量提取、凸壳、细化、粗化等，分割出独立的图像元素，或者图像中相邻的元素，求取图像中明显的极大值区域和极小值区域，求取图像梯度等方面。

1. 腐蚀

腐蚀（Eroded）是图像中的高亮部分被腐蚀掉，邻域缩减，效果图拥有比原图更小的高亮区域，操作时表现为相邻区域用极小值代替，高亮区域减少。

在 OpenCV 中，提供 cv2.erode() 函数进行腐蚀操作，其格式为：

```
dst=cv2.erode(src,kernel[,anchor[,iterations[,borderType[,boderValue)
```

cv2.erode() 函数的参数如图 2-4-20 所示。

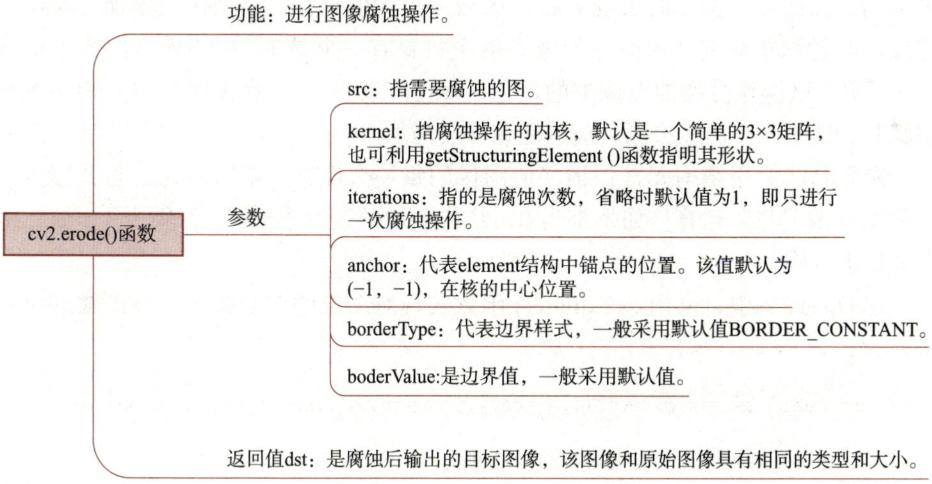

cv2.erode()函数
- 功能：进行图像腐蚀操作。
- 参数：
  - src：指需要腐蚀的图。
  - kernel：指腐蚀操作的内核，默认是一个简单的3×3矩阵，也可利用getStructuringElement()函数指明其形状。
  - iterations：指的是腐蚀次数，省略时默认值为1，即只进行一次腐蚀操作。
  - anchor：代表element结构中锚点的位置。该值默认为(-1，-1)，在核的中心位置。
  - borderType：代表边界样式，一般采用默认值BORDER_CONSTANT。
  - boderValue：是边界值，一般采用默认值。
- 返回值dst：是腐蚀后输出的目标图像，该图像和原始图像具有相同的类型和大小。

图 2-4-20　cv2.erode() 函数的参数

◎ 练一练

✪ 知识应用练一练：使用 cv2.erode() 函数腐蚀图像，观察图像腐蚀效果。

```
import cv2
import numpy as np
img=cv2.imread("monkey.jpg",cv2.IMREAD_UNCHANGED)
kernel=np.ones((9,9),np.uint8)
erosion = cv2.erode(img,kernel,iterations=5)
cv2.imshow("orginal",img)
cv2.imshow("erosion",erosion)
cv2.waitKey()
cv2.destroyAllWindows()
```

输出结果如图 2-4-21 所示。

(a) 原始图像　　　　　　　　(b) 腐蚀后图像

图 2-4-21　图像腐蚀

2. 膨胀

膨胀 (Dilated) 是图像中的高亮部分进行膨胀，邻域扩张，效果图拥有比原图更大的高亮区域，操作时表现为相邻区域用极大值代替，高亮区域增加。与腐蚀相反，与卷积核对应的原图像的像素值中只要有一个是 1，中心元素的像素值就是 1。所以该操作会增加图像中的白色区域（前景）。一般在去噪声时先用腐蚀再用膨胀，这时噪声已经去除，前景还在并会增加。

膨胀算法为用结构元素扫描二值图像的每一个像素，用结构元素与其覆盖的二值图像做"与"运算，如果都为 0，结构图像的该像素为 0，否则为 1，使二值图像扩大一圈。

在 OpenCV 中，采用 cv2.dilate() 函数实现对图像的膨胀操作，该函数的语法格式为：

dst=cv2.dilate(src,kernel[,anchor[,iterations[,boderType[,boderValue])

cv2.dilate() 函数的参数如图 2-4-22 所示。

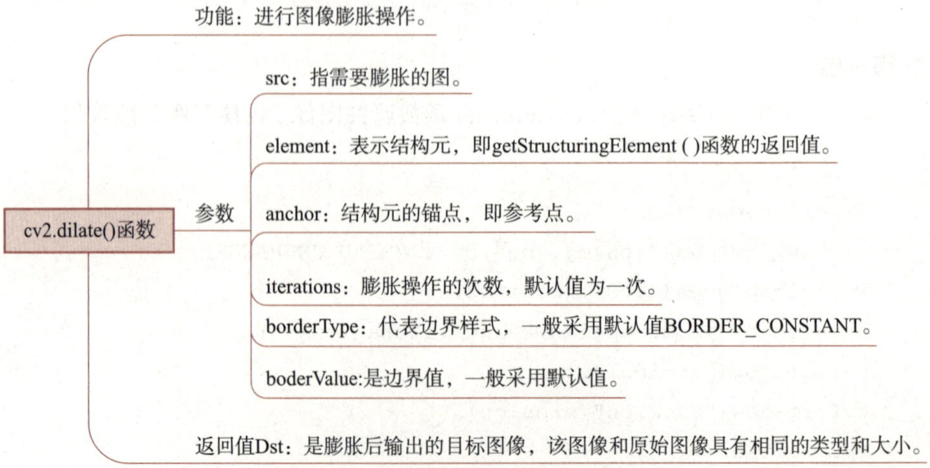

cv2.dilate()函数
- 功能：进行图像膨胀操作。
- 参数
  - src：指需要膨胀的图。
  - element：表示结构元，即 getStructuringElement ( ) 函数的返回值。
  - anchor：结构元的锚点，即参考点。
  - iterations：膨胀操作的次数，默认值为一次。
  - borderType：代表边界样式，一般采用默认值 BORDER_CONSTANT。
  - boderValue：是边界值，一般采用默认值。
- 返回值Dst：是膨胀后输出的目标图像，该图像和原始图像具有相同的类型和大小。

图 2-4-22　cv2.dilate() 函数的参数

练一练

✪ 知识应用练一练：使用 cv2.dilate() 函数完成图像膨胀操作。

```
import cv2
import numpy as np
img= cv2.imread('monkey.jpg')
kernel = np.ones((5,5),np.uint8)
dilation = cv2.dilate(img,kernel)
cv2.imshow('src',img)
cv2.imshow('show',dilation)
cv2.waitKey()
cv2.destroyAllWindows()
```

输出结果如图 2-4-23 所示。

(a) 原始图像　　　　　　　　　　(b) 膨胀后图像

图 2-4-23　图像膨胀

3. 通用形态学函数

腐蚀操作和膨胀操作是形态学运算的基础，将腐蚀和膨胀操作进行组合，就可以实现开运算、闭运算、形态学梯度（Morphological Gradient）运算、礼帽运算（顶帽运算）、黑帽运算、击中击不中等多种形式运算。

在 OpenCV 中，提供 morphologyEx() 函数实现上述形态学运算，其语法结构如下：

```
dst=cv2.morphologyEx(src,op,kernel[,anchor[,iterations[,borderTyp[,borderValue[,)
```

morphologyEx() 函数的参数如图 2-4-24 所示。

4）开运算

先腐蚀后膨胀的过程称为开运算，它具有消除亮度较高的细小区域、在纤细点处分离物体，对于较大物体，可以在不明显改变其面积的情况下平滑其边界等作用。开运算具有以下作用：

① 开运算能够除去孤立的小点、毛刺和小桥，而总的位置和形状不变。
② 开运算是一个基于几何运算的滤波器。
③ 结构元素大小的不同将导致滤波效果的不同。
④ 不同结构元素的选择导致不同的分割，即提取出不同的特征。

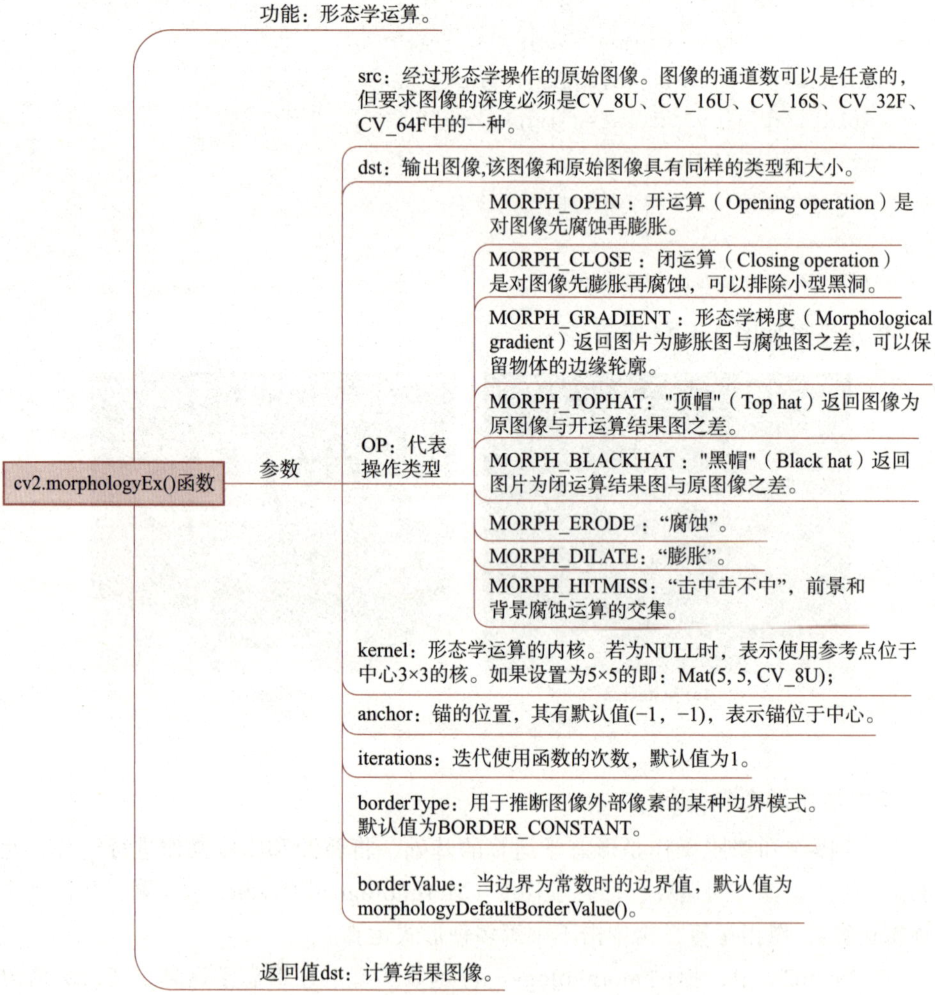

cv2.morphologyEx()函数
- 功能：形态学运算。
- 参数：
  - src：经过形态学操作的原始图像。图像的通道数可以是任意的，但要求图像的深度必须是CV_8U、CV_16U、CV_16S、CV_32F、CV_64F中的一种。
  - dst：输出图像，该图像和原始图像具有同样的类型和大小。
  - OP：代表操作类型
    - MORPH_OPEN：开运算（Opening operation）是对图像先腐蚀再膨胀。
    - MORPH_CLOSE：闭运算（Closing operation）是对图像先膨胀再腐蚀，可以排除小型黑洞。
    - MORPH_GRADIENT：形态学梯度（Morphological gradient）返回图片为膨胀图与腐蚀图之差，可以保留物体的边缘轮廓。
    - MORPH_TOPHAT："顶帽"（Top hat）返回图像为原图像与开运算结果图之差。
    - MORPH_BLACKHAT："黑帽"（Black hat）返回图片为闭运算结果图与原图像之差。
    - MORPH_ERODE："腐蚀"。
    - MORPH_DILATE："膨胀"。
    - MORPH_HITMISS："击中击不中"，前景和背景腐蚀运算的交集。
  - kernel：形态学运算的内核。若为NULL时，表示使用参考点位于中心3×3的核。如果设置为5×5的即：Mat(5, 5, CV_8U)；
  - anchor：锚的位置，其有默认值(-1, -1)，表示锚位于中心。
  - iterations：迭代使用函数的次数，默认值为1。
  - borderType：用于推断图像外部像素的某种边界模式。默认值为BORDER_CONSTANT。
  - borderValue：当边界为常数时的边界值，默认值为morphologyDefaultBorderValue()。
- 返回值dst：计算结果图像。

图 2-4-24　morphologyEx() 函数的参数

在 OpenCV 中，提供 morphologyEx() 函数实现开运算，该函数的语法格式如下：

```
dst=cv2.morphologyEx(src,op,kernel[,anchor[,iterations[,borderTyp[,borderValue[,)
```

❂ 练一练

❂ 知识应用练一练：使用 cv2.morphologyEx() 函数实现开运算。

```
import cv2
```

```
import numpy as np
img=cv2.imread("monkey.jpg")
kernel=np.ones((10,10),np.uint8)
result = cv2.morphologyEx(img,cv2.MORPH_OPEN,kernel)
cv2.imshow("orginal",img)
cv2.imshow("result",result)
cv2.waitKey()
cv2.destroyAllWindows()
```

输出结果如图 2-4-25 所示。

(a) 原始图像　　　　　　　　(b) 开运算后图像

图 2-4-25　图像开运算

2）闭运算

先膨胀后腐蚀的过程称为闭运算，其具有填充白色物体内细小黑色空洞的区域、连接邻近物体、同一个结构元、多次迭代处理，也可以在不明显改变其面积的情况下平滑其边界等作用。闭运算具有以下功能：

① 闭运算能够填平小湖（即小孔），弥合小裂缝，而总的位置和形状不变。
② 闭运算是通过填充图像的凹角来滤波图像的。
③ 结构元素大小的不同将导致滤波效果的不同。
④ 不同结构元素的选择导致了不同的分割。

在 OpenCV 中，提供 morphologyEx() 函数实现闭运算，该函数的语法格式如下：

```
dst=cv2.morphologyEx(src,op,kernel[,anchor[,iterations[,border Typ[,borderValue[,)
```

✪ 练一练

✪ 知识应用练一练：使用 cv2.morphologyEx() 函数实现闭运算。

```
import cv2
import numpy as np
img=cv2.imread("monkey.jpg")
```

```
kernel=np.ones((10,10),np.uint8)
result = cv2.morphologyEx(img,cv2.MORPH_CLOSE,kernel,iterations=3)
cv2.imshow("orginal",img)
cv2.imshow("result",result)
cv2.waitKey()
cv2.destroyAllWindows()
```

输出结果如图 2-4-26 所示。

(a) 原始图像 　　　　　　　　　　　(b) 闭运算后图像

图 2-4-26　图像闭运算

3）礼帽运算

礼帽运算是用原始图像减去其开运算图像的操作。礼帽运算能够获取图像的噪声信息，或者得到比原始图像的边缘更亮的边缘信息。

在 OpenCV 中，提供 morphologyEx() 函数实现礼帽运算，该函数的语法格式如下：

```
dst=cv2.morphologyEx(src,op,kernel[,anchor[,iterations[,borderTyp[,borderValue[,)
```

◎ 练一练

★ 知识应用练一练：使用 cv2.morphologyEx() 函数实现礼帽运算。

```
import cv2
import numpy as np
img=cv2.imread("cat.jpg",cv2.IMREAD_UNCHANGED)
kernel=np.ones((5,5),np.uint8)
result = cv2.morphologyEx(img,cv2.MORPH_TOPHAT,kernel)
cv2.imshow("img",img)
cv2.imshow("result",result)
cv2.waitKey()
cv2.destroyAllWindows()
```

输出结果如图 2-4-27 所示。

(a) 原始图像

(b) 礼帽运算后图像

图 2-4-27　礼帽运算

4）黑帽运算

黑帽运算是用闭运算图像减去原始图像的操作。黑帽运算能够获取图像内部的小孔，或前景色中的小黑点，或者得到比原始图像的边缘更暗的边缘部分。

在 OpenCV 中，提供 morphologyEx() 函数实现黑帽运算，该函数的语法格式如下：

```
dst=cv2.morphologyEx(src,op,kernel[,anchor[,iterations[,borderTyp
[,borderValue[,)
```

✪ 练一练

✪ 知识应用练一练：使用 cv2.morphologyEx() 函数实现黑帽运算。

```
import cv2
import numpy as np
img=cv2.imread("cat.jpg",cv2.IMREAD_UNCHANGED)
kernel=np.ones((5,5),np.uint8)
result = cv2.morphologyEx(img,cv2.MORPH_BLACKHAT,kernel)
cv2.imshow("img",img)
cv2.imshow("result",result)
cv2.waitKey()
cv2.destroyAllWindows()
```

输出结果如图 2-4-28 所示。

(a) 原始图像

(b) 黑帽运算后图像

图 2-4-28　黑帽运算

完成上述学习资料的学习后，根据自己的学习情况进行归纳总结，并填写学习笔记，见表 2-4-5。

表 2-4-5　学习笔记

主题	
内容	问题与重点
总结：	

4.5.3　边缘检测

图像边缘是图像最基本的特征，所谓边缘（Edge）是指图像局部特性的不连续性。边缘是一个区域的结束，也是另一个区域的开始，利用该特征可以分割图像。图像的边缘有方向和幅度两种属性，通常可以通过一阶导数或二阶导数检测得到，一阶导数是以最大值作为对应边缘的位置，而二阶导数则以过零点作为对应边缘的位置。

边缘检测算子有以下几类：

● 一阶导数的边缘算子：通过模板作为核与图像的每个像素点做卷积和运算，然后选取合适的阈值提取图像的边缘。常见的有 Roberts 算子、Sobel 算子和 Prewitt 算子。

● 二阶导数的边缘算子：依据于二阶导数过零点，常见的有 Laplacian 算子，此类算子对噪声敏感。

● 其他边缘算子：前面两类均是通过微分算子检测图像边缘，还有一种就是 Canny 算子，其是在满足一定约束条件下推导出来的边缘检测最优化算子。

1. Sobel 算子

Sobel 算子用来计算图像灰度函数的近似梯度。Sobel 算子根据像素点上下、左右邻点灰度加权差，在边缘处达到极值这一现象检测边缘。对噪声具有平滑作用，提供较为精确的边缘方向信息，边缘定位精度不够高。当对精度要求不是很高时，是一种较为常用的边缘检测方法。

Sobel 算子具有平滑和微分的功效，Sobel 算子先将图像横向或纵向平滑，然后再纵向或横向差分，得到的结果是平滑后的差分结果。

在 OpenCV 中，Sobel 函数的语法格式如下：

```
Sobel(src, ddepth, dx, dy[, dst[, ksize[, scale[, delta[, borderType]]]]]) -> dst
```

cv2.Sobel() 函数的参数如图 2-4-29 所示。

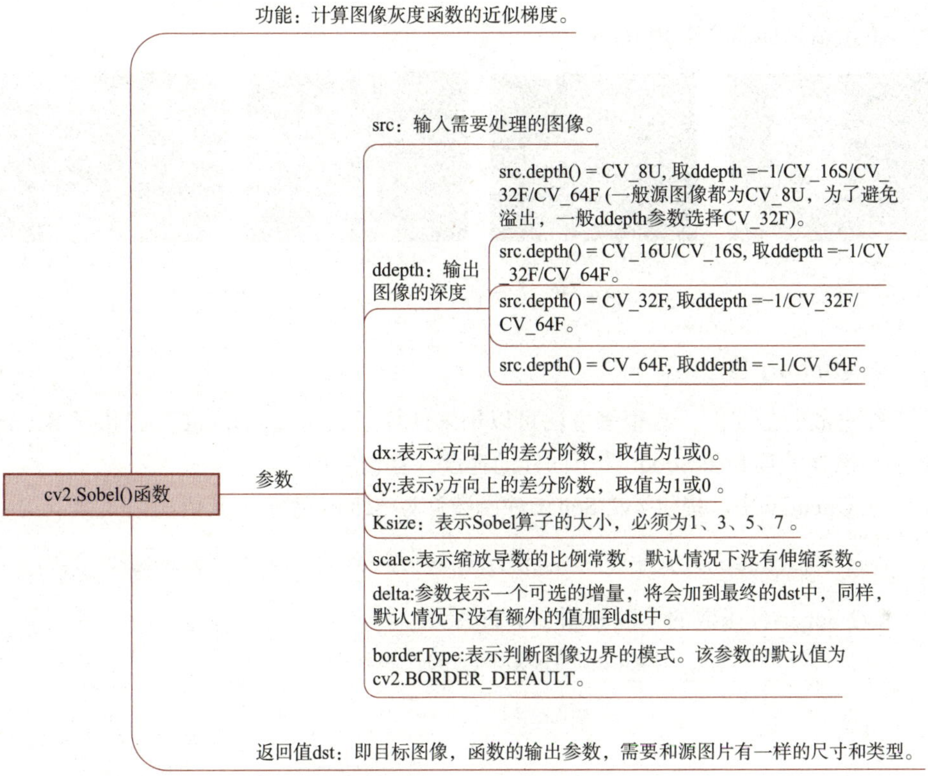

- cv2.Sobel()函数
  - 功能：计算图像灰度函数的近似梯度。
  - 参数
    - src：输入需要处理的图像。
    - ddepth：输出图像的深度
      - src.depth() = CV_8U，取ddepth =-1/CV_16S/CV_32F/CV_64F (一般源图像都为CV_8U，为了避免溢出，一般ddepth参数选择CV_32F)。
      - src.depth() = CV_16U/CV_16S，取ddepth =-1/CV_32F/CV_64F。
      - src.depth() = CV_32F，取ddepth =-1/CV_32F/CV_64F。
      - src.depth() = CV_64F，取ddepth = -1/CV_64F。
    - dx:表示x方向上的差分阶数，取值为1或0。
    - dy:表示y方向上的差分阶数，取值为1或0。
    - Ksize：表示Sobel算子的大小，必须为1、3、5、7。
    - scale:表示缩放导数的比例常数，默认情况下没有伸缩系数。
    - delta:参数表示一个可选的增量，将会加到最终的dst中，同样，默认情况下没有额外的值加到dst中。
    - borderType:表示判断图像边界的模式。该参数的默认值为cv2.BORDER_DEFAULT。
  - 返回值dst：即目标图像，函数的输出参数，需要和源图片有一样的尺寸和类型。

图 2-4-29 Sobel 函数参数

练一练

✪ 知识应用练一练：利用 Sobel 算子计算图像 X 和 Y 方向的边缘信息。

```
import cv2
import numpy as np
img = cv2.imread('cat.jpg',cv2.IMREAD_GRAYSCALE)
sobelx = cv2.Sobel(img,cv2.CV_64F,1,0,ksize=3)
sobely = cv2.Sobel(img,cv2.CV_64F,0,1,ksize=3)
sobelx = cv2.convertScaleAbs(sobelx)
sobely = cv2.convertScaleAbs(sobely)
sobelxy =  cv2.addWeighted(sobelx,0.5,sobely,0.5,0)
cv2.imshow("original",img)
cv2.imshow("x",sobelx)
cv2.imshow("y",sobely)
cv2.imshow("xy",sobelxy)
cv2.waitKey()
```

```
cv2.destroyAllWindows()
```

输出结果如图 2-4-30 所示。

(a) 原始图像　　　(b) X方向边缘信息　　　(c) Y方向边缘信息　　　(d) XY方向边缘信息

图 2-4-30　利用 Sobel 算子计算 X 和 Y 方向的边缘信息

2. Scharr 算子

在离散的空间上，有很多方法可以用来计算近似导数，OpenCV 提供了 Scharr 算子，该算子具有和 Sobel 算子同样的速度，且精度更高。

在 OpenCv 中，提供 cv2.Scharr() 函数计算 Scharr 算子，其语法格式如下：

```
dst =cv2.Scharr(scr,ddepth,dx,dy[,scale[,delta[,borderType]]])
```

cv2.Scharr() 函数的参数如图 2-4-31 所示。

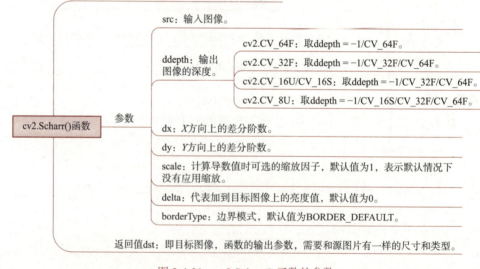

图 2-4-31　cv2.Scharr() 函数的参数

① 如果要计算 X 方向的边缘（梯度），则 dx=1,dy=0，此时的计算方法是：

```
result=cv2.Scharr(scr,ddpeth,1,0)
```

② 如果要计算 Y 方向的边缘（梯度），则 dx=0,dy=1，此时的计算方法是：

```
result =cv2.Scharr(scr,ddpeth,0,1)
```

③ 如果计算 X 方向与 Y 方向的边缘叠加,此时的计算方法是:

```
result =cv2.Scharr(scr,ddpeth,1,0)
result =cv2.Scharr(scr,ddpeth,0,1)
result =cv2.addWeight(dx,0.5,dy,0.5,0)
```

练一练

● 知识应用练一练 1:使用函数 cv2.Scharr() 函数获取图像水平方向的边缘信息。

```
import cv2
import sys
import numpy as np
img=cv2.imread("cat.jpg",cv2.IMREAD_GRAYSCALE)
x=cv2.Scharr(img,cv2.CV_64F,1,0)
x=cv2.convertScaleAbs(x)
cv2.imshow("original",img)
cv2.imshow("scharrx",x)
cv2.waitKey()
cv2.destroyAllWindows()
```

输出结果如图 2-4-32 所示。

(a) 原始图像　　　　　　(b) 水平方向边缘信息

图 2-4-32　使用 cv2.Scharr() 函数获取图像水平方向的边缘信息

● 知识应用练一练 2:使用 cv2.Scharr() 函数获取图像垂直方向的边缘信息。

```
import cv2
import sys
import numpy as np
img=cv2.imread("cat.jpg",cv2.IMREAD_GRAYSCALE)
y=cv2.Scharr(img,cv2.CV_64F,0,1)
y=cv2.convertScaleAbs(y)
cv2.imshow("original",img)
cv2.imshow("y",y)
cv2.waitKey()
```

```
cv2.destroyAllWindows()
```

输出结果如图 2-4-33 所示。

（a）原始图像　　　　　　　　　（b）垂直方向的边缘信息

图 2-4-33　使用 cv2.Scharr() 函数获取图像垂直方向的边缘信息

★ 知识应用练一练 3：使用 cv2.Scharr() 函数获取图像水平方向和垂直方向的边缘叠加的效果。

```
import cv2
import sys
import numpy as np
img=cv2.imread("cat.jpg",cv2.IMREAD_GRAYSCALE)
x=cv2.Scharr(img,cv2.CV_64F,1,0)
y=cv2.Scharr(img,cv2.CV_64F,0,1)
x=cv2.convertScaleAbs(x)
y=cv2.convertScaleAbs(y)
xy=cv2.addWeighted(x,0.5, y,0.5,0)
cv2.imshow("scharrx",x)
cv2.imshow("scharry",y)
cv2.imshow("scharrxy",xy)
cv2.waitKey()
cv2.destroyAllWindows()
```

输出结果如图 2-4-34 所示。

（a）X 方向　　　　　　　（b）Y 方向　　　　　　　（c）XY 方向

图 2-4-34　使用 cv2.Scharr() 函数获取图像水平方向和垂直方向的边缘

3. Laplacian 算子

在 OpenCV 中，Laplacian 算子的函数格式为：

```
dst = cv2.Laplacian(src, ddepth[, dst[, ksize[, scale[, delta
[, borderType]]]]])
```

cv2.Laplacian() 函数的参数如图 2-4-35 所示。

- cv2.Laplacian()函数
  - 功能：计算图像灰度函数梯度。
  - 参数
    - src：输入图像。
    - ddepth：图像的深度，-1表示采用的是与原图像相同的深度。目标图像的深度必须大于或等于原图像的深度。
    - ksize：是算子的大小，必须为1、3、5、7。默认值为1。
    - scale：缩放导数的比例常数，默认情况下没有伸缩系数。
    - delta：一个可选的增量，将会加到最终的dst中，同样，默认情况下没有额外的值加到dst中。
    - borderType：边界模式，默认值为BORDER_DEFAULT。
  - 返回值dst：即目标图像，函数的输出参数，需要和源图片有一样的尺寸和类型。

图 2-4-35　Laplacian() 函数的参数

❂ 练一练

❂ 知识应用练一练：使用 cv2.Laplacian() 函数计算图像的边缘信息。

```
import cv2
import numpy as np
img = cv2.imread("cat.jpg")
laplacian = cv2.Laplacian(img, cv2.CV_64F)
laplacian = cv2.convertScaleAbs(laplacian)
cv2.imshow('img', img)
cv2.imshow('laplacian', laplacian)
cv2.waitKey(0)
cv2.destroyAllWindows()
```

输出结果如图 2-4-36 所示。

（a）原始图像　　　　　　　　（b）边缘信息

图 2-4-36　使用 cv2.Laplacian() 函数计算图像的边缘信息

4. Canny 边缘检测

Canny 是一种常用的边缘检测算法,其是于 1986 年 John F.Canny 提出的。Canny 边缘检测算法可以分为以下 5 个步骤:

(1)使用高斯滤波器,平滑图像,滤除噪声。

(2)计算图像中每个像素点的梯度强度和方向。

(3)应用非极大值(Non-Maximum Suppression)抑制,以消除边缘检测带来的杂散响应。

(4)应用双阈值(Double-Threshold)检测确定真实的和潜在的边缘。

(5)通过抑制孤立的弱边缘最终完成边缘检测。

在 OpenCV 中,实现 Canny 边缘检测的函数格式为:

```
edge = cv2.Canny(image, threshold1, threshold2[, edges[, apertureSize[, L2gradient ]]])
```

cv2.Canny() 函数的参数如图 24-37 所示。

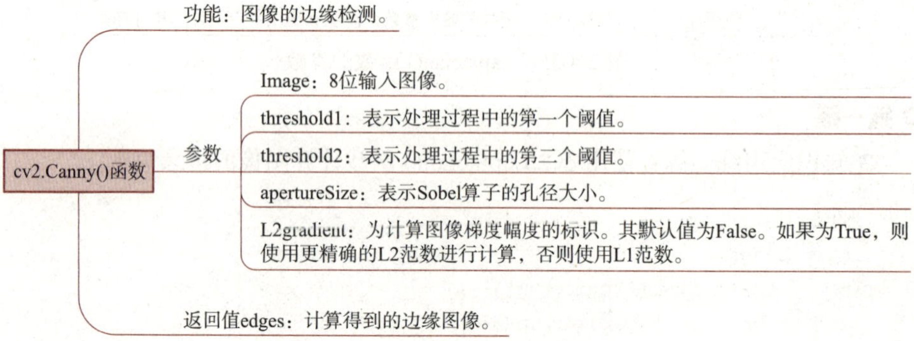

功能:图像的边缘检测。

cv2.Canny()函数

参数:
- Image:8位输入图像。
- threshold1:表示处理过程中的第一个阈值。
- threshold2:表示处理过程中的第二个阈值。
- apertureSize:表示Sobel算子的孔径大小。
- L2gradient:为计算图像梯度幅度的标识。其默认值为False。如果为True,则使用更精确的L2范数进行计算,否则使用L1范数。

返回值edges:计算得到的边缘图像。

图 2-4-37 cv2.Canny() 函数的参数

★ 练一练

● 知识应用练一练:利用 cv2.Canny() 函数提取图像边缘。

```
import cv2
import numpy as np
import matplotlib.pyplot as plt
img = cv2.imread('cat.jpg', 0)
edges = cv2.Canny(img, 100, 200)
plt.subplot(121), plt.imshow(img, cmap='gray')
plt.title('Original Image'), plt.xticks([]), plt.yticks([])
plt.subplot(122), plt.imshow(edges, cmap = 'gray')
plt.title('Edge Image'), plt.xticks([]), plt.yticks([])
plt.show()
```

输出结果如图 24-38 所示。

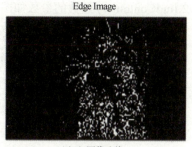

（a）原始图像　　　　　　　　　（b）图像边缘

图 2-4-38　利用 cv2.Canny() 函数提取图像边缘

完成上述学习资料的学习后，根据自己的学习情况进行归纳总结，并填写学习笔记，见表 2-4-6。

表 2-4-6　学习笔记

主题	
内容	问题与重点
总结：	

4.5.4　图像轮廓

边缘检测虽然能够检测出边缘，但边缘是不连续的，检测到的边缘并不是一个整体。图像轮廓是指将边缘连接起来形成一个整体，用于后续计算。图像轮廓是图像中非常重要的一个特征信息，通过对图像轮廓的操作，能够获取目标图像的大小、位置、方向等信息。

1. 查找并绘制轮廓

在 OpenCV 中，cv2.findContours() 函数用于查找图像的轮廓，并能根据参数返回特定表示方式的轮廓（曲线）。cv2.drawContours() 函数能够将查找到的轮廓绘制到图像上，该函数可以根据参数在图像上绘制不同样式（实心/空心点，以及线条的不同粗细、颜色等）的轮廓，可以绘制全部轮廓也可以仅绘制指定的轮廓。cv2.findContours() 函数的语法格式为：

```
image,contours,hierarchy=findContours(image, mode, method[,
contours[, hierarchy[, offset]]])
```

cv2.findContours() 函数的参数如图 2-4-39 所示。

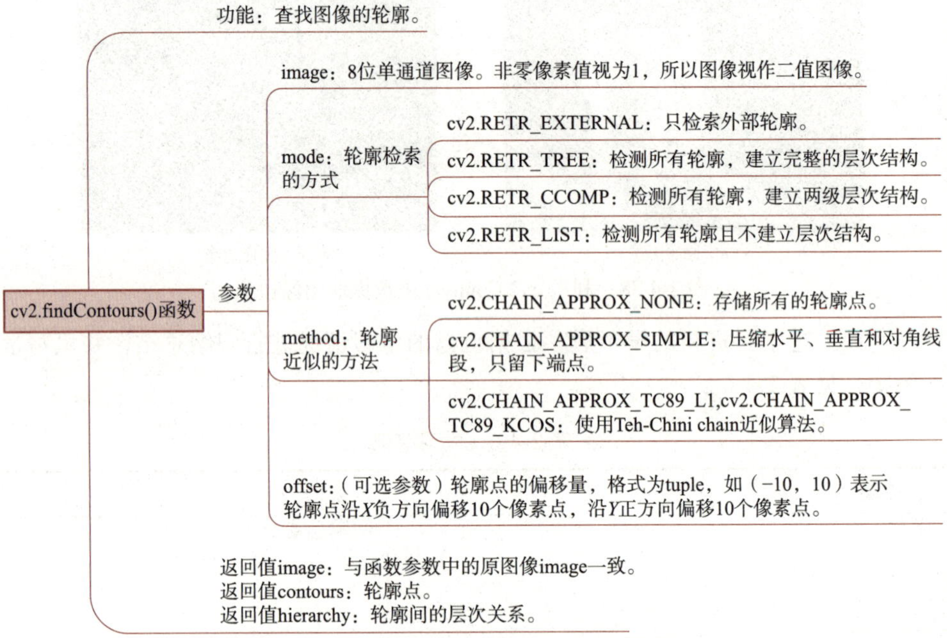

```
                              ┌─ 功能：查找图像的轮廓。
                              │
                              │         ┌─ image：8位单通道图像。非零像素值视为1，所以图像视作二值图像。
                              │         │
                              │         │              ┌─ cv2.RETR_EXTERNAL：只检索外部轮廓。
                              │         │              │
                              │         │   mode：轮廓检索 ─ cv2.RETR_TREE：检测所有轮廓，建立完整的层次结构。
                              │         │   的方式       │
                              │         │              ├─ cv2.RETR_CCOMP：检测所有轮廓，建立两级层次结构。
                              │         │              │
                              │         │              └─ cv2.RETR_LIST：检测所有轮廓且不建立层次结构。
cv2.findContours()函数 ─ 参数 ─┤
                                                       ┌─ cv2.CHAIN_APPROX_NONE：存储所有的轮廓点。
                                                       │
                                          method：轮廓 ─┼─ cv2.CHAIN_APPROX_SIMPLE：压缩水平、垂直和对角线
                                          近似的方法    │   段，只留下端点。
                                                       │
                                                       └─ cv2.CHAIN_APPROX_TC89_L1,cv2.CHAIN_APPROX_
                                                          TC89_KCOS：使用Teh-Chini chain近似算法。

                                          offset：（可选参数）轮廓点的偏移量，格式为tuple，如（-10，10）表示
                                          轮廓点沿X负方向偏移10个像素点，沿Y正方向偏移10个像素点。

                              ├─ 返回值image：与函数参数中的原图像image一致。
                              ├─ 返回值contours：轮廓点。
                              └─ 返回值hierarchy：轮廓间的层次关系。
```

图 2-4-39 cv2.findContours() 函数的参数

返回值 contours 是轮廓点。其为列表格式，每一个元素为一个三维数组（其形状为（n,1,2），其中 n 表示轮廓点个数，1、2 表示像素点坐标），表示一个轮廓。该返回值是一组轮廓信息，每个轮廓信息都是由若干点所构成。例如，contours[i] 是第 i 个轮廓（下标从 0 开始），contours[i][j] 是第 i 个轮廓的第 j 个点。

contours 的 type 属性是 list 类型，list 的每个元素都是图像的一个轮廓，用 numpy 中的 ndarray 结构表示，可以用 print(type(contours)) 输出轮廓属性。可以用 print(len(contours)) 输出轮廓的个数。可以用 print(len(contours[0])) 输出轮廓的点数。

返回值 hierarchy 和轮廓 contours 个数相同（可选结果），这是一个 ndarray，其中元素个数和轮廓个数相同。每个轮廓 contours[i] 对应 4 个 hierarchy 元素 hierarchy[i][0] ~ hierarchy[i][3]，分别表示后一个轮廓、前一个轮廓、父轮廓、内嵌轮廓的索引编号，如果没有对应项，则该值为负数（各个轮廓的继承关系）。hierarchy 也是一个向量，长度和 contours 相等，每个元素和 contours 的元素对应。hierarchy 的每个元素是一个包含四个整型数的向量）。

图像内的轮廓可能位于不同的位置。比如，一个轮廓在另一个轮廓的内部。在这种情况下，将外部轮廓称为父轮廓，内部轮廓称为子轮廓。按照上述分类关系，一幅图像所有轮廓之间就建立了父子关系。根据轮廓之间的关系，就能够确定一个轮廓与其他轮廓是如何连接的。比如，确定一个轮廓是某个轮廓的子轮廓，或者是某个轮廓的父轮廓。上述关系称为层次（组织结构），返回值 hierarchy 包含上述层次关系。每个轮廓对应 4 个元素说明当前轮廓的层次关系。其形式为：

```
[Next,Previous,First_Child,Parent]
```

各元素的含义为：
- Next：后一个轮廓的索引编号。
- Previous：前一个轮廓的索引编号。
- First_Child：第1个子轮廓的索引编号。
- Parent：父轮廓的索引编号。

2. 绘制图像轮廓

在 OpenCV 中，cv2.drawContours() 函数用于绘制图像轮廓，具体格式如下：

```
cv2.drawContours(image, contours, contourIdx, color[, thickness
[, lineType[, hierarchy[, maxLevel[, offset]]]]])
```

cv2.drawContours() 函数的参数如图 2-4-40 所示。

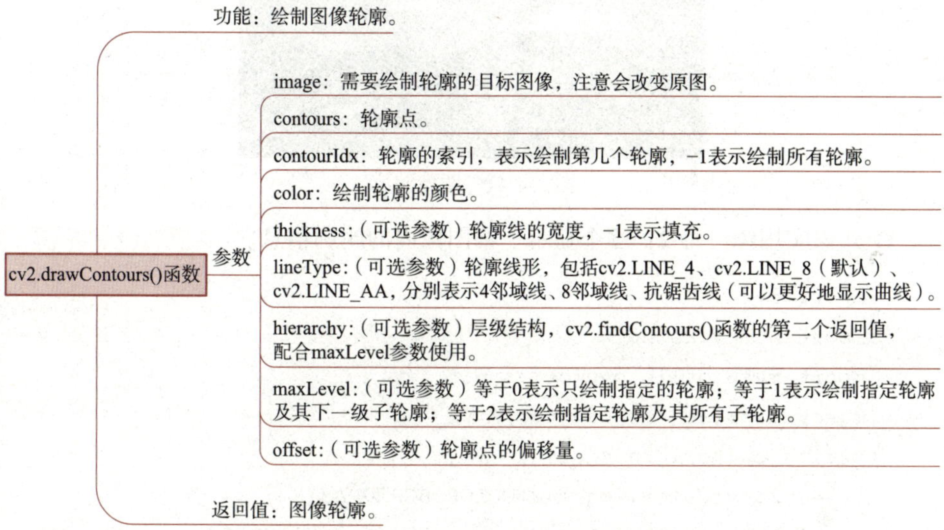

cv2.drawContours()函数
- 功能：绘制图像轮廓。
- 参数：
  - image：需要绘制轮廓的目标图像，注意会改变原图。
  - contours：轮廓点。
  - contourIdx：轮廓的索引，表示绘制第几个轮廓，-1表示绘制所有轮廓。
  - color：绘制轮廓的颜色。
  - thickness：（可选参数）轮廓线的宽度，-1表示填充。
  - lineType：（可选参数）轮廓线形，包括cv2.LINE_4、cv2.LINE_8（默认）、cv2.LINE_AA，分别表示4邻域线、8邻域线、抗锯齿线（可以更好地显示曲线）。
  - hierarchy：（可选参数）层级结构，cv2.findContours()函数的第二个返回值，配合maxLevel参数使用。
  - maxLevel：（可选参数）等于0表示只绘制指定的轮廓；等于1表示绘制指定轮廓及其下一级子轮廓；等于2表示绘制指定轮廓及其所有子轮廓。
  - offset：（可选参数）轮廓点的偏移量。
- 返回值：图像轮廓。

图 2-4-40　cv2.drawContours() 函数的参数

◎ 练一练

✪ 知识应用练一练 1：绘制图像轮廓

```
import cv2
import numpy as np
import matplotlib.pyplot as plt
img =cv2.imread('hehua.jpg')
gray=cv2.cvtColor(img,cv2.COLOR_BGR2GRAY)
retv,thresh=cv2.threshold(gray,125,255,1)
contours,hierarchy=cv2.findContours(thresh,cv2.RETR_TREE,cv2.CHAIN_APPROX_SIMPLE)
```

```
cv2.drawContours(img,contours,-1,(0,0,255),3,lineType=cv2.
LINE_AA)
cv2.imshow('img_original',img)
cv2.waitKey()
cv2.destroyAllWindows()
print(hierarchy)
```

输出结果如图 2-4-41 所示。

图 2-4-41 图像轮廓

◎ 知识应用练一练 2：逐个显示一幅图像内的轮廓信息。

```
import cv2
import numpy as np
import matplotlib.pyplot as plt
img=cv2.imread('hehua.jpg')
cv2.imshow("original",img)
gray=cv2.cvtColor(img,cv2.COLOR_BGR2GRAY)
ret,binary=cv2.threshold(gray,127,255,cv2.THRESH_BINARY)
contours,hierarchy=cv2.findContours(binary,cv2.RETR_EXTERNAL,
cv2.CHAIN_APPROX_SIMPLE)
n =len(contours)
contoursImg=[]
for i in range(n):
    temp=np.zeros(img.shape,np.uint8)
    contoursImg.append(temp)
    contoursImg[i]=cv2.drawContours(contoursImg[i],contours,i,(255,255,255),3)
    cv2.imshow('Contours['+str(i)+"]",contoursImg[i])
cv2.waitKey()
cv2.destroyAllWindows()
```

✪ 知识应用练一练 3：使用轮廓绘制功能，提取前景对象。

```
import cv2
import numpy as np
import matplotlib.pyplot as plt
img=cv2.imread('hehua.jpg')
cv2.imshow("original", img)
gray=cv2.cvtColor(img,cv2.COLOR_BGR2GRAY)
ret,binary=cv2.threshold(gray,127,255,cv2.THRESH_BINARY)
contours,hierarchy=cv2.findContours(binary,cv2.RETR_LIST,cv2.CHAIN_APPROX_SIMPLE)
mask=np.zeros(img.shape,np.uint8)
mask=cv2.drawContours(mask,contours,-1,(255,255,255),-1)
cv2.imshow("mask",mask)
loc=cv2.bitwise_and(img,mask)
cv2.imshow("location",loc)
cv2.waitKey()
cv2.destroyAllWindows()
```

3. 矩特征

比较两个轮廓最简单的方法是比较二者的轮廓矩。轮廓矩代表了一个轮廓、一幅图像、一组点集的全局特征。矩信息包含了对应对象不同类型的几何特征，如大小、位置、角度、形状等。矩特征被广泛应用在模式识别、图像识别等方面。

1）矩的计算

在 OpenCv 中，提供 cv2.moments() 函数获取 moments 特征。通常情况下，将使用 cv2.moments() 函数获取的轮廓特征称为"轮廓矩"。cv2.moments() 函数的语法格式如下：

```
retval =cv2.moments(array[,binaryImage])
```

cv2.moments() 函数的参数如图 2-4-42 所示。

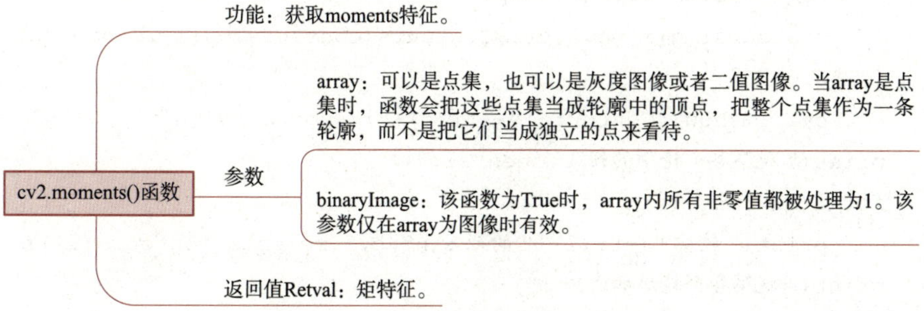

cv2.moments()函数
- 功能：获取moments特征。
- 参数
  - array：可以是点集，也可以是灰度图像或者二值图像。当array是点集时，函数会把这些点集当成轮廓中的顶点，把整个点集作为一条轮廓，而不是把它们当成独立的点来看待。
  - binaryImage：该函数为True时，array内所有非零值都被处理为1。该参数仅在array为图像时有效。
- 返回值Retval：矩特征。

图 2-4-42　cv2.moments() 函数的参数

矩特征函数 cv2.moments() 所返回的特征值,能够用来比较两个轮廓是否相似。例如,有两个轮廓,不管它出现在图像的那个位置,都可以通过函数 cv2.moments() 的 m00 矩判断其面积是否一致。

当位置发生变化时,虽然轮廓的面积、周长特征不变,但是更高阶的特征会随着位置的变化而发生变化。在很多情况下,用户希望比较不同位置两个对象的一致性。解决这一问题的方法是引入中心矩。中心矩通过减去均值而获取平移不变性,因而能够比较不同位置的两个对象是否一致。很明显,中心矩具有平移的不变性,使它能够忽略两个对象的位置关系,帮助用户比较不同位置上两个对象的一致性。

除了考虑平移不变性外,还会考虑经过缩放后大小不一致。也就是说,希望图像缩放前后能够拥有一个稳定的特征值。也就是说,让图像在缩放前后具有同样的特征值。显然,中心矩不具有这个特性。例如:两个形状一致、大小不一的对象,其中心矩是有差异的。

归一化中心矩通过除以物体总尺寸而获得缩放不变性。它通过上述计算提取对象的归一化中心矩属性值,该属性值不仅具有平移不变性,还具有缩放不变性。

⭐ 练一练

◉ 知识应用练一练:使用 cv2.moments() 函数提取一幅图像的特征。

```
import cv2
import numpy as np
img=cv2.imread('hehua.jpg')
cv2.imshow("original",img)
gray=cv2.cvtColor(img,cv2.COLOR_BGR2GRAY)
ret,binary=cv2.threshold(gray,127,255,cv2.THRESH_BINARY)
contours,hierarchy=cv2.findContours(binary,cv2.RETR_EXTERNAL,
cv2.CHAIN_APPROX_SIMPLE)
n =len(contours)
contoursImg=[]
for i in range(n):
    temp=np.zeros(img.shape,np.uint8)
    contoursImg.append(temp)
    contoursImg[i]=cv2.drawContours(contoursImg[i],contours,
i,255,3)
    cv2.imshow("Contours["+str(i)+"]",contoursImg[i])
print("观察各个轮廓的矩(moments):")
for i in range(n):
    print("轮廓"+str(i)+"的矩:\n",cv2.moments(contours[i]))
print("观察各个轮廓的面积:")
for i in range(n):
    print("轮廓"+str(i)+"的面积:%d"%cv2.moments(contours[i])["m00"])
```

```
cv2.waitKey()
cv2.destroyAllWindows()
```

2）计算轮廓的面积

cv2.contourArea() 函数用于计算轮廓的面积。该函数的语法格式如下：

```
retval=cv2.contourArea(contour[,oriented])
```

cv2.contourArea() 函数的参数如图 2-4-43 所示。

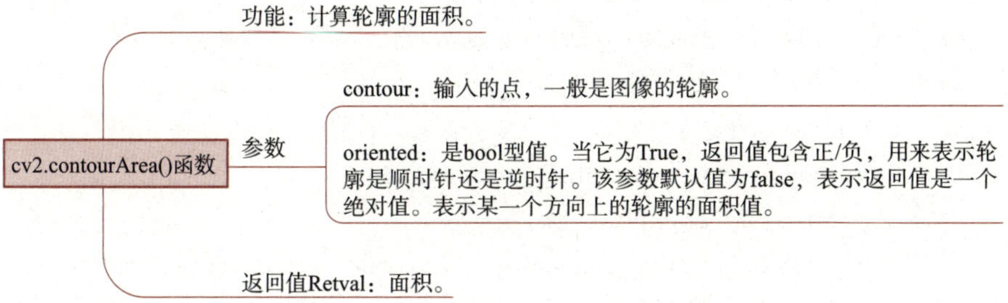

```
                  ┌─ 功能：计算轮廓的面积。
                  │
                  │         ┌─ contour：输入的点，一般是图像的轮廓。
cv2.contourArea()函数 ─┼─ 参数 ─┤
                  │         └─ oriented：是bool型值。当它为True，返回值包含正/负，用来表示轮
                  │            廓是顺时针还是逆时针。该参数默认值为false，表示返回值是一个
                  │            绝对值。表示某一个方向上的轮廓的面积值。
                  │
                  └─ 返回值Retval：面积。
```

图 2-4-43 cv2.contourArea() 函数的参数

3）计算轮廓的长度

cv2.arcLength() 函数用于计算轮廓的长度。该函数的语法格式为：

```
retval=cv2.arcLength(curve,closed)
```

cv2.arcLength() 函数的参数如图 2-4-44 所示。

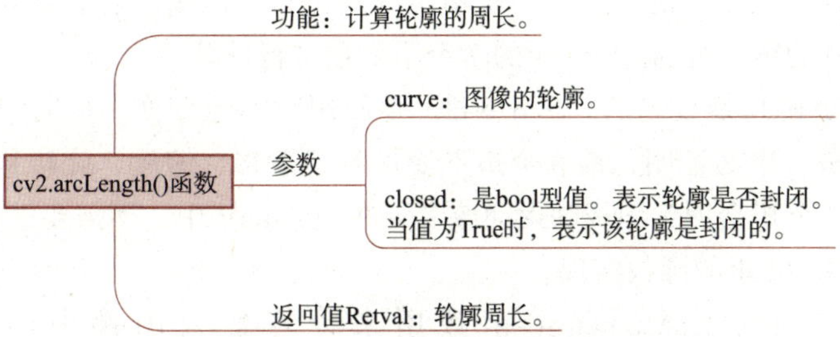

```
                 ┌─ 功能：计算轮廓的周长。
                 │
                 │         ┌─ curve：图像的轮廓。
cv2.arcLength()函数 ─┼─ 参数 ─┤
                 │         └─ closed：是bool型值。表示轮廓是否封闭。
                 │            当值为True时，表示该轮廓是封闭的。
                 │
                 └─ 返回值Retval：轮廓周长。
```

图 2-4-44 cv2.arcLength() 函数的参数

✪ 练一练

✪ 知识应用练一练：将一幅图像内长度大于平均值的轮廓显示出来。

```
import cv2
import numpy as np
img=cv2.imread('hehua.jpg')
cv2.imshow("original",img)
gray=cv2.cvtColor(img,cv2.COLOR_BGR2GRAY)
ret,binary=cv2.threshold(gray,127,255,cv2.THRESH_BINARY)
contours,hierarchy=cv2.findContours(binary,cv2.RETR_EXTERNAL,
cv2.CHAIN_APPROX_SIMPLE)
```

```
n =len(contours)
cntLen=[]
for i in range(n):
    cntLen.append(cv2.arcLength(contours[i],True))
    print("第"+str(i)+"个轮廓的长度：%d"%cntLen[i])
cntLenSum=np.sum(cntLen)
cntLenAvr=cntLenSum/n
print("轮廓的总长度为：%d"%cntLenSum)
print("轮廓的平均长度为：%d"%cntLenAvr)
contoursImg=[]
for i in range(n):
    temp=np.zeros(gray.shape,np.uint8)
    contoursImg.append(temp)
    contoursImg[i]=cv2.drawContours(contoursImg[i],contours,i,(255,255,255),3)
    if cv2.arcLength(contours[i],True)>cntLenAvr:
        cv2.imshow("contours["+str(i)+"]",contoursImg[i])
cv2.waitKey()
cv2.destroyAllWindows()
```

4）Hu 矩

中心矩具有很不错的特性，但是不足以用于特征匹配。若想计算对平移、缩放和旋转不变的矩，可通过 Hu 矩的 7 个不变量进行计算。

Hu 矩（更确切地说是 Hu 矩不变量）是使用对图像变换不变的中心矩计算的一组 7 个变量。事实证明，前 6 个矩不变量对于平移、缩放、旋转和映射都是不变的。而第 7 个矩会因为图像映射而改变。在 OpenCV 中，不需要进行所有计算，可以通过计算 Hu 矩的函数实现。

在 OpenCV 中，HuMoments() 函数用来计算输入图像中的 Hu 矩。cv2.HuMoments() 函数的语法格式是：

```
hu=cv2.HuMoments(m)
```

cv2.HuMoments() 函数时参数如图 2-4-45 所示。

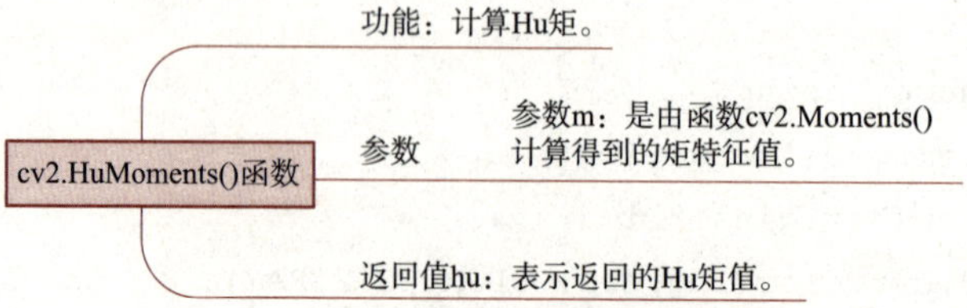

功能：计算Hu矩。

cv2.HuMoments()函数 —— 参数 —— 参数m：是由函数cv2.Moments()计算得到的矩特征值。

返回值hu：表示返回的Hu矩值。

图 2-4-45　cv2.HuMoments() 函数的参数

cv2.MatchShape() 函数允许提供两个对象，对二者的 Hu 矩进行比较。这两个对象可以是轮廓，也可以是灰度图像，cv2.MatchShape() 函数都会计算出矩值。cv2.MatchShape() 函数的语法格式如下：

```
retval =cv2.MatchShape(contour1,contour2,method,parameter)
```

cv2.MatchShape() 函数的参数如图 2-4-46 所示。

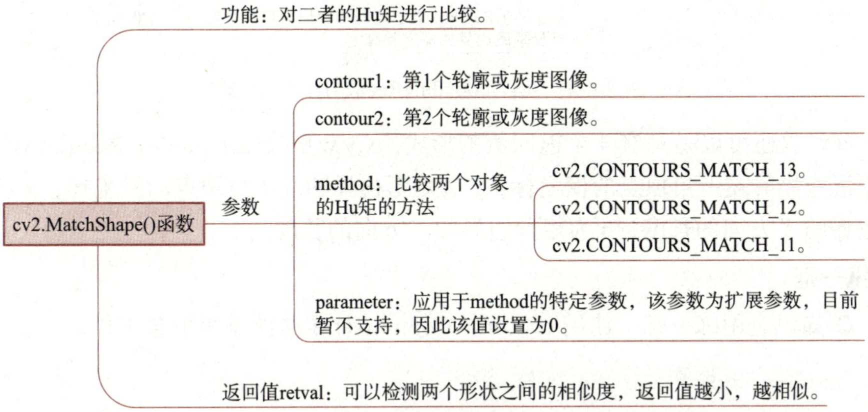

- cv2.MatchShape()函数
  - 功能：对二者的Hu矩进行比较。
  - 参数
    - contour1：第1个轮廓或灰度图像。
    - contour2：第2个轮廓或灰度图像。
    - method：比较两个对象的Hu矩的方法
      - cv2.CONTOURS_MATCH_I3。
      - cv2.CONTOURS_MATCH_I2。
      - cv2.CONTOURS_MATCH_I1。
    - parameter：应用于method的特定参数，该参数为扩展参数，目前暂不支持，因此该值设置为0。
  - 返回值retval：可以检测两个形状之间的相似度，返回值越小，越相似。

图 2-4-46　cv2.MatchShape() 函数的参数

完成上述学习资料的学习后，根据自己的学习情况进行归纳总结，并填写学习笔记，见表 2-4-7。

表 2-4-7　学习笔记

主题	
内容	问题与重点
总结：	

4.5.5　图像轮廓拟合

在计算轮廓时，可能并不需要实际的轮廓，而仅需要一个接近于轮廓的近似多边形。在 OpenCV 中，提供了多种计算轮廓近似多边形的方法。

1. 矩形包围框

cv2.boundingRect() 函数能够绘制轮廓的矩形边界。该函数的语法格式如下：

```
retval =cv2.boundingRect(array)
```

cv2.boundingRect() 函数的参数如图 2-4-47 所示。

```
                    ┌── 功能：绘制轮廓的矩形边界。
                    │
cv2.boundingRect()函数 ──┼── 参数  Array：是灰度图像或轮廓。
                    │
                    └── 返回值Retval：表示返回的矩形边界左上角顶点的坐标值
                         及矩形边界的宽度和高度。
```

图 2-4-47　cv2.boundingRect() 函数的参数

该函数还可以是具有 4 个返回值的形式：x,y,w,h =cv2.boundingRect(array)。x 为矩形边界的左上角顶点的横坐标；y 为矩形边界的左上角顶点的纵坐标，w 为矩形边界的 *X* 方向的长度，h 为矩形边界的 *Y* 方向的长度。

✪ 练一练

✪ 知识应用练一练：使用 cv2.drawContours() 函数绘制矩形包围框。

```python
import cv2
import numpy as np
img=cv2.imread('hehua.jpg')
cv2.imshow("original",img)
gray=cv2.cvtColor(img,cv2.COLOR_BGR2GRAY)
ret,binary=cv2.threshold(gray,127,255,cv2.THRESH_BINARY)
contours,hierarchy=cv2.findContours(binary,cv2.RETR_EXTERNAL,
cv2.CHAIN_APPROX_SIMPLE)
x,y,w,h =cv2.boundingRect(contours[0])
brcnt =np.array([[[x,y]],[[x+w,y]],[[x+w,y+h]],[[x,y+h]]])
cv2.drawContours(img,[brcnt],-1,(0,0,255),2)
cv2.imshow("result",img)
cv2.waitKey()
cv2.destroyAllWindows()
```

输出结果如图 2-4-48 所示。

（a）原始图像　　　　　　　　（b）图像轮廓的矩形包围框

图 2-4-48　使用 cv2.drawContours() 函数绘制图像轮廓的矩形包围框

2. 最小包围矩形框

cv2.minAreaRect() 函数能够绘制轮廓的最小包围矩形框。该函数的语法格式如下：

```
retval =cv2.minAreaRect(points)
```

cv2.minAreaRect() 函数的参数如图 2-4-49 所示。

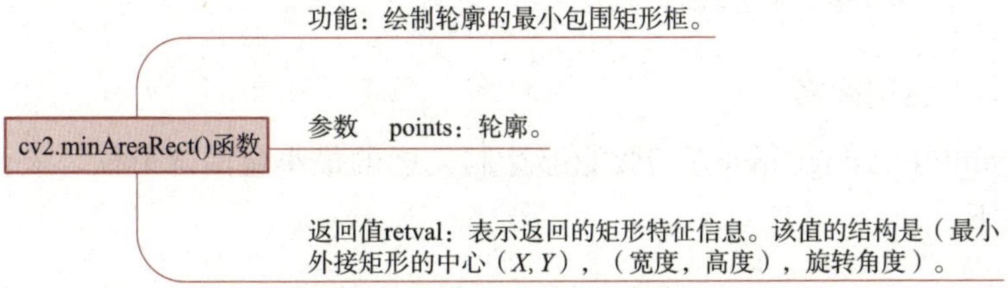

cv2.minAreaRect()函数
- 功能：绘制轮廓的最小包围矩形框。
- 参数　points：轮廓。
- 返回值retval：表示返回的矩形特征信息。该值的结构是（最小外接矩形的中心（X,Y），（宽度，高度），旋转角度）。

图 2-4-49　cv2.minAreaRect() 函数的参数

注意：返回值 retval 的结构不符合 cv2.drawContours() 函数的参数结构要求，因此，必须将其转换为符合要求的结构，才能使用。cv2.boxPoints() 函数能够将上述返回值 retval 转换为符合要求的结构。函数的语法格式如下：

```
points =cv2.boxPoints(box)
```

cv2.boxPoints() 函数的参数如图 2-4-50 所示。

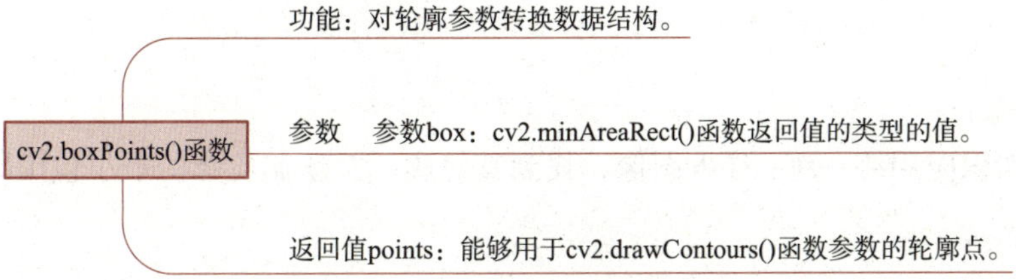

cv2.boxPoints()函数
- 功能：对轮廓参数转换数据结构。
- 参数　参数box：cv2.minAreaRect()函数返回值的类型的值。
- 返回值points：能够用于cv2.drawContours()函数参数的轮廓点。

图 2-4-50　cv2.boxPoints() 函数的参数

✪ 练一练

❖ 知识应用练一练：使用 cv2.minAreaRect() 函数计算图像的最小包围矩形框。

```
mport cv2
import numpy as np
img=cv2.imread('hehua.jpg')
cv2.imshow("original",img)
gray=cv2.cvtColor(img,cv2.COLOR_BGR2GRAY)
ret,binary=cv2.threshold(gray,127,255,cv2.THRESH_BINARY)
contours,hierarchy=cv2.findContours(binary,cv2.RETR_EXTERNAL,
cv2.CHAIN_APPROX_SIMPLE)
rect =cv2.minAreaRect(contours[0])
print("返回值rect:\n",rect)
```

```
points=cv2.boxPoints(rect)
print("\n 转换后的 points:\n",points)
points=np.int0(points)
image =cv2.drawContours(img,[points],0,(255,255,255),2)
cv2.imshow("result",img)
cv2.waitKey()
cv2.destroyAllWindows()
```

3. 最小包围圆形

cv2.minEnclosingCircle() 函数能够绘制轮廓的最小包围圆形框。该函数的语法格式如下：

```
center,radius =cv2.minEnclosingCircle(points)
```

cv2.minEnclosingCircle() 函数的参数如图 2-4-51 所示。

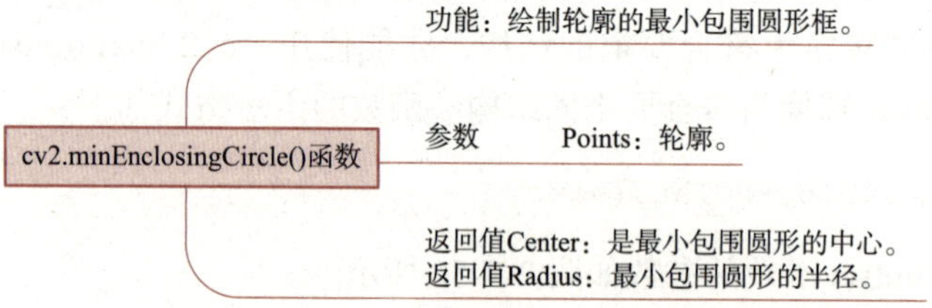

```
                                  功能：绘制轮廓的最小包围圆形框。
cv2.minEnclosingCircle()函数 ─┤  参数        Points：轮廓。
                                  返回值Center：是最小包围圆形的中心。
                                  返回值Radius：最小包围圆形的半径。
```

图 2-4-51　cv2.minEnclosingCircle() 函数的参数

✪ 练一练

✪ 知识应用练一练：导入图像，找到其轮廓，并绘制轮廓的最小包围圆形框

```
import cv2
import numpy as np
img = cv2.pyrDown(cv2.imread("hehua.jpg", cv2.IMREAD_UNCHANGED))
ret, thresh = cv2.threshold(cv2.cvtColor(img.copy(), cv2.COLOR_BGR2GRAY), 127, 255, cv2.THRESH_BINARY)
contours, hierarchy = cv2.findContours(thresh, cv2.RETR_EXTERNAL, cv2.CHAIN_APPROX_SIMPLE)
for c in contours:
    x, y, w, h = cv2.boundingRect(c)
    cv2.rectangle(img, (x, y), (x + w, y + h), (0, 255, 0), 2)
    rect = cv2.minAreaRect(c)
    box = cv2.boxPoints(rect)
    box = np.int0(box)
    cv2.drawContours(img, [box], 0, (0, 0, 255), 3)
    (x, y), radius = cv2.minEnclosingCircle(c)
    center = (int(x), int(y))
```

```
    radius = int(radius)
    img = cv2.circle(img, center, radius, (0, 255, 0), 2)
cv2.drawContours(img, contours, -1, (255, 0, 0), 2)
cv2.imshow("contours", img)
cv2.waitKey()
cv2.destroyAllWindows()
```

输出结果如图 2-4-52 所示。

图 2-4-52 绘制图像轮廓的最小包围圆形框

4. 最优拟合椭圆

cv2.fitEllipse() 函数能够绘制轮廓的最优拟合椭圆。该函数的语法格式如下：

```
retval =cv2.fitEllipse(points)
```

cv2.fitEllipse() 函数的参数如图 2-4-53 所示。

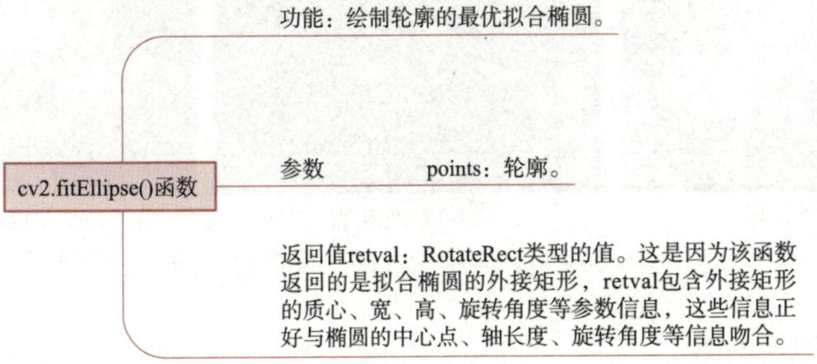

图 2-4-53 cv2.fitEllipse() 函数的参数

✪ 练一练

✪ 知识应用练一练：导入图像，提取轮廓，并绘制轮廓的最优拟合椭圆。

```
import cv2
```

```python
import numpy as np
def canny_demo(image):
    t = 80
    canny_output = cv2.Canny(image, t, t * 2)
    cv2.imshow("canny", canny_output)
    return canny_output
src = cv2.imread("hehua.jpg")
cv2.namedWindow("input", cv2.WINDOW_AUTOSIZE)
cv2.imshow("input", src)
binary = canny_demo(src)
k = np.ones((3, 3), dtype=np.uint8)
binary = cv2.morphologyEx(binary, cv2.MORPH_DILATE, k)
contours, hierarchy = cv2.findContours(binary, cv2.RETR_EXTERNAL,
cv2.CHAIN_APPROX_SIMPLE)
for c in range(len(contours)):
    (cx, cy), (a, b), angle = cv2.fitEllipse(contours[c])
    cv2.ellipse(src, (np.int32(cx), np.int32(cy)),
                (np.int32(a/2), np.int32(b/2)), angle, 0, 360,
(0, 0, 255), 2, 8, 0)
cv.imshow("contours_Ellipse", src)
cv.waitKey(0)
cv.destroyAllWindows()
```

输出结果如图 2-4-54 所示。

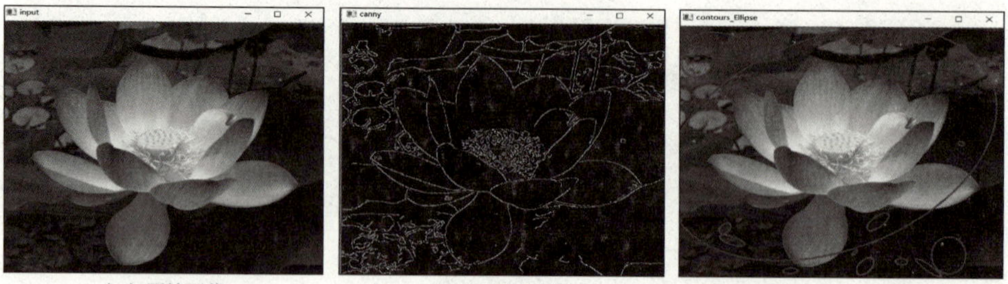

（a）原始图像　　　　　　（b）图像轮廓　　　　　（c）图像轮廓的最优拟合椭圆

图 2-4-54　绘制轮廓的最优拟合椭圆

5. 最优拟合直线

cv2.fitLine() 函数能够绘制轮廓的最优拟合直线。该函数的语法格式如下：

```
line = cv2.fitLine(points,distType,param,reps,aeps)
```

cv2.fitLine() 函数的参数如图 2-4-55 所示。

项目 2　处理计算机视觉应用图像

cv2.fitLine()函数

- 功能：绘制轮廓的最优拟合直线。
- 参数
  - 参数Points：轮廓。
  - param：距离参数，与所选的距离类型有关。此参数被设置为0时，该函数会自动选择最优值。
  - distType：距离类型
    - cv2.DIST_USER：用户定义距离。
    - cv2.DIST_L1：distance=|x1−x2|+|y1−y2|。
    - cv2.DIST_L2：欧氏距离。
    - cv2.DIST_C：distance=max(|x1−x2|, |y1−y2|)。
    - cv2.DIST_L12：distance=2(sqrt(1+x*x/2)−1))。
    - cv2.DIST_FAIR：distance=c2(|x|/c−log(1+|x|/c))，c=1.3998。
    - cv2.DIST_WELSCH：distance=c^2/2(1−exp(−(x/c)^2))，c=2.9846。
    - cv2.DIST_HUBER：distance=|x|<c?x^2/2:c(|x|−c/2)，c=1.345。
  - reps：用于拟合直线所需要的径向精度，通常该值设定为0.01。
  - aeps：用于拟合直线所需要的角度精度，通常该值设定为0.01。
- 返回值Line：表示返回的最优拟合直线参数。

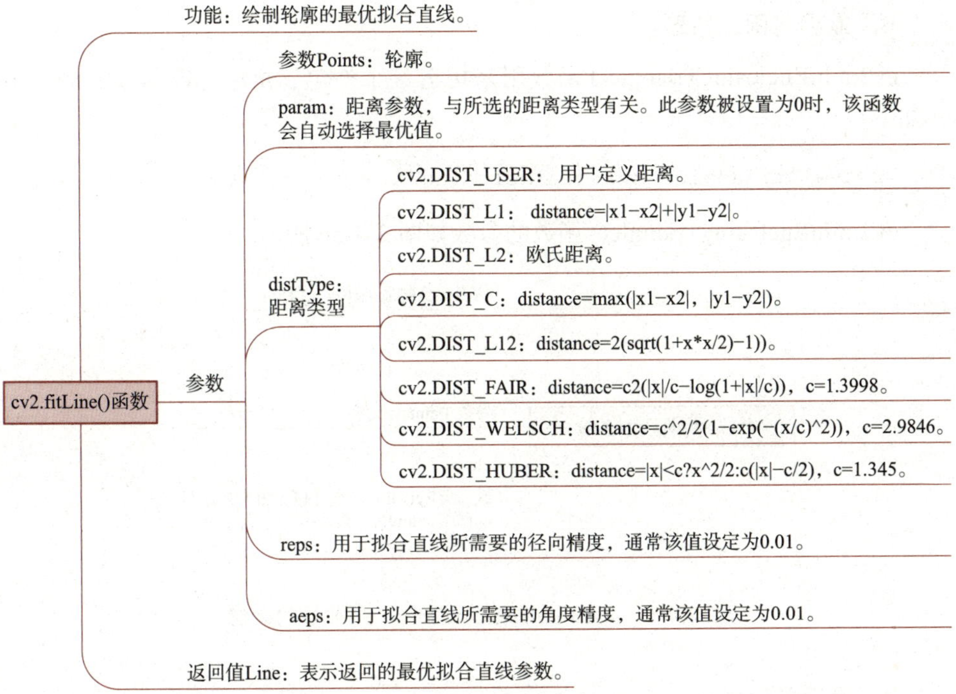

图 2-4-55　cv2.fitLine() 函数的参数

✪ 练一练

✪ 知识应用练一练：使用 cv2.fitLine() 函数构造最优拟合直线。

```
import cv2
import numpy as np
img=cv2.imread('hehua.jpg')
cv2.imshow("original",img)
gray=cv2.cvtColor(img,cv2.COLOR_BGR2GRAY)
ret,binary=cv2.threshold(gray,127,255,cv2.THRESH_BINARY)
contours,hierarchy=cv2.findContours(binary,cv2.RETR_EXTERNAL,
cv2.CHAIN_APPROX_SIMPLE)
r,c=img.shape[:2]
[vx,vy,x,y]=cv2.fitLine(contours[0],cv2.DIST_L2,0,0.01,0.01)
lefty=int((-x*vy/vx)+y)
righty=int(((c-x)*vy/vx)+y)
cv2.line(img,(c-1,righty),(0,lefty),(0,255,0),2)
cv2.imshow("result",img)
cv2.waitKey()
cv2.destroyAllWindows()
```

6. 最小包围三角形

cv2.minEnclosingTriangle() 函数用来构造最小外包三角形。该函数的语法格式如下：

```
retval,triangle =cv2.minEnclosingTriangle(points)
```

cv2.minEnclosingTriangle() 函数的参数如图 2-4-56 所示。

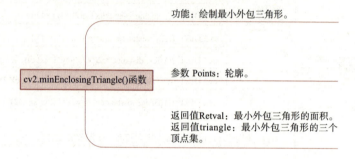

图 2-4-56　cv2.minEnclosingTriangle() 函数的参数

7. 逼近多边形

cv2.approxPolyDP() 函数用来构造指定精度的逼近多边曲线。该函数的语法格式如下：

```
approxCurve =cv2.approxPolyDP(curve,epsilon,closed)
```

cv2.approxPolyDP() 函数的参数如图 2-4-57 所示。

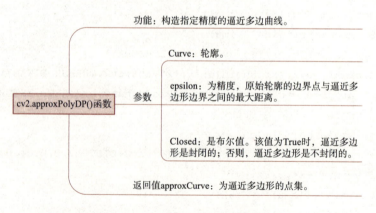

图 2-4-57　cv2.approxPolyDP() 函数的参数

完成上述学习资料的学习后，根据自己的学习情况进行归纳总结，并填写学习笔记，见表 2-4-8。

表2-4-8 学习笔记

主题	
内容	问题与重点
总结：	

4.5.6 分水岭算法图像分割

图像分割就是把图像分成若干特定的、具有独特性质的区域并提出感兴趣目标的技术和过程。它是由图像处理到图像分析的关键步骤。现有的图像分割方法主要分为以下几类：基于阈值的分割方法、基于区域的分割方法、基于边缘的分割方法以及基于特定理论的分割方法等。

分水岭算法是一种图像区域分割法，在分割的过程中，它会把临近像素间的相似性作为重要的参考依据，从而将在空间位置上相近并且灰度值相近的像素点互相连接起来构成一个封闭的轮廓，封闭性是分水岭算法的一个重要特征。其他图像分割方法，如阈值、边缘检测等都不会考虑像素在空间关系上的相似性和封闭性这一概念，彼此像素间互相独立，没有统一性。分水岭算法较其他分割方法更具有思想性，更符合人眼对图像的印象。

任意的灰度图像可以被看作地质学表面，高亮度的地方是山峰，低亮度的地方是山谷。给每个孤立的山谷（局部最小值）不同颜色的水（标签），当水涨起来，根据周围的山峰（梯度），不同的山谷也就是不同的颜色会开始合并，要避免这个，可以在水要合并的地方建立障碍，直到所有山峰都被淹没。所创建的障碍就是分割结果，这个就是分水岭的原理。

在 OpenCV 中，可以使用 cv2.watershed() 函数实现分水岭算法。在具体的实现过程中，还需要借助于形态学函数、距离变换函数 cv2.distanceTransform()、cv2.connectedComponents() 完成图像分割。

1. 距离变换函数 cv2.distanceTransform()

当图像内的各个子图没有连接时，可以直接使用形态学的腐蚀操作确定前景对象，但是如果图像内的子图连接在一起时，就很难确定前景对象了。此时，借助距离变换函数 cv2.distanceTransform() 可以方便地将前景对象取出来。距离变换函数 cv2.distanceTransform() 计算二值图像内任意点到最近背景点的距离。一般情况下，该函数计算的是图像内非零值像素点到最近的零值像素点的距离，即计算

笔记栏

二值图像中所有像素点距离其最近的值为 0 的像素点的距离。当然，如果像素点本身的值为 0，则这个距离也为 0。

距离变换函数 cv2.distanceTransform() 的计算结果反映了各个像素与背景（值为 0 的像素点）的距离关系，通常情况下：

- 如果前景对象的中心（质心）距离为 0 的像素点距离较远，会得到一个较大的值。
- 如果前景对象的边缘距离值为 0 的像素点较近，会得到一个较小的值。

如果对上述计算结果进行阈值化，就可以得到图像到图像内子图的中心、骨架等信息。距离变换函数 cv2.distanceTransform() 可以用于计算对象的中心，还能细化轮廓、获取图像前景等，有多种功能。

cv2.distanceTransform() 函数的语法格式如下：

```
dst =distanceTransform(src,distanceType,maskSize[,dstType])
```

distanceTransform() 函数的参数如图 2-4-58 所示。

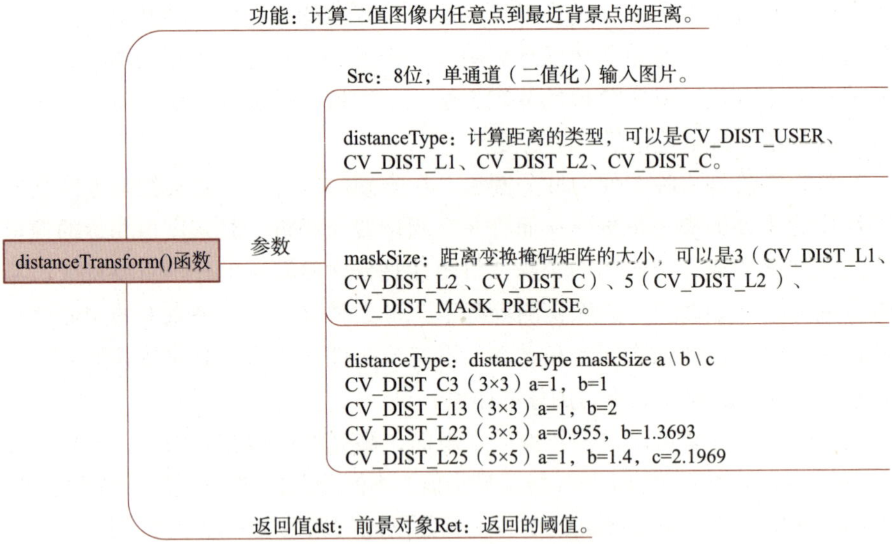
功能：计算二值图像内任意点到最近背景点的距离。
distanceTransform()函数
参数
Src：8位，单通道（二值化）输入图片。
distanceType：计算距离的类型，可以是CV_DIST_USER、CV_DIST_L1、CV_DIST_L2、CV_DIST_C。
maskSize：距离变换掩码矩阵的大小，可以是3（CV_DIST_L1、CV_DIST_L2 、CV_DIST_C）、5（CV_DIST_L2 ）、CV_DIST_MASK_PRECISE。
distanceType：distanceType maskSize a \ b \ c
CV_DIST_C3（3×3）a=1，b=1
CV_DIST_L13（3×3）a=1，b=2
CV_DIST_L23（3×3）a=0.955，b=1.3693
CV_DIST_L25（5×5）a=1，b=1.4，c=2.1969
返回值dst：前景对象Ret：返回的阈值。

图 2-4-58　distanceTransform() 函数的参数

✪ 练一练

✪ 知识应用练一练：使用距离函数 cv2.distanceTransform() 计算一幅图像的确定前景，并观察效果。

```
import cv2
import numpy as np
from matplotlib import pyplot as plt
img =cv2.imread("hehua.jpg")
gray =cv2.cvtColor(img,cv2.COLOR_BGR2GRAY)
ishow=img.copy()
ret,thresh=cv2.threshold(gray,0,255,cv2.THRESH_BINARY_INV+cv2.
THRESH_OTSU)
```

```
kernel =np.ones((3,3),np.uint8)
opening=cv2.morphologyEx(thresh,cv2.MORPH_OPEN,kernel,
iterations=2)
dist_transform=cv2.distanceTransform(opening,cv2.DIST_L2,5)
ret,fore=cv2.threshold(dist_transform,0.7*dist_transform.
max(),255,0)
plt.subplot(131)
plt.imshow(ishow)
plt.axis("off")
plt.subplot(132)
plt.imshow(dist_transform)
plt.axis("off")
plt.subplot(133)
plt.imshow(fore)
plt.axis("off")
```

2. connectComponents() 函数

明确了确定前景后，即可对确定前景图像进行标注。在 OpenCV 中，可以使用 cv2.connectComponents() 函数进行标注。该函数会将背景标注为 0，将其他对象使用从 1 开始的整数标注。

cv2.connectComponents() 函数的语法格式为：

```
retval,labels=cv2.connectComponents(image)
```

cv2.connectComponents() 函数的参数如图 2-4-59 所示。

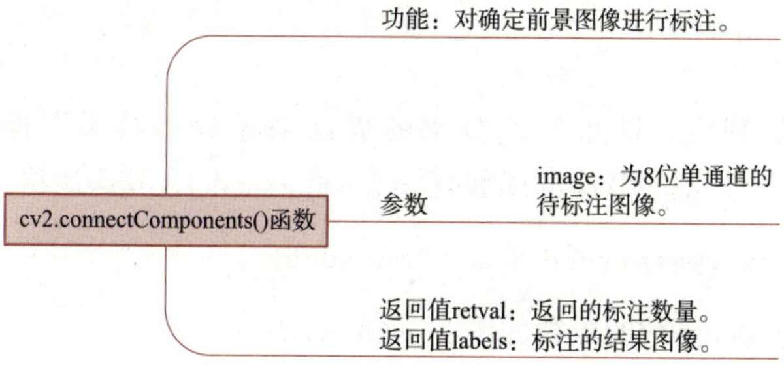

功能：对确定前景图像进行标注。

cv2.connectComponents()函数
- 参数
  - image：为8位单通道的待标注图像。
- 返回值retval：返回的标注数量。
- 返回值labels：标注的结果图像。

图 2-4-59　cv2.connectComponents() 函数的参数

练一练

★ 知识应用练一练：使用 cv2.connectComponents() 函数标注一幅图像，并观察标注的效果。

```
import cv2
import numpy as np
from matplotlib import pyplot as plt
img =cv2.imread("hehua.jpg")
gray =cv2.cvtColor(img,cv2.COLOR_BGR2GRAY)
img =cv2.cvtColor(img,cv2.COLOR_BGR2RGB)
```

```
ishow=img.copy()
ret,thresh=cv2.threshold(gray,0,255,cv2.THRESH_BINARY_INV+cv2.THRESH_OTSU)
kernel =np.ones((3,3),np.uint8)
opening=cv2.morphologyEx(thresh,cv2.MORPH_OPEN,kernel,iterations=2)
sure_bg=cv2.dilate(opening,kernel,iterations=3)
dist_transform=cv2.distanceTransform(opening,cv2.DIST_L2,5)
ret,fore=cv2.threshold(dist_transform,0.7*dist_transform.max(),255,0)
fore =np.uint8(fore)
un =cv2.subtract(bg,fore)
ret,markers =cv2.connectedComponents(fore)
plt.subplot(131)
plt.imshow(ishow)
plt.axis("off")
plt.subplot(132)
plt.imshow(fore)
plt.axis("off")
plt.subplot(133)
plt.imshow(markers)
plt.axis("off")
print(ret)
```

3. cv2.watershed() 函数

完成上述处理后，即可使用分水岭算法对预处理结果图像进行分割。在 OpenCV 中，实现分水岭算法的函数是 cv2.watershed()，其语法格式如下：

```
markers=cv2.watershed(image,markers)
```

cv2.watershed() 函数的参数如图 2-4-60 所示。

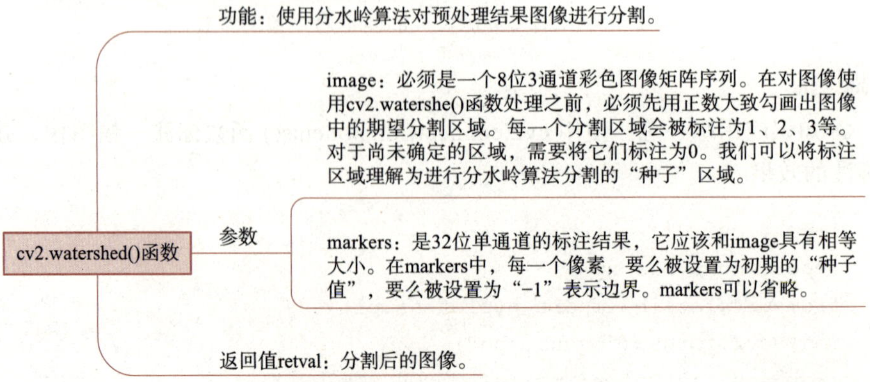

cv2.watershed()函数

功能：使用分水岭算法对预处理结果图像进行分割。

参数：
- image：必须是一个8位3通道彩色图像矩阵序列。在对图像使用cv2.watershe()函数处理之前，必须先用正数大致勾画出图像中的期望分割区域。每一个分割区域会被标注为1、2、3等。对于尚未确定的区域，需要将它们标注为0。我们可以将标注区域理解为进行分水岭算法分割的"种子"区域。
- markers：是32位单通道的标注结果，它应该和image具有相等大小。在markers中，每一个像素，要么被设置为初期的"种子值"，要么被设置为"-1"表示边界。markers可以省略。

返回值retval：分割后的图像。

图 2-4-60 cv2.watershed() 函数的参数

🌟 练一练

⭐ 知识应用练一练：使用分水岭算法对一幅图像进行分割，并观察分割的效果。

```
import cv2
import numpy as np
from matplotlib import pyplot as plt
img =cv2.imread("hehua.jpg")
gray =cv2.cvtColor(img,cv2.COLOR_BGR2GRAY)
img =cv2.cvtColor(img,cv2.COLOR_BGR2RGB)
ishow=img.copy()
ret,thresh=cv2.threshold(gray,0,255,cv2.THRESH_BINARY_INV+cv2.THRESH_OTSU)
kernel =np.ones((3,3),np.uint8)
opening=cv2.morphologyEx(thresh,cv2.MORPH_OPEN,kernel,iterations=2)
sure_bg=cv2.dilate(opening,kernel,iterations=3)
dist_transform=cv2.distanceTransform(opening,cv2.DIST_L2,5)
ret,sure_fg=cv2.threshold(dist_transform,0.7*dist_transform.max(),255,0)
sure_fg =np.uint8(sure_fg)
unknown =cv2.subtract(sure_bg,sure_fg)
ret,markers =cv2.connectedComponents(sure_fg)
markers=markers+1
markers[unknown==255] =0
maskers=cv2.watershed(img,markers)
img[markers==-1] =[255,0,0]
plt.subplot(121)
plt.imshow(ishow)
plt.axis("off")
plt.subplot(122)
plt.imshow(img)
plt.axis("off")
Out[13]:
(-0.5, 251.5, 311.5, -0.5)
```

完成上述学习资料的学习后，根据自己的学习情况进行归纳总结，并填写学习笔记，见表2-4-9。

表 2-4-9　学习笔记

主题	
内容	问题与重点
总结：	

任务 5　图像匹配

　　图像匹配是指通过对图像内容、特征、结构、关系、纹理及灰度等的对应关系、相似性和一致性的分析，寻求相似目标的方法。图像匹配的方法很多，一般分为两大类，一类是基于灰度匹配的方法，另一类是基于特征匹配的方法。基于灰度匹配的方法又称相关匹配算法，用空间二维滑动模板进行图像匹配，不同算法的区别主要体现在模板及相关准则的选择方面。基于特征匹配的方法是在原始图像中提取特征，然后再建立两幅图像之间特征的匹配对应关系。

5.1　任务介绍

　　本任务要求学生在学习知识积累中所列的知识点、收集相关资料的基础上了解图像特征检测与匹配原理，学会利用 OpenCV 实现特征检测，完成图像匹配，任务详细描述见表 2-5-1。

表 2-5-1　详细任务单

任务名称	图像匹配	
建议学时	6 学时	实际学时
任务描述	本任务以孙悟空图像为教学载体，要求学生在学习、收集相关资料的基础上掌握图像特征检测与匹配，对图像进行特征检测与匹配	
任务完成环境	Python 软件、Anaconda3 编辑器、OpenCV	
任务重点	图像特征检测与匹配	
任务要求	① 利用 OpenCV 实现角点检测； ② 利用 OpenCV 完成图像特征检测与匹配	
任务成果	① 导入图像； ② 完成图像特征检测与匹配	

5.2 导　学

请先按照导学信息进行相关知识点的学习，掌握一定的操作技能，然后进行任务的实施，并对实施效果进行自我评价。

本任务知识点和技能的导学见表 2-5-2。

表 2-5-2　图像匹配导学

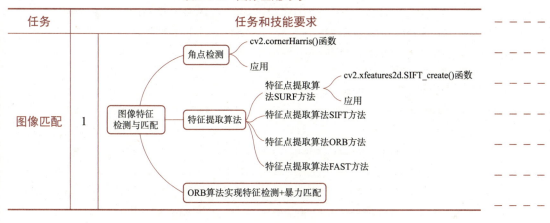

5.3 任务实施

1. 单目标匹配

首先导入一张目标图片和模板图片，完成图像和目标位置图像的匹配。

```
import cv2
target = cv2.imread("666(a).jpg")
template = cv2.imread("666(b).jpg")
theight, twidth = template.shape[:2]
result = cv2.matchTemplate(target,template,cv2.TM_SQDIFF_NORMED)
cv2.normalize( result, result, 0, 1, cv2.NORM_MINMAX, -1 )
min_val, max_val, min_loc, max_loc = cv2.minMaxLoc(result)
strmin_val = str(min_val)
cv2.rectangle(target,min_loc,(min_loc[0]+twidth,min_loc[1]+theight),(0,0,225),2)
cv2.imshow("MatchResult----MatchingValue="+strmin_val,target)
cv2.waitKey()
cv2.destroyAllWindows()
```

2. 模板匹配 Template Matching——多目标匹配

首先导入一张目标图片和模板图片，完成图像和目标位置图像的匹配。

```
import cv2
```

视　频

图像匹配

```python
import numpy
target = cv2.imread("666(a).jpg")
template = cv2.imread("666(b).jpg")
theight, twidth = template.shape[:2]
result = cv2.matchTemplate(target,template,cv2.TM_SQDIFF_NORMED)
min_val, max_val, min_loc, max_loc = cv2.minMaxLoc(result)
cv2.rectangle(target,min_loc,(min_loc[0]+twidth,min_loc[1]+theight),(0,0,225),2)
strmin_val = str(min_val)
temp_loc = min_loc
other_loc = min_loc
numOfloc = 1
threshold = 0.01
loc = numpy.where(result<threshold)
for other_loc in zip(*loc[::-1]):
    if (temp_loc[0]+5<other_loc[0])or(temp_loc[1]+5<other_loc[1]):
        numOfloc = numOfloc + 1
        temp_loc = other_loc
        cv2.rectangle(target,other_loc,(other_loc[0]+twidth,other_loc[1]+theight),(0,0,225),2)
str_numOfloc = str(numOfloc)
strText = "MatchResult----MatchingValue="+strmin_val+"----NumberOfPosition="+str_numOfloc
cv2.imshow(strText,target)
cv2.waitKey()
cv2.destroyAllWindows()
```

3. 特征提取

（1）检测 Oriented FAST 角点位置。

（2）根据角点位置计算 BRIEF 描述子。

4. 特征匹配

（1）对两幅图像中的 BRIEF 描述子进行匹配，使用 Hamming 距离。

（2）匹配点对筛选。找出所有匹配之间的最小距离和最大距离，即最相似的和最不相似的两组点之间的距离，当描述子之间的距离大于两倍的最小距离时，即认为匹配有误。但有时候最小距离会非常小，设置一个经验值 30 作为下限。

5. 绘制匹配结果

绘制 ORB 特征点、所有匹配点对和优化后的匹配点对。

5.4 任务评价与总结

上述任务完成后,填写下表,对知识点掌握情况进行自我评价,并进行学习总结,评价表见表 2-5-3。

表 2-5-3 评价总结表

任务知识点自我测评与总结			
考核项目	任务知识点	自我评价	学习总结
图像特征检测与匹配	角点检测	☐ 没有掌握 ☐ 基本掌握 ☐ 完全掌握	
	特征提取算法	☐ 没有掌握 ☐ 基本掌握 ☐ 完全掌握	
	ORB 算法实现特征检测 + 暴力匹配	☐ 没有掌握 ☐ 基本掌握 ☐ 完全掌握	

5.5 知识积累

图像特征检测与匹配

特征检测是计算机对一张图像中最为明显的特征进行识别检测并将其勾画出来。大多数特征检测都会涉及图像的角点、边和斑点的识别、物体的对称轴等。

1. 角点检测

在 OpenCV 中,角点检测由 cornerHarris() 函数实现,其语法格式如下:

```
cv2.cornerHarris(src=gray, blockSize=9, ksize=23, k=0.04)
```

cv2.cornerHarris() 函数的参数如图 2-5-1 所示。

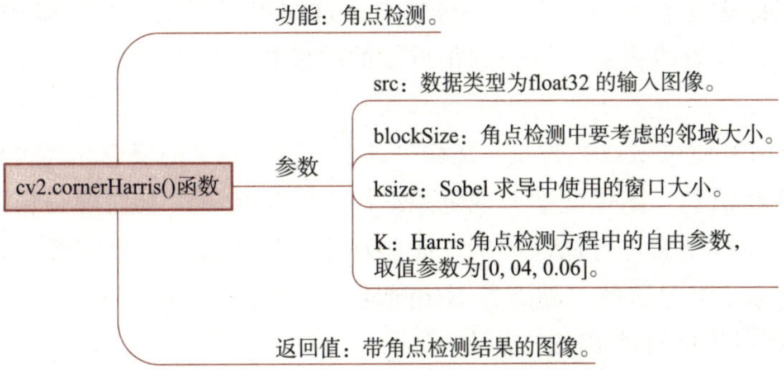

cv2.cornerHarris()函数
- 功能:角点检测。
- 参数:
  - src:数据类型为 float32 的输入图像。
  - blockSize:角点检测中要考虑的邻域大小。
  - ksize:Sobel 求导中使用的窗口大小。
  - K:Harris 角点检测方程中的自由参数,取值参数为[0, 04, 0.06]。
- 返回值:带角点检测结果的图像。

图 2-5-1 cv2.cornerHarris() 函数的参数

✪ 练一练

✪ 知识应用练一练:对一幅图像完成角点检测,并观察检测的效果。

```
import cv2
import numpy as np
img = cv2.imread("hehua.jpg")
cv2.imshow("org",img)
gray = cv2.cvtColor(img, cv2.COLOR_BGR2GRAY)
gray = np.float32(gray)
dst = cv2.cornerHarris(src=gray, blockSize=9, ksize=23, k=0.04)
a = dst>0.01 * dst.max()
img[a] = [0, 0, 255]
while (True):
    cv2.imshow('corners', img)
    if cv2.waitKey(120) & 0xff == ord("q"):
        break
cv2.destroyAllWindows()
```

输出结果如图 2-5-2 所示。

（a）原始图像　　　　　　　　（b）角点检测结果

图 2-5-2　角点检测

2. 特征提取算法

一幅图像中总存在着其独特的像素点，这些点可以认为是这幅图像的特征，称为特征点，计算机视觉领域中的很重要的图像特征匹配就是以特征点为基础而进行的。

在计算机视觉领域，兴趣点（又称关键点或特征点）的概念已经得到了广泛应用，包括目标识别、图像配准、视觉跟踪、三维重建等。其原理是从图像中选取某些特征点并对图像进行局部分析，而非观察整幅图像。只要图像中有足够多可检测的兴趣点，并且这些兴趣点各不相同且特征稳定，能被精确定位。

1）特征点提取算法 SURF 方法

SURF（Speeded Up Robust Feature，加速稳健特征）不仅是尺度不变特征，而且是具有较高计算效率的特征。

为了排除因为图像遮挡和背景混乱而产生的无匹配关系的关键点，SIFT 提出了比较最近邻距离与次近邻距离的 SIFT 匹配方式：取一幅图像中的一个 SIFT 关键点，并找出其与另一幅图像中欧式距离最近的前两个关键点，在这两个关键点中，如果最近的距离除以次近的距离得到的比率小于某个阈值 T，则接受这一对匹配点。因为对于错误匹配，由于特征空间的高维性，相似的距离可能有大量其他错误匹配，从而它的 ratio 值比较高。显然降低这个比例阈值 T，SIFT 匹配点数目会减少，但更加稳定，反之亦然。

在 OpenCV 中，实现 SURF 方法的函数语法格式如下：

```
sift = cv2.xfeatures2d.SIFT_create(hessianThreshold, nOctaves, nOctaveLayers, extended, upright)
```

cv2.xfeatures2d.SIFT_create() 函数的参数如图 2-5-3 所示。

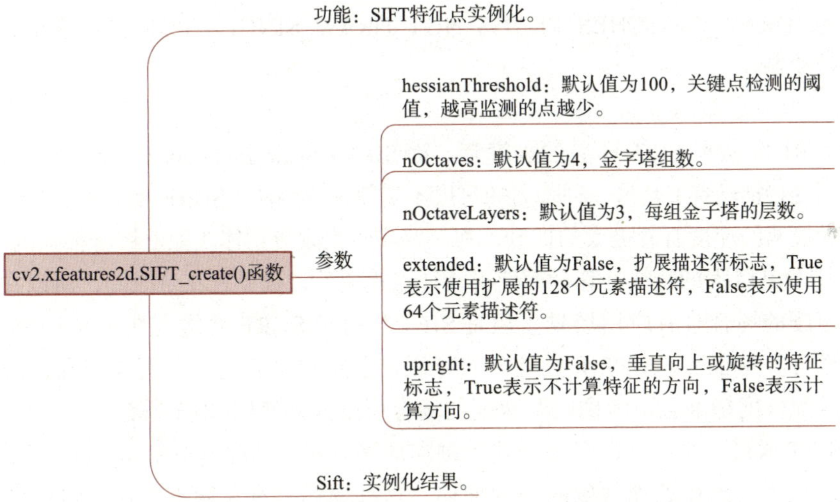

cv2.xfeatures2d.SIFT_create()函数 —— 功能：SIFT特征点实例化。

参数：
- hessianThreshold：默认值为100，关键点检测的阈值，越高监测的点越少。
- nOctaves：默认值为4，金字塔组数。
- nOctaveLayers：默认值为3，每组金字塔的层数。
- extended：默认值为False，扩展描述符标志，True 表示使用扩展的128个元素描述符，False表示使用64个元素描述符。
- upright：默认值为False，垂直向上或旋转的特征标志，True表示不计算特征的方向，False表示计算方向。

Sift：实例化结果。

图 2-5-3　cv2.xfeatures2d.SIFT_create() 函数的参数

可以通过 getHessianThreshold()、setHessianThreshold() 等函数获取或修改上述参数值，例如

surf.setHessianThreshold(True) 表示将 HessianThreshold 参数修改为 True。

绘制特征点的函数为：

```
outImage = cv2.drawKeypoint(image, keypoints, None, color, flags)
```

cv2.drawKeypoint() 函数的参数如图 2-5-4 所示。

flags 绘制点有以下四种模式：

cv2.DRAW_MATCHES_FLAGS_DEFAULT：默认值，只绘制特征点的坐标点，显示在图像上就是一个个小圆点，每个小圆点的圆心坐标都是特征点的坐标。

cv2.DRAW_MATCHES_FLAGS_DRAW_RICH_KEYPOINTS：绘制特征点时绘制的是带有方向的圆，这种方法同时显示图像的坐标 size 和方向，是最能显示特征的一种绘制方式。

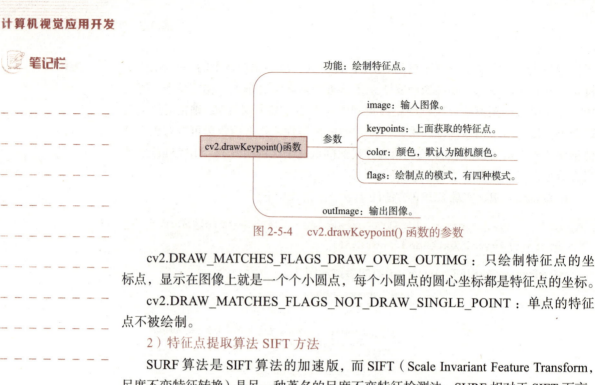

图 2-5-4　cv2.drawKeypoint() 函数的参数

cv2.DRAW_MATCHES_FLAGS_DRAW_OVER_OUTIMG：只绘制特征点的坐标点，显示在图像上就是一个个小圆点，每个小圆点的圆心坐标都是特征点的坐标。

cv2.DRAW_MATCHES_FLAGS_NOT_DRAW_SINGLE_POINT：单点的特征点不被绘制。

2）特征点提取算法 SIFT 方法

SURF 算法是 SIFT 算法的加速版，而 SIFT（Scale Invariant Feature Transform，尺度不变特征转换）是另一种著名的尺度不变特征检测法。SURF 相对于 SIFT 而言，特征点检测的速度有着极大的提升，在一些实时视频流物体匹配上有着很强的应用。SIFT 因为其巨大的特征计算量而使得特征点提取的过程异常花费时间，所以在一些注重速度的场合难有应用场景。但是 SIFT 相对于 SURF 的优点在于 SIFT 基于浮点内核计算特征点，SIFT 算法检测的特征在空间和尺度定位上更加精确，所以在要求匹配极度精准且不考虑匹配速度的场合可以考虑使用 SIFT 算法。

SIFT 通过一个特征向量来描述关键点周围区域的情况。SIFT 即尺度不变特征变换，是用于图像处理领域的一种描述。这种描述具有尺度不变性，可在图像中检测出关键点，是一种局部特征描述子。在不同的尺度空间上查找关键点，并计算出关键点的方向。具体原理如图 2-5-5 所示。

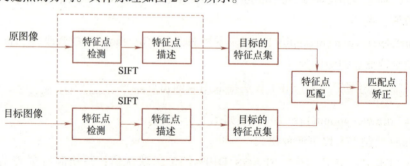

图 2-5-5　SIFT 原理

SIFT 算法实现特征匹配主要有以下三个流程：

（1）提取关键点：关键点是一些十分突出的不会因光照、尺度、旋转等因素而消失的点，比如角点、边缘点、暗区域的亮点以及亮区域的暗点。此步骤是搜索所有尺度空间上的图像位置。通过高斯微分函数识别潜在的具有尺度和旋转不变的兴趣点。

（2）定位关键点并确定特征方向：在每个候选位置上，通过一个拟合精细的模型确定位置和尺度。关键点的选择依据于其稳定程度。然后基于图像局部的梯度方向，分配给每个关键点位置一个或多个方向。所有后面的对图像数据的操作都相对于关键点的方向、尺度和位置进行变换，从而提供对于这些变换的不变性。

（3）通过各关键点的特征向量，进行两两比较，找出相互匹配的若干对特征点，建立景物间的对应关系。

3）特征点提取算法 ORB 方法

ORB（ORiented Brief）是 brief 算法的改进版。ORB 算法比 SIFT 算法快 100 倍，比 SURF 算法快 10 倍。ORB 算法的综合性能在各种测评中较其他特征提取算法是最好的。Brief 的优点在于其速度，其缺点是：

（1）不具备旋转不变性。

（2）对噪声敏感。

（3）不具备尺度不变性。

ORB 算法就是试图解决上述缺点中前两条而提出的一种新概念。值得注意的是，ORB 没有解决尺度不变性。

4）特征点提取算法 FAST 方法

FAST（加速分割测试获得特征，Features from Accelerated Segment Test）专门用来快速检测兴趣点，只需要对比几个像素，就可以判断是否为关键点。

与 Harris 检测器的情况一样，FAST 算法源于对构成角点的定义。FAST 对角点的定义基于候选特征点周围的图像强度值，以某个点为中心作一个圆，根据圆上的像素值判断该点是否为关键点。如果存在这样一段圆弧，它的连续长度超过周长的 3/4，并且它上面所有像素的强度值都与圆心的强度值明显不同（全部更黑或更亮），那么就认定这是一个关键点。

用这个算法检测兴趣点的速度非常快，十分适合需要优先考虑速度的应用。这些应用包括实时视觉跟踪、目标识别等，它们需要在实时视频流中跟踪或匹配多个点。

练一练

✪ 知识应用练一练：SIFT 算法提取图像的角点。

```
import cv2
imgpath = 'hehua.jpg'
img = cv2.imread(imgpath)
gray = cv2.cvtColor(img, cv2.COLOR_BGR2GRAY)
sift = cv2.xfeatures2d.SIFT_create()
keypoints, descriptor = sift.detectAndCompute(gray, None)
img = cv2.drawKeypoints(image=img, outImage=img, keypoints =
keypoints, flags=cv2.DRAW_MATCHES_FLAGS_DEFAULT, color = (51,
```

```
        163, 236))
cv2.imshow('sift_keypoints', img)
while (True):
    if cv2.waitKey(120) & 0xff == ord("q"):
        break
cv2.destroyAllWindows()
```

输出结果如图 2-5-6 所示。

（a）原始图像　　　　　　　　　　（b）图像角点

图 2-5-6　SIFT 算法提取图像的角点

3. ORB 算法实现特征检测 + 暴力匹配

ORB（Oriented Fast and Rotated Brief）可以用来对图像中的关键点快速创建特征向量，这些特征向量可以用来识别图像中的对象。

ORB 首先会从图像中查找特殊区域，称为关键点。关键点即图像中突出的小区域，比如角点，比如它们具有像素值急剧地从浅色变为深色的特征。然后 ORB 会为每个关键点计算相应的特征向量。ORB 算法创建的特征向量只包含 1 和 0，称为二元特征向量。1 和 0 的顺序会根据特定关键点和其周围的像素区域而变化。该向量表示关键点周围的强度模式，因此多个特征向量可以用来识别更大的区域，甚至图像中的特定对象。

ORB 的特点是速度非常快，而且在一定程度上不受噪点和图像变换的影响，例如旋转和缩放变换等。

◎ 练一练

◎ 知识应用练一练 1：编写程序，利用 ORB 算法实现特征检测 + 暴力匹配。

```
import numpy as np
import cv2
from matplotlib import pyplot as plt
img1 = cv2.imread('666(a).jpg',0)
img2 = cv2.imread('666(b).jpg',0)
```

```
orb = cv2.ORB_create()
kp1, des1 = orb.detectAndCompute(img1,None)
kp2, des2 = orb.detectAndCompute(img2,None)
bf = cv2.BFMatcher(normType=cv2.NORM_HAMMING, crossCheck=True)
matches = bf.match(des1,des2)
matches = sorted(matches, key = lambda x:x.distance)
img3 = cv2.drawMatches(img1=img1,keypoints1=kp1,img2=img2,
keypoints2=kp2, matches1to2=matches, outImg=img2, flags=2)
plt.imshow(img3)
plt.show()
```

输出结果如图 2-5-7 所示。

图 2-5-7　ORB 算法实现特征检测 + 暴力匹配

练一练

● 知识应用练一练 1：编写程序，利用 ORB 算法实现特征检测 +KNN 匹配。

```
import cv2
img1 = cv2.imread("666(a).jpg", cv2.IMREAD_GRAYSCALE)
img2 = cv2.imread("666(b).jpg", cv2.IMREAD_GRAYSCALE)
orb = cv2.ORB_create()
keypoint1, desc1 = orb.detectAndCompute(img1, None)
keypoint2, desc2 = orb.detectAndCompute(img2, None)
bf = cv2.BFMatcher(cv2.NORM_HAMMING, crossCheck=True)
matches = bf.knnMatch(desc1, desc2, k=1)
img3 = cv2.drawMatchesKnn(img1, keypoint1, img2, keypoint2,
matches, img2, flags=2)
cv2.imshow("matches", img3)
cv2.waitKey()
cv2.destroyAllWindows()
```

输出结果如图 2-5-8 所示。

图 2-5-8 ORB 算法实现特征检测+KNN 匹配

✪ 知识应用练一练 2：编写程序，实现 FLANN 匹配。

```python
import cv2
img1 = cv2.imread("666(a).jpg", cv2.IMREAD_GRAYSCALE)
img2 = cv2.imread("666(b).jpg", cv2.IMREAD_GRAYSCALE)
sift = cv2.xfeatures2d.SIFT_create()
kp1, des1 = sift.detectAndCompute(img1, None)
kp2, des2 = sift.detectAndCompute(img2, None)
FLANN_INDEX_KDTREE = 0
indexParams = dict(algorithm=FLANN_INDEX_KDTREE, trees=5)
searchParams = dict(checks=50)
flann = cv2.FlannBasedMatcher(indexParams, searchParams)
matches = flann.knnMatch(des1, des2, k=2)
matchesMask = [[0, 0] for i in range(len(matches))]
for i, (m, n) in enumerate(matches):
    if m.distance < 0.7*n.distance:
        matchesMask[i] = [1, 0]
drawPrams = dict(matchColor=(0, 255, 0),
                 singlePointColor=(255, 0, 0),
                 matchesMask=matchesMask,
                 flags=0)
img3 = cv2.drawMatchesKnn(img1, kp1, img2, kp2, matches, None,
**drawPrams)
cv2.imshow("matches", img3)
cv2.waitKey()
cv2.destroyAllWindows()
```

输出结果如图 2-5-9 所示。

图 2-5-9　FLANN 匹配

完成上述学习资料的学习后，根据自己的学习情况进行归纳总结，并填写学习笔记，见表 2-5-4。

表 2-5-4　学习笔记

主题	
内容	问题与重点
总结：	

任务 6　视频采集与处理

在分析图像问题时，由于环境和拍摄自身因素影响，使得所需要的图像存在一定的问题，同时由于操作的要求，需要对图像进行一定的转换，所以，在处理图像之前，要对图像做出预处理，方便后期操作。视频采集与处理主要可分为视频镜头分割、关键帧提取、特征提取三个步骤。

6.1　任务介绍

本任务要求学生在学习知识积累中所列知识点、并收集相关资料的基础上了解如何利用 OpenCV 进行图像处理，如何利用 OpenCV 实现视频信号读取、保存、分帧等，完成图像的处理，为之后图像的特征提取做准备，任务详细描述见表 2-6-1。

表 2-6-1 任务详细单

任务名称	视频采集与处理		
建议学时	6 学时	实际学时	
任务描述	本任务利用 OpenCV 采集一段视频，利用 OpenCV 进行存储、分帧，并对视频分帧的结果进行标注等。让学生了解利用 OpenCV 进行视频处理的方法，为之后图像的特征提取做准备。		
任务完成环境	Python 软件、Anaconda3 编辑器、OpenCV		
任务重点	① 视频采集； ② 图像分帧		
任务要求	① 能利用 OpenCV 进行摄像头捕获、摄像头设置，完成视频采集； ② 能利用 OpenCV 进行视频分帧； ③ 对分帧的视频进行标注		
任务成果	① 采集视频； ② 视频分帧的结果； ③ 视频标注		

6.2 导　学

请先按照导读信息进行相关知识点的学习，掌握一定的操作技能，然后进行任务实施，并对实施效果进行自我评价。

本任务知识点和技能的导学见表 2-6-2。

表 2-6-2 视频采集与处理导学

任务		任务和技能要求		
视频采集与处理	1	视频读入 — 摄像头视频读取	初始化	cv2.VideoCapture ("摄像头ID号") cv2.VideoCapture.isOpende
			打开	cv2.VideoCapture.open()
			帧捕获	cv2.VideoCapture.read()
			释放	cv2.VideoCapture.release()
			属性设置	

项目2 处理计算机视觉应用图像

笔记栏

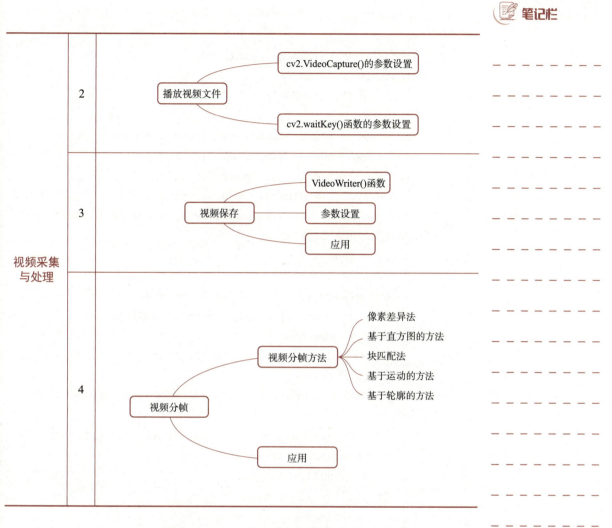

6.3 任务实施

利用 OpenCV 编写程序跟踪目标物体,练习使用摄像头进行视频信息的操作。本任务利用 OpenCV 跟踪某种颜色的物体,具体实现代码如下:

```
from collections import deque
import numpy as np
import cv2
import time
redLower = np.array([170, 100, 100])
redUpper = np.array([179, 255, 255])
mybuffer = 64
pts = deque(maxlen=mybuffer)
camera = cv2.VideoCapture(0)
```

视 频

视频读入

2-147

```python
time.sleep(2)
while True:
    (ret, frame) = camera.read()
    if not ret:
        print('No Camera')
        break
    hsv = cv2.cvtColor(frame, cv2.COLOR_BGR2HSV)
    mask = cv2.inRange(hsv, redLower, redUpper)
    mask = cv2.erode(mask, None, iterations=2)
    mask = cv2.dilate(mask, None, iterations=2)
    cnts = cv2.findContours(mask.copy(), cv2.RETR_EXTERNAL, cv2.CHAIN_APPROX_SIMPLE)[-2]
    center = None
    if len(cnts) > 0:
        c = max(cnts, key = cv2.contourArea)
        ((x, y), radius) = cv2.minEnclosingCircle(c)
        M = cv2.moments(c)
        center = (int(M["m10"]/M["m00"]), int(M["m01"]/M["m00"]))
        if radius > 10:
            cv2.circle(frame, (int(x), int(y)), int(radius), (0, 255, 255), 2)
            cv2.circle(frame, center, 5, (0, 0, 255), -1)
            pts.appendleft(center)
    for i in range(1,len(pts)):
        if pts[i - 1] is None or pts[i] is None:
            continue
        thickness = int(np.sqrt(mybuffer / float(i + 1)) * 2.5)
        cv2.line(frame, pts[i - 1], pts[i], (0, 0, 255), thickness)
    cv2.imshow('Frame', frame)
    k = cv2.waitKey(5)&0xFF
    if k == 27:
        break
camera.release()
cv2.destroyAllWindows()
```

6.4 任务评价与总结

上述任务完成后，填写下表，对知识点掌握情况进行自我评价，并进行学习总结，评价表见表2-6-3。

表 2-6-3 评价总结表

考核项目	任务知识点	自我评价	学习总结
视频读入	初始化	□没有掌握 □基本掌握 □完全掌握	
	打开摄像头	□没有掌握 □基本掌握 □完全掌握	
	帧捕获	□没有掌握 □基本掌握 □完全掌握	
	释放摄像头	□没有掌握 □基本掌握 □完全掌握	
	摄像头属性设置	□没有掌握 □基本掌握 □完全掌握	
视频保存	cv2.VideoWriter()	□没有掌握 □基本掌握 □完全掌握	
	参数设置	□没有掌握 □基本掌握 □完全掌握	
基于轮廓的方法	视频分帧方法	□没有掌握 □基本掌握 □完全掌握	
	视频分帧应用	□没有掌握 □基本掌握 □完全掌握	

6.5 知识积累

6.5.1 视频读入

视频信号是重要的视觉信息来源。视频由一系列图像构成，这些图像称为帧。帧以固定的时间间隔获取（称为帧速率，通常用帧/秒表示）。大多数计算机视觉方面的应用都是基于视频来处理的。视频的处理和图片的处理类似，只不过视频处理需要连续处理一系列图片。一般有两种视频源，一种是获取摄像头视频，另一种是直接加载视频。在 OpenCV 中，提供了 cv2.VideoCapture 类支持摄像头视频读取。cv2.VideoCapture 类的常用函数包括初始化、打开、帧捕获、释放、属性设置等。

1. 初始化

在 OpenCV 中，初始化摄像头的语法格式如下：

```
cap = cv2.VideoCapture("摄像头ID号")
```

其中,"摄像头 ID 号"是摄像设备(摄像头)的 ID 编号,其默认值为 -1,表示随机选取一个摄像头;如果有多个摄像头,则用数字"0"表示第 1 个摄像头,用数字"1"表示第 2 个摄像头。如果只有一个摄像头,既可以使用"0",也可以使用"-1"作为摄像头 ID 编号。

OpenCV 官网在介绍 cv2.VideoCapture() 函数时,特别强调,视频处理完成后,要记得释放摄像头对象。该函数也能够用于初始化视频文件,初始化视频文件时,参数为文件名。此时函数的语法格式如下:

```
cap =cv2.VideoCapture("文件名")
```

2. 获取摄像头参数

OpenCV 中可以用 cap.get(propId) 获取视频的一些参数信息。语法格式如下:

```
retval =cv2.VideoCapture.get(propId)
```

其中,propId 为从 0 ~ 18 的整数,具体代表的视频属性见表 2-6-4。

表 2-6-4　cap.get(propId) 中 propId 值所代表视频的属性

参　　数	参数定义
cv2.VideoCapture.get(0)	视频文件的当前位置(播放),以 ms 为单位
cv2.VideoCapture.get(1)	基于以 0 开始的被捕获或解码的帧索引
cv2.VideoCapture.get(2)	视频文件的相对位置(播放):0= 电影开始,1= 影片的结尾
cv2.VideoCapture.get(3)	视频流的帧的宽度
cv2.VideoCapture.get(4)	视频流的帧的高度
cv2.VideoCapture.get(5)	帧速率
cv2.VideoCapture.get(6)	编解码的 4 字 - 字符代码
cv2.VideoCapture.get(7)	视频文件中的帧数
cv2.VideoCapture.get(8)	返回对象的格式
cv2.VideoCapture.get(9)	返回后端特定的值,该值指示当前捕获模式
cv2.VideoCapture.get(10)	图像的亮度(仅适用于照相机)
cv2.VideoCapture.get(11)	图像的对比度(仅适用于照相机)
cv2.VideoCapture.get(12)	图像的饱和度(仅适用于照相机)
cv2.VideoCapture.get(13)	色调图像(仅适用于照相机)
cv2.VideoCapture.get(14)	图像增益(仅适用于照相机)(Gain 在摄影中表示白平衡提升)
cv2.VideoCapture.get(15)	曝光(仅适用于照相机)
cv2.VideoCapture.get(16)	指示是否应将图像转换为 RGB 布尔标志
cv2.VideoCapture.get(17)	× 暂时不支持
cv2.VideoCapture.get(18)	立体摄像机的矫正标注(目前只有 DC1394 v.2.x 后端支持该功能)

3. 设置摄像头

OpenCV 中设置摄像头的语法格式如下：

```
cv2.VideoCapture().set(propId, value)
```

式中，propId：设置的视频参数，见表 2-6-5。
value：设置的参数。
返回值：bool 值：
- True：不能确保摄像头已接受属性值；
- Flase：摄像头未接受属性值。

表 2-6-5　cap.get(propId) 中 propId 值所代表的作用

capture.set	作　用
capture.set(CV_CAP_PROP_FRAME_WIDTH, 1080);	宽度
capture.set(CV_CAP_PROP_FRAME_HEIGHT, 960);	高度
capture.set(CV_CAP_PROP_FPS, 30);	帧率，帧/秒
capture.set(CV_CAP_PROP_BRIGHTNESS, 1);	亮度
capture.set(CV_CAP_PROP_CONTRAST,40);	对比度，40
capture.set(CV_CAP_PROP_SATURATION, 50);	饱和度，50
capture.set(CV_CAP_PROP_HUE, 50);	色调，50
capture.set(CV_CAP_PROP_EXPOSURE, 50);	曝光，50，获取摄像头参数

4. 检查初始化

一般情况下，使用 cv2.VideoCapture() 函数可完成摄像头的初始化，可以使用 cv2.VideoCapture.isOpened() 函数检查初始化是否成功。

该函数的语法格式如下：

```
retval =cv2.cv2.VideoCapture.isOpened()
```

- 如果成功，则返回值 retval 为 True；
- 如果不成功，则返回值 retval 为 False。

如果摄像头初始化失败，可以使用 cv2.VideoCapture.open() 函数打开摄像头。该函数的语法格式如下：

```
ret=cv2.VideoCapture.open(index)
```

cv2.VideoCapture.open() 函数的参数如图 2-6-1 所示。

同样，cv2.VideoCapture.open() 函数和 cv2.VideoCapture.isOpened() 函数也能用于处理视频文件。在处理视频文件时，函数的参数为文件名，其语法格式如下：

```
ret=cv2.VideoCapture.open(filename)
```

```
                    ┌── 功能：打开摄像头。
cv2.VideoCapture.open()函数 ──┼── 参数 index：摄像头的ID号。
                    └── 返回值ret：当摄像头（或视频文件）
                            被打开成功，返回值为True。
```

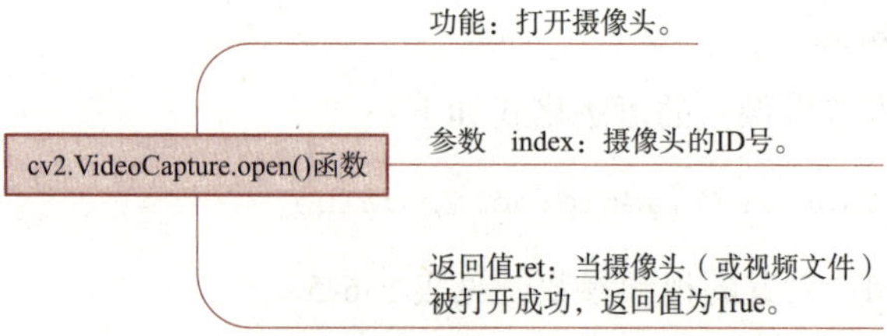

图 2-6-1   cv2.VideoCapture.open() 函数的参数

cv2.VideoCapture.open() 函数播放视频文件的参数如图 2-6-2 所示。

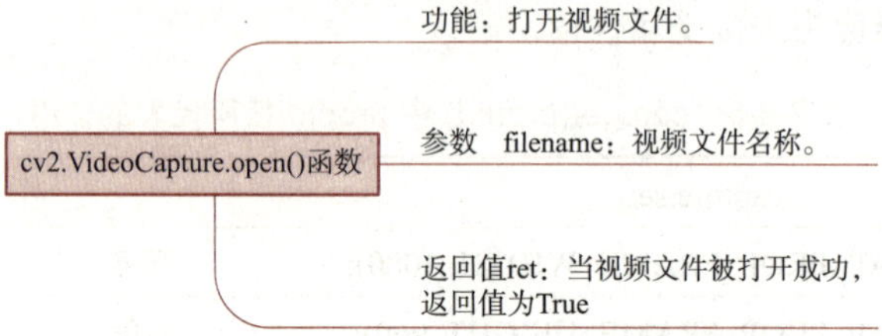

```
                    ┌── 功能：打开视频文件。
cv2.VideoCapture.open()函数 ──┼── 参数 filename：视频文件名称。
                    └── 返回值ret：当视频文件被打开成功，
                            返回值为True
```

图 2-6-2   cv2.VideoCapture.open() 函数的参数

5. 捕获帧

摄像头初始化成功后，即可从摄像头中捕获帧信息。捕获帧所用的函数是 cv2.VideoCapture.read()，其语法格式如下：

```
ret,image=cv2.VideoCapture.read()
```

- image：是返回的捕获的帧，如果没有帧被捕获，则该值为空；
- ret：表示捕获是否成功，如果成功则该值为 True，不成功则为 False。

6. 释放

在不需要摄像头时，要关闭摄像头。关闭摄像头使用 cv2.VideoCapture.release() 函数。该函数的语法格式如下：

```
None=cv2.VideoCapture.release()
```

7. 属性设置

一般情况下，如果需要读取一个摄像头的视频数据，最简便的方法是使用 cv2.VideoCapture.read() 函数。但是，如果需要同步一组或一个多头（multihead）摄像头的视频数据，该函数无法胜任。可以把 cv2.VideoCapture.read() 函数理解为是由 cv2.VideoCapture.grab() 函数和 cv2.VideoCapture.retrieve() 函数组成的。cv2.VideoCapture.grab() 函数用来指向下一帧，cv2.VideoCapture.retrieve() 函数用来解码并返回一帧。因此，可以使用 cv2.VideoCapture.grab() 函数和 cv2.VideoCapture.retrieve() 函数获取多个摄像头的数据。

cv2.VideoCapture.grab() 函数用来指向下一帧，其语法格式如下：

```
retval=cv2.VideoCapture.grab()
```

如果该函数成功指向下一帧，则返回值 retval 为 True。

cv2.VideoCapture.retrieve() 函数用来解码，并返回 cv2.VideoCapture.grab() 函数捕获的视频帧。该函数的语法格式如下：

```
retval,image=cv2.VideoCapture.retrieve()
```

- image 为返回的视频帧，如果未成功，则返回一个空图像。
- retval 为布尔型，若未成功，返回 False；否则，返回 True。

★ 练一练

⬤ 知识应用练一练：使用 cv2.VideoCapture 类捕获摄像头视频。

```
import numpy as np
import cv2
cap =cv2.VideoCapture(0)
while(cap.isOpened()):
    ret,frame=cap.read()
    cv2.imshow("frame",frame)
    c=cv2.waitKey(1)
    if c==27:
        break
cap.release()
cv2.destroyAllWindows()
```

完成上述学习资料的学习后，根据自己的学习情况进行归纳总结，并填写学习笔记，见表 2-6-6。

表 2-6-6　学习笔记

主题	
内容	问题与重点
总结：	

6.5.2 播放视频文件

播放视频与从摄像头捕获视频一样,只需要将 cv2.VideoCapture() 函数的参数设定为指定的视频文件即可。在播放视频时,可以通过设置 cv2.waitKey() 函数中的参数值,来设置播放视频时每一帧的持续(停留)时间。如果 cv2.waitKey() 函数中的参数值较小,则说明每一帧停留的时间较短,视频播放的速度会较快。cv2.waitKey() 函数中的参数值较大,则说明每一帧停留的时间较长,视频播放的速度会较慢;该参数的单位是 ms,通常情况下,将该参数的值设置为 25 即可。

✪ 练一练

✪ 知识应用练一练:cv2.VideoCapture() 函数播放视频文件。

```
import numpy as np
import cv2
cap =cv2.VideoCapture("bgy11.mp4")
while(cap.isOpened()):
    ret,frame=cap.read()
    cv2.imshow("frame",frame)
    c=cv2.waitKey(1)
    if c==27:
        break
cap.release()
cv2.destroyAllWindows()
```

完成上述学习资料的学习后,根据自己的学习情况进行归纳总结,并填写学习笔记,见表 2-6-7。

表 2-6-7 学习笔记

主题	
内容	问题与重点
总结:	

6.5.3 视频保存

在 OpenCV 中,VideoWrite 类可以将图片序列保存成视频文件,也可以修改视频的各种属性,还可以完成对视频类型的转换。其语法格式如下:

```
VideoWriter(filename, fourcc, fps, frameSize[, isColor])
```

VideoWriter() 函数的参数如图 2-6-3 所示。

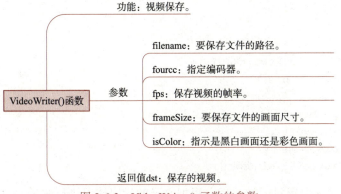

图 2-6-3　VideoWriter() 函数的参数

FOURCC 是 Four character code 的缩写，也称为 4CC。该编码用于指示一个视频的编码压缩格式等信息。一个字符通常占用一字节，即 8 位存储空间，那么 4 个字符通常占用 32 位存储空间。4 个字符通常都是用 ASCII 字符编码，以方便交流。

VideoWriter_fourcc 对象的常用参数如下。注意：字符顺序不能弄混。

- cv2.VideoWriter_fourcc('I', '4', '2', '0')，该参数是 YUV 编码类型，文件扩展名为 .avi。
- cv2.VideoWriter_fourcc('P', 'I', 'M', 'I')，该参数是 MPEG-1 编码类型，文件扩展名为 .avi。
- cv2.VideoWriter_fourcc('X', 'V', 'I', 'D')，该参数是 MPEG-4 编码类型，文件扩展名为 .avi。
- cv2.VideoWriter_fourcc('T', 'H', 'E', 'O')，该参数是 Ogg Vorbis，文件扩展名为 .ogv。
- cv2.VideoWriter_fourcc('F', 'L', 'V', '1')，该参数是 Flash 视频，文件扩展名为 .flv。

在不需要 cv2.VideoWriter 类对象时，需要将其释放。释放该类对象时所使用 cv2.VideoWriter.release() 函数。该函数的语法格式如下：

```
None=cv2.VideoWriter.release()
```

✪ 练一练

❂ 知识应用练一练：使用 cv2.VideoWriter 类保存摄像头视频文件。

```
import numpy as np
import cv2
cap = cv2.VideoCapture(0)
```

```
fourcc=cv2.VideoWriter_fourcc("I","4","2","0")
out=cv2.VideoWriter("output.avi",fourcc,20,(640,480))
while(cap.isOpened()):
    ret,frame=cap.read()
    if ret==True:
        out.write(frame)
        cv2.imshow("frame",frame)
        if cv2.waitKey(1)==27:
            break
    else:
        break
cap.release()
out.release()
cv2.destroyAllWindows()
```

完成上述学习资料的学习后，根据自己的学习情况进行归纳总结，并填写学习笔记，见表 2-6-8。

表 2-6-8　学习笔记

主题	
内容	问题与重点
总结：	

6.5.4　视频分帧

1. 视频分帧方法

镜头分割是视频处理的第一步，是后续视频处理分析的基础。同一镜头内视频特征的变化主要由两个因素造成：对象/摄像机的运动和光线的变化。镜头之间的转换方式主要有两类，即突变 (Cut Transition) 和渐变 (Gradual Transition)。

1）像素差异法

首先定义一个像素差异测度，然后计算连续两帧图像的帧间差异并用其与一个预先设定的阈值作比较，大于该阈值，则认为场景发生了改变。

2）基于直方图的方法

基于直方图的算法是最普遍的场景分割方法，它处理起来简单方便，而且对于大多数视频，能达到比较好的效果。基于直方图的方法将相邻帧的各个像素的灰度、亮度或颜色等分成 N 个等级，再针对每个等级统计像素数做成直方图比较。该方法统计了总体的灰度或颜色分布数量，它对镜头内的运动和摄像机的慢速运动有着良好的容忍能力，只是在镜头内容快速变化和镜头渐变时可能会引起误检或漏检。

3）块匹配法

基于块匹配的方法先将每一帧图像划分成小的区域块，连续帧之间的相似性通过比较对应的块进行判断，该方法利用图像的局部特征来抑制噪声以及摄像机及物体运动的影响。

4）基于运动的方法

基于运动的算法充分考虑同一镜头内对象及摄像机的运动情况和特征，通过运动补偿等方法减小对象和摄像机运动造成的镜头内帧差值的变化。

5）基于轮廓的方法

对画面简单的视频进行分割时，基于轮廓的算法效果很好，在渐变镜头的检测上尤为突出。但是，大多数视频中主要对象或背景可能都有很多复杂、细微或不断变化的轮廓，会干扰对镜头边缘的判断，造成误检；而在光线比较暗和轮廓不是很明显的情况下（如晚上和雾中），由于难以检测到轮廓又会造成漏检。

2. 视频分帧应用

视频是由视频帧构成的，将视频帧从视频中取出来，对其使用图像处理的方法进行处理，就可以达到处理视频的目的。

练一练

● 知识应用练一练 1：编写程序，利用 OpenCV 实现视频分帧。

```
import numpy as np
import cv2
cap =cv2.VideoCapture("VIPtrain.avi")
while(cap.isOpened()):
    ret,frame=cap.read()
    frame=cv2.Canny(frame,100,200)
    cv2.imshow("frame",frame)
    c=cv2.waitKey(1)
    if c==27:
        break
cap.release()
cv2.destroyAllWindows()
```

● 知识应用练一练 2：编写程序，利用 OpenCV 实现视频分帧。该应用实例是通过编写函数，利用 OpenCV 实现视频分帧算法。具体实现方法如下：

```
import cv2
```

```python
import os
video_path = 'video_path'
timeF = 1
images_path = video_path.split('.', 1)[0]
if not os.path.exists(images_path):
    os.mkdir(images_path)
vc = cv2.VideoCapture(video_path)
c = 1
rat = 1
if vc.isOpened():
    print('视频读取成功, 正在逐帧截取 ...')
    while rat:
        rat, frame = vc.read()
        if(c%timeF == 0 and rat == True):
            cv2.imwrite(images_path + '/' +  str(c) + '.jpg',frame)
            c = c + 1
    vc.release()
    print('截取完成, 图像保存在: %s' %images_path)
else:
    print('视频读取失败, 请检查文件地址 ')
```

其中需要传入两个参数：需要分帧的视频路径、图像保存的文件夹。

完成上述学习资料的学习后，根据自己的学习情况进行归纳总结，并填写学习笔记，见表2-6-9。

表2-6-9 学习笔记

主题	
内容	问题与重点
总结：	

项目 3　计算机视觉应用开发

计算机视觉已经在视频监控、人脸识别、机器视觉、医学图像分析、自动驾驶、机器人、AR、VR 等领域得到应用,前面已经就数据预处理、图像清洗、图像增广、图像标注、图像采集等方面的基础知识进行了学习,随着深度学习的发展,深度学习应用于人脸识别、图像问答、物体检测、物体跟踪等计算机视觉应用场景。为此设置了本项目,项目三设置情况如图 3-1-1 所示。

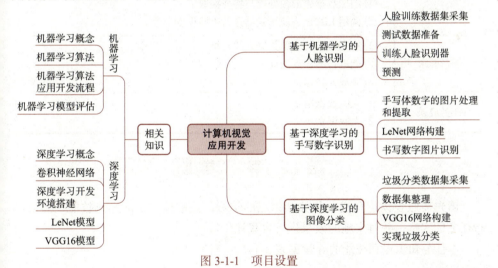

图 3-1-1　项目设置

任务 1　基于机器学习的人脸识别

机器学习进行人脸识别首先对训练图像数据完成预处理与特征提取,根据特征数据组成符合要求的训练数据集与标记集,然后通过机器学习的 KNN、SVM、ANN 等方法完成训练,训练结束之后保存训练结果,对待检测的图像完成分割、二值化、ROI 等操作之后,加载训练好的分类数据,就可以预言未知分类。通过本任务让学生学习机器学习的基本概念、算法开发流程,掌握常用机器学习算法,利用 OpenCV 配备 EigenFaces 人脸识别器、FisherFaces 人脸识别器、局部二值模式直方图(LBPH)人脸识别器进行人脸识别,为后续工作做好准备,打下基础。

1.1 任务介绍

本任务要求学生在学习前面各个基础任务之后，完成人脸数据集的采集，并利用 OpenCV 和 Python 实现人脸识别，任务详细描述见表 3-1-1。

表 3-1-1 基于机器学习的人脸识别详细任务单

任务名称	基于机器学习的人脸识别	
建议学时	6 学时	实际学时
任务描述	本任务要求完成人脸图像的采集，利用 OpenCV 配备 EigenFaces 人脸识别器、FisherFaces 人脸识别器、局部二值模式直方图（LBPH）人脸识别器进行人脸识别。加深对机器学习原理、算法和评价方法的理解，为之后的处理做准备	
任务完成环境	Python 软件、Anaconda3 编辑器、OpenCV	
任务重点	① 图像数据完成预处理与特征提取； ② 调用 LBPH 人脸识别器进行人脸识别	
任务要求	① 能完成人脸图像数据集的采集； ② 能进行图像预处理； ③ 完成人脸识别	
任务成果	① 人脸数据集； ② 人脸识别	

1.2 导 学

请先按照导读信息进行相关知识点的学习，并掌握一定的操作技能，然后进行任务的实施，并对实施的效果进行自我评价。

本任务知识点和技能的导学见表 3-1-2。

表 3-1-2 基于机器学习的人脸识别的导学

任务	任务和技能要求
基于机器学习的人脸识别 1	机器学习的基本概念 — 概念 分类 — 监督学习、无监督学习、强化学习

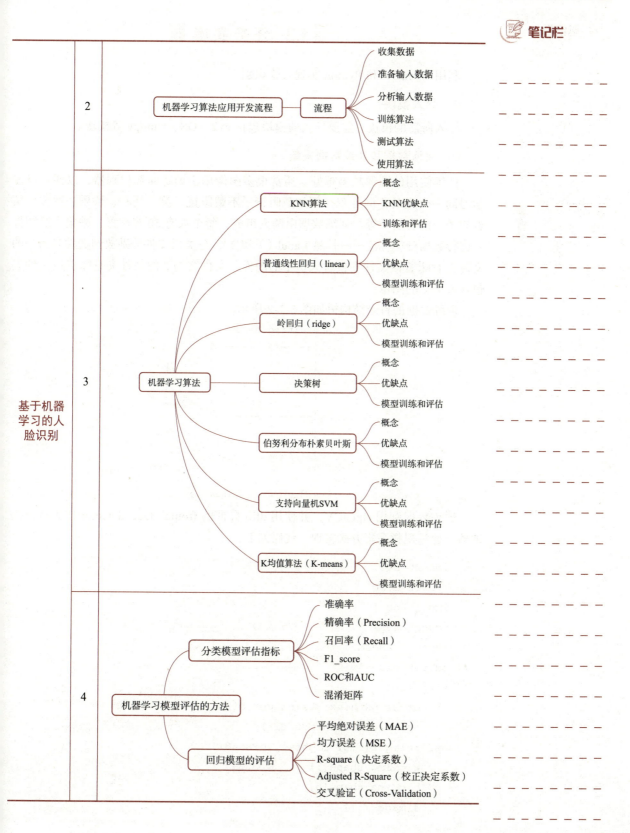

1.3 任务实施

利用 OpenCV 和 Python 实现人脸识别。

1. 导入模块

导入所需的模块。需要导入的模块包括 cv2、OS、Numpy 等模块。

2. 训练数据和训练数据采集

训练使用的图像越多越好。通常很多图像用于训练面部识别器,以便它可以学习同一个人的不同外观,例如戴眼镜、不戴眼镜、笑、伤心、快乐、哭泣、留着胡子、没有胡子等。训练数据由两人组成,每个人有 50 张图像。采集人脸图像后进行数据分类标注——标签 Label(1 和 2),分类后文件分别放到文件名为 1 的文件夹意味着该文件夹包含人员 1 的图像。文件名为 2 的文件夹意味着该文件夹包含人员 2 的图像。

训练数据的目录结构树如图 3-1-2 所示。

```
training-data
|-------------- 1
|                |-- 1.jpg
|                |-- ...
|                |-- 50.jpg
|-------------- 2
|                |-- 1.jpg
|                |-- ...
|                |-- 50.jpg
```

图 3-1-2 训练数据目录

训练数据利用 OpenCV,并使用 dlib 自带的 frontal_face_detector 作为特征提取器,通过视频采集方式实现。代码如下:

```
import cv2
import dlib
import os
import sys
import random
output_dir ='pic'
size = 64
if not os.path.exists(output_dir):
    os.makedirs(output_dir)
def relight(img, light=1, bias=0):
    w = img.shape[1]
    h = img.shape[0]
    #image = []
```

```python
        for i in range(0,w):
            for j in range(0,h):
                for c in range(3):
                    tmp = int(img[j,i,c]*light + bias)
                    if tmp > 255:
                        tmp = 255
                    elif tmp < 0:
                        tmp = 0
                    img[j,i,c] = tmp
        return img
detector = dlib.get_frontal_face_detector()
camera = cv2.VideoCapture(0)
index = 1
while True:
    if (index <= 50):
        print('Being processed picture %s' % index)
        success, img = camera.read()
        gray_img = cv2.cvtColor(img, cv2.COLOR_BGR2GRAY)
        dets = detector(gray_img, 1)
        for i, d in enumerate(dets):
            x1 = d.top() if d.top() > 0 else 0
            y1 = d.bottom() if d.bottom() > 0 else 0
            x2 = d.left() if d.left() > 0 else 0
            y2 = d.right() if d.right() > 0 else 0
            face = img[x1:y1,x2:y2]
            face = relight(face, random.uniform(0.5, 1.5), random.randint(-50, 50))
            face = cv2.resize(face, (size,size))
            cv2.imshow('image', face)
            cv2.imwrite(output_dir+'/'+str(index)+'.jpg', face)
            index += 1
        key = cv2.waitKey(30) & 0xff
        if key == 27:
            break
    else:
        print('Finished!')
        camera.release()
        cv2.destroyAllWindows()
        break
```

3. 测试数据准备

测试数据文件夹包含将用于在成功培训完成后测试人脸识别器的图像。

由于 OpenCV 人脸识别器接受标签为整数，因此需要定义整数标签和人物实际名称之间的映射，所以定义了人员整数标签及其各自名称的映射。

注意：由于尚未将标签 0 分配给任何人，因此标签 0 的映射为空。

4. 准备训练数据

准备训练数据的步骤如下：

（1）阅读训练数据文件夹中提供的所有主题/人员的文件夹名称。即前面采集的训练数据的文件夹名称：1、2。

（2）对于每个主题提取标签号码。文件夹名称遵循格式 sLabel，其中 Label 是一个整数，代表已分配给该主题的标签。因此，例如，文件夹名称 1 表示主题标签为 1、2 表示主题标签为 2 等。将在此步骤中提取的标签分配给在下一步中检测到的每个面部。

（3）阅读主题的所有图像，从每张图像中检测脸部。

（4）将添加到标签矢量中具有相应主题标签（在上述步骤中提取）的每个脸部添加到脸部矢量。

5. 训练人脸识别器

OpenCV 配备了三个人脸识别器。

- EigenFaces 人脸识别器：cv2.face.createEigenFaceRecognizer()。
- FisherFaces 人脸识别器：cv2.face.createFisherFaceRecognizer()。
- 局部二值模式直方图（LBPH）人脸识别器：cv2.face.createLBPHFaceRecognizer()。

选择使用 LBPH 人脸识别器，也可以选择任何人脸识别器。无论使用哪个 OpenCV 的人脸识别器，其代码都将保持不变。只需更改一行，即给出面部识别器初始化行。

6. 预测

导入测试数据文件夹中的测试图像，从每个人身上检测脸部，然后将这些脸部传递给训练好的人脸识别器，看看是否识别。同时绘制围绕脸部的边界框（矩形）并将边界名称放在边界框附近。人脸识别程序代码如下：

```python
import cv2
import os
import numpy as np
def detect_face(img):
    gray = cv2.cvtColor(img, cv2.COLOR_BGR2GRAY)
    face_cascade = cv2.CascadeClassifier('haarcascade_frontalface_default.xml')
```

```python
    faces = face_cascade.detectMultiScale(gray, scaleFactor=
1.2, minNeighbors=5)
    if (len(faces) == 0):
        return None, None
    (x, y, w, h) = faces[0]
    return gray[y:y + w, x:x + h], faces[0]
def prepare_training_data(data_folder_path):
    dirs = os.listdir(data_folder_path)
    faces = []
    labels = []
    for dir_name in dirs:
        label = int(dir_name)
        subject_dir_path = data_folder_path +"/" + dir_name
        subject_images_names = os.listdir(subject_dir_path)
        for image_name in subject_images_names:
            image_path = subject_dir_path +"/" + image_name
            image = cv2.imread(image_path)
            cv2.imshow("正在训练图像...", image)
            cv2.waitKey(100)
            face, rect = detect_face(image)
            if face is not None:
                faces.append(face)
                labels.append(label)
    cv2.waitKey(1)
    cv2.destroyAllWindows()
    return faces, labels
faces, labels = prepare_training_data("training_data")
face_recognizer = cv2.face.LBPHFaceRecognizer_create()
face_recognizer.train(faces, np.array(labels))
def draw_rectangle(img, rect):
    (x, y, w, h) = rect
    cv2.rectangle(img, (x, y), (x + w, y + h), (128, 128, 0), 2)
def draw_text(img, text, x, y):
    cv2.putText(img, text, (x, y), cv2.FONT_HERSHEY_COMPLEX,
1, (128, 128, 0), 2)
subjects = ["人物1","人物2"]
def predict(test_img):
    img = test_img.copy()
    face, rect = detect_face(img)
    label = face_recognizer.predict(face)
    label_text = subjects[label[0]]
    draw_rectangle(img, rect)
    draw_text(img, label_text, rect[0], rect[1] - 5)
    return img
test_img1 = cv2.imread("1.jpg")
test_img2 = cv2.imread("2.jpg")
```

```
predicted_img1 = predict(test_img1)
predicted_img2 = predict(test_img2)
cv2.imshow(subjects[0], predicted_img1)
cv2.imshow(subjects[1], predicted_img2)
cv2.waitKey(0)
cv2.destroyAllWindows()
```

1.4 任务评价与总结

上述任务完成后,填写下表,对知识点掌握情况进行自我评价,并进行学习总结,评价表见表3-1-3。

表 3-1-3 评价总结表

任务知识点自我测评与总结			
考核项目	任务知识点	自我评价	学习总结
机器学习的基本概念	概念	☐ 没有掌握 ☐ 基本掌握 ☐ 完全掌握	
	机器学习分类	☐ 没有掌握 ☐ 基本掌握 ☐ 完全掌握	
机器学习算法开发应用程序开发流程	开发流程	☐ 没有掌握 ☐ 基本掌握 ☐ 完全掌握	
机器学习算法	KNN 算法	☐ 没有掌握 ☐ 基本掌握 ☐ 完全掌握	
	普通线性回归:linear	☐ 没有掌握 ☐ 基本掌握 ☐ 完全掌握	
	岭回归(ridge)	☐ 没有掌握 ☐ 基本掌握 ☐ 完全掌握	
	决策树	☐ 没有掌握 ☐ 基本掌握 ☐ 完全掌握	
	伯努利分布朴素贝叶斯	☐ 没有掌握 ☐ 基本掌握 ☐ 完全掌握	
	支持向量机 SVM	☐ 没有掌握 ☐ 基本掌握 ☐ 完全掌握	
	K 均值算法(K-means)	☐ 没有掌握 ☐ 基本掌握 ☐ 完全掌握	
机器学习模型评估的方法	分类模型评估指标	☐ 没有掌握 ☐ 基本掌握 ☐ 完全掌握	
	回归模型的评估	☐ 没有掌握 ☐ 基本掌握 ☐ 完全掌握	

1.5 知识积累

1.5.1 机器学习的基本概念

1. 概念

机器学习是一门多领域交叉学科，涉及概率论、统计学、逼近论、凸分析、算法复杂度理论等多门学科。专门研究计算机怎样模拟或实现人类的学习行为，以获取新的知识或技能，重新组织已有知识结构使之不断改善自身的性能。

从广义上来说，机器学习是一种能够赋予机器学习的能力，以此让它完成直接编程无法完成的功能的方法。但从实践的意义上来说，机器学习是一种通过利用数据，训练出模型，然后使用模型预测的一种方法。

机器学习与模式识别、统计学习、数据挖掘、计算机视觉、语音识别、自然语言处理等领域有着很深的联系。

2. 分类

机器学习有多种分类方式，基于学习方式的分类可以分为监督学习、无监督学习、强化学习等。

（1）监督学习：从给定的训练数据集中学习出一个函数（模型参数），当新的数据到来时，可以根据这个函数预测结果。监督学习的训练集要求包括输入/输出，也可以说是特征和目标。训练集中的目标是由人标注的。监督学习就是最常见的分类（注意和聚类区分）问题，通过已有的训练样本（即已知数据及其对应的输出）去训练得到一个最优模型（这个模型属于某个函数的集合，最优表示某个评价准则下是最佳的），再利用这个模型将所有输入映射为相应的输出，对输出进行简单判断从而实现分类的目的。在建立预测模型的时候，监督学习建立一个学习过程，将预测结果与"训练数据"的实际结果进行比较，不断调整预测模型，直到模型的预测结果达到一个预期的准确率。监督学习的常见应用场景如分类问题和回归问题。常见算法有逻辑回归（Logistic Regression）和反向传递神经网络（Back Propagation Neural Network）。

（2）无监督学习：输入数据没有被标记，也没有确定的结果。样本数据类别未知，需要根据样本间的相似性对样本集进行分类（聚类，clustering）试图使类内差距最小化、类间差距最大化。

（3）强化学习：以环境反馈（奖/惩信号）作为输入，以统计和动态规划技术为指导的一种学习方法。

完成上述学习资料的学习后，根据自己的学习情况进行归纳总结，并填写学习笔记，见表3-1-4。

表 3-1-4 学习笔记

主题	
内容	问题与重点
总结：	

1.5.2 机器学习算法应用开发流程

使用机器学习算法开发应用程序的流程如下：

1. 收集数据

可以使用很多方法收集样本数据，如制作网络爬虫从网站上抽取数据、从 RSS 反馈或者 API 中得到信息、设备发送过来的实测数据。

2. 准备输入数据

得到数据之后，还必须确保数据格式符合要求，还需要为机器学习算法准备特定的数据格式，如某些算法要求特征值使用特定的格式，一些算法要求目标变量和特征值是字符串类型，而另一些算法则可能要求是整数类型。

3. 分析输入数据

主要是人工分析以前得到的数据，用文本编辑器打开数据文件，查看得到的数据是否为空值。还可以进一步浏览数据，分析是否可以识别出模式；数据中是否存在明显的异常值，如某些数据点与数据集中的其他值存在明显的差异。通过一维、二维或三维图形展示数据。

如果是在产品化系统中使用机器学习算法并且算法可以处理系统产生的数据格式，或者信任的数据来源，可以直接跳过第 3 步。此步骤需要人工干预，如果在自动化系统中还需要人工干预，显然就降低了系统的价值。

4. 训练算法

将前两步得到的格式化数据输入到算法，从中抽取知识或信息。这里得到的知识需要存储为计算机可以处理的格式，方便后续步骤使用。

5. 测试算法

为了评估算法，必须测试算法工作的效果。对于监督学习，必须已知用于评估算法的目标变量值；对于无监督学习，也必须用其他评测手段检验算法的成功率。

6. 使用算法

将机器学习算法转换为应用程序，执行实际任务，以检验上述步骤是否可以在实际环境中正常工作。此时如果碰到新的数据问题，同样需要重复执行上述步骤。

完成上述学习资料的学习后，根据自己的学习情况进行归纳总结，并填写学习笔记，见表 3-1-5。

表 3-1-5　学习笔记

主题	
内容	问题与重点
总结：	

1.5.3　机器学习算法

机器学习算法很多，且大部分是一类算法，有些算法是从其他算法中延伸出来的。机器学习算法可以分为以下几类。

分类算法有：KNN、逻辑斯蒂回归（logistic）、决策树、朴素贝叶斯、支持向量机 SVC。

回归算法有：KNN、普通线性回归（linear）、岭回归（ridge）、lasso 回归、决策树、支持向量机 SVR。

聚类算法有：K 均值算法（K-means）(无监督学习)。

1. KNN 算法

1）概念

KNN 算法又称 k 近邻分类（k-nearest neighbor classification）算法。是最简单的分类器，即是死记硬背式的分类器，能记住所有的训练数据，对于新的数据则直接和训练数据匹配，如果存在相同属性的训练数据，则直接用其分类作为新数据的分类。这种方式有一个明显的缺点，那就是很可能无法找到完全匹配的训练记录。

KNN 算法则是从训练集中找到和新数据最接近的 k 条记录，然后根据它们的主要分类决定新数据的类别。该算法涉及 3 个主要因素：训练集、距离或相似的衡量、k 的大小。

2）优缺点

KNN 是一种非参的、惰性的算法模型。非参的意思并不是说这个算法不需要参数，而是意味着这个模型不会对数据做出任何假设，与之相对的是线性回归（一般假设线性回归是一条直线）。也就是说 KNN 建立的模型结构是根据数据来决定的。

惰性又是什么意思呢？同样是分类算法，逻辑回归需要先对数据进行大量训练（training），最后才会得到一个算法模型。而 KNN 算法却不需要，它没有明确的训练数据的过程，或者说这个过程很快。

（1）优点：

① 简单，易于理解，易于实现，无须估计参数，无须训练。

② 适合对稀有事件进行分类（如当流失率很低时，比如低于 0.5%，构造流失预测模型）。

③ 特别适合于多分类问题（multi-modal，对象具有多个类别标签），例如，根据基因特征判断其功能分类，KNN 比 SVM 的表现要好。

（2）缺点：

① 懒惰算法，对测试样本分类时的计算量大，内存开销大，评分慢。

② 可解释性较差，无法给出决策树那样的规则。

3）模型训练和评估

（1）导入。

分类问题：

```
from sklearn import datasets
from sklearn.model_selection import train_test_split
from sklearn.neighbors import KNeighborsClassifier
```

回归问题：

```
from sklearn import datasets
from sklearn.model_selection import train_test_split
from sklearn.neighbors import KNeighborsRegressor
```

（2）加载数据。

加载 iris 的数据，把属性存在 x 中，类别标签存在 y 中：

```
iris = datasets.load_iris()
iris_x = iris.data
```

```
iris_y = iris.target
print(iris_x)
print(iris_y)
```

把数据集分为训练集和测试集,其中 test_size=0.3,即测试集占总数据的 30%:

```
x_train, x_test , y_train, y_test = train_test_split(iris_x,
iris_y, test_size = 0.3)
print(y_train)
print(y_test)
```

(3)训练。

```
knnclf = KNeighborsClassifier(n_neighbors=5)
knnrgr = KNeighborsRegressor(n_neighbors=3)
knnclf.fit(X_train,y_train)
```

(4)预测。

```
y_pre = knnclf.predict(x_test)
```

2. 普通线性回归(linear)

1)概念

线性回归是由两个词组成的:线性和回归。线性用来描述变量 X(variable 或 predictor 或 feature)的系数与响应 Y(response)之间的关系是线性的。回归说明它的响应是定量(quantitative)的,而不是定性(qualitative)的。

2)优缺点

(1)优点:

① 善于获取数据集中的线性关系。

② 适用于在已有了一些预先定义好的变量并且需要一个简单的预测模型的情况下使用。

③ 训练速度和预测速度较快。

④ 在小数据集上表现很好。

⑤ 结果可解释,并且易于说明。

⑥ 当新增数据时,易于更新模型。

⑦ 不需要进行参数调整(下面的正则化线性模型需要调整正则化参数)。

⑧ 不需要特征缩放(下面的正则化线性模型需要特征缩放)。

⑨ 如果数据集具有冗余的特征,那么线性回归可能是不稳定的。

(2)缺点:

① 不适用于非线性数据。

② 预测精确度较低。

③ 可能会出现过度拟合（下面的正则化模型可以抵消这个影响）。

④ 分离信号和噪声的效果不理想，在使用前需要去掉不相关的特征。

⑤ 不了解数据集中的特征交互。

3）模型训练和评估

（1）导入。

```
from sklearn import datasets
from sklearn.linear_model import LinearRegression
import matplotlib.pyplot as plt
```

（2）加载数据（以波士顿房价数据为例）。

```
loaded_data=datasets.load_boston()
data_X=loaded_data.data
data_y=loaded_data.target
```

（3）训练。

```
model=LinearRegression()
model.fit(data_X,data_y)
```

（4）预测。

```
print(model.predict(data_X[:4,:]))
print(data_y[:4])
# 使用生成线性回归的数据集，最后的数据集结果用散点图表示
x,y=datasets.make_regression(n_samples=100,n_features=1,n_targets=1,noise=10)
plt.scatter(X,y)
plt.show()
```

3. 岭回归（ridge）

1）概念

岭回归（ridge regression）是一种专用于共线性数据分析的有偏估计回归方法，实质上是一种改良的最小二乘估计法，通过放弃最小二乘法的无偏性，以损失部分信息、降低精度为代价获得回归系数更为符合实际、更可靠的回归方法，对病态数据的拟合要强于最小二乘法。

岭回归是加了二阶正则项的最小二乘，主要适用于过拟合严重或各变量之间存在多重共线性的时候，岭回归是有偏差的，这里的偏差是为了让方差更小。

2）优缺点

（1）优点：

① 岭回归可以解决特征数量比样本量多的问题。

② 岭回归作为一种缩减算法可以判断哪些特征重要或者不重要，有点类似于降维的效果。

③ 缩减算法可以看作对一个模型增加偏差的同时减少方差。

（2）缺点：

① 模型的变量特别多，模型解释性差。

② 容易导致过拟合。

3）**模型训练和评估**

（1）导入。

```
import numpy as np
import matplotlib.pyplot as plt
from sklearn import datasets
from sklearn import metrics
from sklearn.linear_model import LinearRegression
plt.rcParams['font.sans-serif']=['SimHei']
plt.rcParams['axes.unicode_minus']=False
```

（2）载入数据集。

```
diabetes_X,diabetes_y=datasets.load_diabetes(return_X_y=True)
diabetes_X=diabetes_X[:,np.newaxis,2]
X_train=diabetes_X[:-30]
X_test=diabetes_X[30:]
y_train=diabetes_y[:-30]
y_test=diabetes_y[30:]
```

（3）模型训练和评估。

```
reg=LinearRegression()
reg.fit(X_train,y_train)
y_pred=reg.predict(X_test)
print('Coefficients: \n', reg.coef_)
print('Mean squared error: %.2f'
      % metrics.mean_squared_error(y_test, y_pred))
print('Coefficient of determination: %.2f'
      % metrics.r2_score(y_test, y_pred))
plt.figure()
plt.scatter(X_test,y_test,marker='.',color='blue')
plt.plot(X_test,y_pred,color='r')
plt.title('图形')
plt.xticks()
plt.yticks()
plt.show()
```

4. 决策树

1）概念

决策树（decision tree）是一个树结构（可以是二叉树或非二叉树）。其每个非叶结点表示一个特征属性上的测试，每个分支代表这个特征属性在某个值域上的输出，而每个叶结点存放一个类别。使用决策树进行决策的过程就是从根结点开始，测试待分类项中相应的特征属性，并按照其值选择输出分支，直至到达叶子结点，将叶子结点存放的类别作为决策结果。

2）优缺点

（1）优点：

① 易于理解和解释。树木可以被可视化。

② 只需要很少的数据准备，数据可以不规范化，但是需要注意的是，决策树不能有丢失的值。

③ 使用该树的花费是用于训练树的数据点个数的对数。

④ 能够处理多输出问题。

⑤ 使用白盒模型。如果给定的情况在模型中是可观察到的，那么对这种情况的解释很容易用布尔逻辑解释。相比之下，在黑盒模型中（如在人工神经网络中），结果可能更难以解释。

⑥ 可以使用统计测试验证模型。

（2）缺点：

① 容易过拟合。为了避免这个问题，可以进行树的剪枝或在叶结点上设置所需的最小样本数量或设置树的最大深度。

② 决策树是不稳定的，数据中的微小变化可能导致生成完全不同的树。在集成中使用决策树可以缓解该问题。

③ 有些概念很难学，因为决策树不容易表达它们，如异或奇偶性或多路复用问题。

④ 如果某些类别占主导地位，决策树学习器就会创建有偏见的树。因此，建议在与决策树匹配之前平衡数据集。

3）模型训练和评估

以鸢尾花分类为例：

（1）导入：

```
from sklearn import datasets
import pandas as pd
from sklearn.model_selection import train_test_split
from sklearn.tree import DecisionTreeClassifier
import graphviz
from sklearn.tree import export_graphviz
```

（2）加载：

```
iris=datasets.load_iris()
```

```
features=pd.DataFrame(iris.data,columns=iris.feature_names)
target= pd.DataFrame(iris.target,columns=['type'])
train_feature,test_feature,train_targets,test_targets=train_
test_split(features,target,test_size=0.33,random_state=42)
model=DecisionTreeClassifier()
model.fit(train_feature,train_targets)
model.predict(test_feature)
```

(3)评价训练模型:

```
from sklearn.metrics import accuracy_score
accuracy_score(test_targets.values.flatten(),model.predict
(test_feature))
```

(4)预测:

```
image=export_graphviz(model,out_file=None,feature_names=iris.
feature_names,class_names=iris.target_names)
graphviz.Source(image)
```

5. 伯努利分布朴素贝叶斯

适用于伯努利分布,也适用于文本数据(此时特征表示是否出现,如某个词语出现为1,不出现为0)。绝大多数情况下表现不如多项式分布,但有时伯努利分布表现比多项式分布好,尤其是对于小数量级的文本数据。

训练和评估:

(1)导入:

```
from sklearn.naive_bayes import BernoulliNB
```

(2)创建模型:

```
bNB = BernoulliNB()
```

(3)将字符集转词频集:

```
from sklearn.feature_extraction.text import TfidfVectorizer
tf = TfidfVectorizer()
tf.fit(X_train,y_train)
X_train_tf = tf.transform(X_train)
```

(4)训练:

```
bNB.fit(X_train_tf,y_train)
```

(5)预测:

```
x_test = tf.transform(test_str)
```

```
bNB.predict(x_test)
```

6. 支持向量机 SVM

支持向量机 SVM 可以解决线性分类和非线性分类问题。

1）线性分类

在训练数据中,每个数据都有 n 个属性和一个二类类别标志,一般可以认为这些数据在一个 n 维空间里。目标是找到一个 $n-1$ 维的超平面(hyperplane),这个超平面可以将数据分成两部分,每部分数据都属于同一个类别。其实这样的超平面很多,需要找到一个最佳的。因此,增加一个约束条件:这个超平面到每边最近数据点的距离是最大的,又称最大间隔超平面(maximum-margin hyperplane)。这个分类器又称最大间隔分类器(maximum-margin classifier)。支持向量机是一个二类分类器。

2）非线性分类

SVM 的一个优势是支持非线性分类。它结合使用拉格朗日乘子法和 KKT 条件,以及核函数可以产生非线性分类器。

3）训练和评估

（1）导入:

处理分类问题:

```
from sklearn.svm import SVC
```

处理回归问题:

```
from sklearn.svm import SVR
```

（2）创建模型（回归时使用 SVR）:

```
svc = SVC(kernel='linear')
svc = SVC(kernel='rbf')
svc .= SVC(kernel='poly')
```

（3）训练和预测:

```
svc_linear.fit(X_train,y_train)
svc_rbf.fit(X_train,y_train)
svc_poly.fit(X_train,y_train)
linear_y_ = svc_linear.predict(x_test)
rbf_y_ = svc_rbf.predict(x_test)
poly_y_ = svc_poly.predict(x_test)
```

7. K 均值算法（K-means）

聚类的概念:一种无监督学习,事先不知道类别,自动将相似对象归到同一个簇中。

K-means 算法是一种聚类分析（cluster analysis）算法，其主要用于计算数据聚集的算法，主要通过不断地取离种子点最近均值的算法。

训练和评估：

（1）导入：

```
from sklearn.cluster import KMeans
```

（2）创建模型：

```
kmean = KMeans(n_clusters=2)
```

（3）训练数据：

```
kmean.fit(X_train)
```

（4）预测数据：

```
y_pre = kmean.predict(X_train)
```

完成上述学习资料的学习后，根据自己的学习情况进行归纳总结，并填写学习笔记，见表 3-1-6。

表 3-1-6　学习笔记

主题	
内容	问题与重点
总结：	

1.5.4　机器学习模型评估的方法

1. 分类模型评估指标

对于分类模型的评估指标主要有错误率、准确率、查准率、查全率、混淆矩阵、F1 值、AUC 和 ROC 等。

1）准确率

对于给定的测试集，分类模型正确分类的样本数与总样本数之比。

sklearn 实现方法：

```
from sklearn.metrics import accuracy_score
accuracy_score(y_true, y_pred, normalize=True, sample_weight=None)
```

2）精确率（Precision）

对于给定测试集的某一个类别，分类模型预测正确的比例，或者说：分类模型预测的正样本中有多少是真正的正样本。

sklearn 实现方法：

```
from sklearn.metrics import precision_score
precision_score(y_true, y_pred, labels=None, pos_label=1, average='binary')
```

3）召回率（Recall）

召回率的定义为：对于给定测试集的某一个类别，样本中的正类有多少被分类模型预测正确。

sklearn 实现方法：

```
from sklearn.metrics import recall_score
sklearn.metrics.recall_score(y_true, y_pred, labels=None, pos_label=1, average='binary', sample_weight=None)
```

4）F1_score

在理想情况下，希望模型的精确率越高越好，同时召回率也越高越高，但是，现实情况往往事与愿违，在现实情况下，精确率和召回率像是坐在跷跷板上一样，往往出现一个值升高，另一个值降低，那么，有没有一个指标综合考虑了精确率和召回率？这个指标就是 F 值。F 值的计算公式为：

$$F = \frac{(a^2+1) \times P \times R}{a^2(P+R)}$$

式中，P 表示 Precision，R 表示 Recall，a 表示权重因子。

当 $a=1$ 时，F 值便是 F1 值，代表精确率和召回率的权重是一样的，是最常用的一种评价指标。

F_1 的计算公式为：

$$F = \frac{2PR}{P+R}$$

sklearn 实现方法：

```
from sklearn.metrics import f1_score
f1_score(y_true, y_pred, labels=None, pos_label=1, average='binary', sample_weight=None)
```

5）ROC 和 AUC

ROC 曲线指受试者工作特征曲线 / 接收器操作特性曲线 (receiver operating characteristic curve)，是反映敏感性和特异性连续变量的综合指标，是用构图法揭示敏感性和特异性的相互关系，它通过将连续变量设定出多个不同的临界值，从而计算出一系列敏感性和特异性，再以敏感性为纵坐标、特异性为横坐标绘制成曲线，曲线下面积越大，诊断准确性越高。在 ROC 曲线上，最靠近坐标图左上方的点为敏感性和特异性均较高的临界值。

有了 ROC 曲线，需要对模型有一个定量分析，这里需要引入 AUC（Area under ROC Curve）面积，AUC 指的就是 ROC 曲线下方的面积，计算 AUC 只需要沿着 ROC 的横轴做积分即可，真实场景下 ROC 曲线一般在 $y=x$ 直线的上方，所以 AUC 的取值一般为 0.5～1，AUC 值越大说明模型的性能越好。

sklearn 实现方法：

```
from sklearn.metrics import roc_curve, auc
import matplotlib.pyplot as plt
y_label = ([1, 1, 1, 2, 2, 2])
y_pre = ([0.3, 0.5, 0.9, 0.8, 0.4, 0.6])
fpr, tpr, thersholds = roc_curve(y_label, y_pre, pos_label=2)
roc_auc = auc(fpr, tpr)
plt.plot(fpr, tpr, 'y--', label='ROC (area = {0:.2f})'.format(roc_auc), lw=3)
plt.legend(loc='lower right')
plt.plot([0,1],[0,1],'b--',lw=3)
plt.xlim([-0.1,1.1])
plt.ylim([-0.1,1.1])
plt.xlabel('False Positive Rate')
plt.ylabel('True Positive Rate')
plt.title('Receiver operating characteristic curve')
plt.show()
```

6）混淆矩阵

混淆矩阵又称误差矩阵，是表示精度评价的一种标准格式，用 n 行、n 列的矩阵形式表示。具体评价指标有总体精度、制图精度、用户精度等，这些精度指标从不同侧面反映了图像分类的精度。在人工智能中，混淆矩阵（confusion matrix）是可视化工具，特别用于监督学习，在无监督学习中一般称为匹配矩阵。在图像精度评价中，主要用于比较分类结果和实际测得值，可以把分类结果的精度显示在一个混淆矩阵中。混淆矩阵是通过将每个实测像元的位置和分类与分类图像中的相应位置和分类相比较计算的。

2. 回归模型的评估

回归模型的评估指标包括：解释方差（explained_variance）、平均绝对值误差（MAE）、平均绝对百分比误差（MAPE）、均方误差（MSE）、均方根误差（RMSE）、可决系数（R^2）。

1）平均绝对误差

平均绝对误差（Mean Absolute Error，MAE）又称 L1 范数损失（L1-norm loss）。取真实值与预测值差的绝对值的和，然后求平均。平均绝对误差就是指预测值与真实值之间平均相差多大，平均绝对误差能更好地反映预测值误差的实际情况。

2）均方误差（Mean Squared Error，MSE）

观测值与真值偏差的平方和与观测次数的比值：

这也是线性回归中最常用的损失函数，线性回归过程中尽量让该损失函数最小。那么模型之间的对比也可以用它来比较。

MSE 可以评价数据的变化程度，MSE 的值越小，说明预测模型描述实验数据具有更好的精确度。

3）R-square（决定系数）

数学理解：分母理解为原始数据的离散程度，分子为预测数据和原始数据的误差，二者相除可以消除原始数据离散程度的影响，其实决定系数是通过数据的变化来表征一个拟合的好坏。

- 理论取值范围为（$-\infty$, 1]，正常取值范围为 [0～1] ——实际操作中通常会选择拟合较好的曲线计算 R^2，因此很少出现 $-\infty$。
- 越接近 1，表明方程的变量对 y 的解释能力越强，这个模型对数据拟合的也较好。
- 越接近 0，表明模型拟合得越差。
- 经验值：大于 0.4，拟合效果好。

缺点：数据集的样本越大，R^2 越大，因此，不同数据集的模型结果比较会有一定的误差。

4）Adjusted R-Square（校正决定系数）

n 为样本数量，p 为特征数量，消除了样本数量和特征数量的影响。

5）交叉验证（Cross-Validation）

交叉验证又称循环估计（Rotation Estimation），是一种统计学上将数据样本切割成较小子集的实用方法，该理论是由 Seymour Geisser 提出的。在给定的建模样本中，拿出大部分样本创建模型，留小部分样本用刚建立的模型进行预报，并求这小部分样本的预报误差，记录它们的平方和。这个过程一直进行，直到所有样本都被预报了一次而且仅被预报一次。把每个样本的预报误差求平方和，称为

PRESS（predicted Error Sum of Squares）。

交叉验证的基本思想是：在某种意义下将原始数据（dataset）进行分组，一部分作为训练集（train set），另一部分作为验证集（validation set or test set）。首先用训练集对分类器进行训练，再利用验证集测试训练得到的模型（model），以此作为评价分类器的性能指标。回归模型的评估实现方法见表 3-1-7。

表 3-1-7　回归模型的评估实现方法

指标	描述	metrics 方法
Mean Absolute Error(MAE)	平均绝对误差	from sklearn.metrics import mean_absolute_error
Mean Square Error(MSE)	平均方差	from sklearn.metrics import mean_squared_error
R-Squared	R 平方值	from sklearn.metrics import r2_score

完成上述学习资料的学习后，根据自己的学习情况进行归纳总结，并填写学习笔记，见表 3-1-8。

表 3-1-8　学习笔记

主题	
内容	问题与重点
总结：	

任务 2　基于深度学习的手写体数字识别

计算机视觉中比较成功的深度学习的应用包括人脸识别、图像识别、物体检测、物体跟踪等。其中计算机视觉图像识别的过程包括：图像输入、预处理、特征提取、特征分类、匹配完成识别等。本任务利用神经网络实现手写数字识别为载体，掌握深度学习框架 TensorFlow 开发环境的搭建。能够根据要求，完成模型训练的数据准备,并能够根据要求,迭代数据完成模型训练,得到模型文件。学生通过本任务的学习掌握计算机视觉图像识别的方法,为后续工作做好准备,打下基础。

2.1 任务介绍

本任务要求学生在学习知识积累部分所列的知识点,搜集并学习其他资料,学习和理解深度学习的相关基本概念、模型建立以及训练过程。利用典型 LeNet-5 网络结构实现手写体数字的识别,任务详细描述见表 3-2-1。

表 3-2-1 基于深度学习的手写数字识别任务单

任务名称	基于深度学习的手写体数字识别		
建议学时	6 学时	实际学时	
任务描述	本任务手写数字数据集为教学载体,掌握任务环境的搭建,构建 LeNet-5 卷积神经网络模型,完成手写数字的识别。本任务让学生通过掌握 TensorFlow 的 API,把搭建和测试网络、处理数据的完整流程再熟悉一遍;通过卷积网络识别手写体数字这个过程,加深对卷积网络原理的理解,为之后的处理做准备。		
任务完成环境	Python 软件、Anaconda3 编辑器、OpenCV、TensorFlow		
任务重点	① 图像数据完成预处理与特征提取; ② 任务环境搭建; ③ LeNet-5 卷积神经网络模型搭建		
任务要求	① 能完成图像的预处理; ② 能搭建任务实现环境; ③ 能搭建 LeNet-5 卷积神经网络模型; ④ 能完成手写数字识别		
任务成果	① LeNet-5 卷积神经网络模型搭建; ② 识别手写体数字		

2.2 导 学

请先按照导读信息进行相关知识点的学习,掌握一定的操作技能,然后进行任务实施,并对实施效果进行自我评价。

本任务知识点和技能的导学见表 3-2-2。

表 3-2-2 基于深度学习的手写体数字识别导学

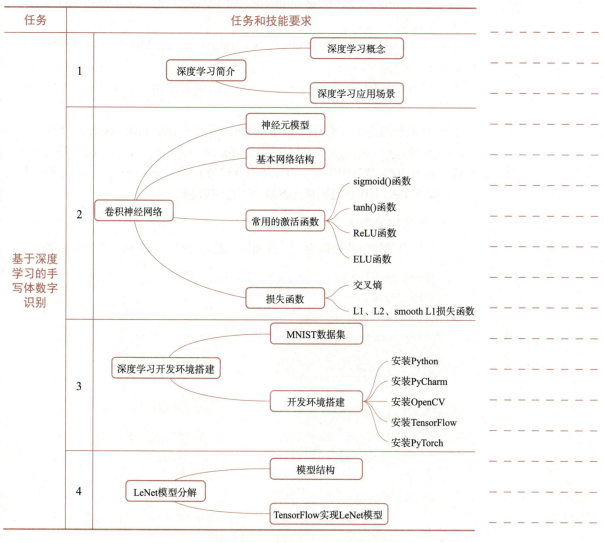

2.3 任务实施

1. 明确任务，准备数据

由于手写数字识别的任务需求是构建算法模型，使其具有对手写的 0~9 共 10 个数字进行识别的功能。所以训练样本就是一定数量的 0~9 的数字图片，标签 label 就是数字 0~9 共 10 类。

手写数字识别一般都采用 MNIST 数据集，MNIST 数据集可通过 http://yann.lecun.com/exdb/mnist/ 网站获取，它包含了如下四个部分：

（1）Training set images: train-images-idx3-ubyte.gz (9.9 MB, 解压后 47 MB,

包含 60 000 个样本）。

（2）Training set labels: train-labels-idx1-ubyte.gz (29 KB, 解压后 60 KB, 包含 60 000 个标签）。

（3）Test set images: t10k-images-idx3-ubyte.gz (1.6 MB, 解压后 7.8 MB, 包含 10 000 个样本）。

（4）Test set labels: t10k-labels-idx1-ubyte.gz (5 KB, 解压后 10 KB, 包含 10 000 个标签）。

MNIST 数据集来自美国国家标准与技术研究所 (National Institute of Standards and Technology (NIST))，该训练集 (training set) 由来自 250 个不同人手写的数字构成，其中 50% 是高中学生，50% 来自人口普查局 (the Census Bureau) 的工作人员，测试集 (test set) 也是同样比例的手写数字数据。

2. 手写体数字的图片处理和提取

（1）将手写体图片处理为可以供网络预测的 28×28 的 png 格式的灰度图。

```
import cv2
global img
global point1, point2
def on_mouse(event, x, y, flags, param):
    global img, point1, point2
    img2 = img.copy()
    if event == cv2.EVENT_LBUTTONDOWN:
        point1 = (x,y)
        cv2.circle(img2, point1, 10, (0,255,0), 5)
        cv2.imshow('image', img2)
    elif event == cv2.EVENT_MOUSEMOVE and (flags & cv2.EVENT_FLAG_LBUTTON):
        cv2.rectangle(img2, point1, (x,y), (255,0,0), 5)
        cv2.imshow('image', img2)
    elif event == cv2.EVENT_LBUTTONUP:
        point2 = (x,y)
        cv2.rectangle(img2, point1, point2, (0,0,255), 5)
        cv2.imshow('image', img2)
        min_x = min(point1[0], point2[0])
        min_y = min(point1[1], point2[1])
        width = abs(point1[0] - point2[0])
        height = abs(point1[1] - point2[1])
        cut_img = img[min_y:min_y+height, min_x:min_x+width]
        resize_img = cv2.resize(cut_img, (28,28))
```

```
        ret, thresh_img = cv2.threshold(resize_img,127,255,cv2.
THRESH_BINARY)
        cv2.imshow('result', thresh_img)
        cv2.imwrite('2.png', thresh_img)
        def main():
    global img
    img = cv2.imread('2.png')
    img = cv2.cvtColor(img, cv2.COLOR_BGR2GRAY)
    cv2.namedWindow('image')
    cv2.setMouseCallback('image', on_mouse)
    cv2.imshow('image', img)
    cv2.waitKey(0)
if __name__ == '__main__':
    main()
```

（2）LeNet 网络构建，并学习 MNIST 数据集。选择参数，完成输入层、卷积层、池化层、卷积层、池化层、全连接层、全连接层、输出层设置，完成 LeNet 网络构建。

```
import tensorflow as tf
import numpy as np
import os
from tensorflow.keras.datasets import mnist
import tensorflow.keras as keras
from tensorflow.keras import layers
(x_train, y_train), (x_test, y_test) = mnist.load_data()
x_train, x_test = x_train / 255.0, x_test / 255.0
y_train = keras.utils.to_categorical(y_train,num_classes=10)
y_test = keras.utils.to_categorical(y_test,num_classes=10)
img_rows,img_cols=28,28
x_train = x_train.reshape(x_train.shape[0],img_rows,img_cols,1)
x_test = x_test.reshape(x_test.shape[0],img_rows,img_cols,1)
model = keras.Sequential()
model.add(layers.Conv2D(6,kernel_size=(5,5),activation=
'sigmoid',input_shape=(img_rows,img_cols,1)))
model.add(layers.MaxPooling2D(pool_size=(2,2),strides=2))
model.add(layers.Conv2D(16,kernel_size=(5,5),activation=
'sigmoid',input_shape=(img_rows,img_cols,1)))
model.add(layers.MaxPooling2D(pool_size=(2,2),strides=2))
```

```python
model.add(layers.Flatten())
model.add(layers.Dense(120, activation='relu'))
model.add(layers.Dense(84, activation='relu'))
model.add(layers.Dense(10, activation='softmax'))
print(model.summary())
model.compile(optimizer='adam',
              loss=keras.losses.categorical_crossentropy,
              metrics=['accuracy'])
log_dir = os.path.join("logs")
if not os.path.exists(log_dir):
    os.mkdir(log_dir)
tensorboard_callback = tf.keras.callbacks.TensorBoard(log_dir=log_dir, histogram_freq=1)
model.fit(x_train, y_train,
          epochs=8,
          validation_data=(x_test, y_test),
          callbacks=[tensorboard_callback])
model.save_weights("./save_model/LeNet_MNIST_save_weights", save_format='tf')
```

（3）图片识别。将采集的数字 png 格式图片，输入到训练好的 LeNet 网络中进行预测和识别。

```python
from PIL import Image
import numpy as np
import tensorflow.compat.v1 as tf
tf.disable_v2_behavior()
im = Image.open('2.png')
data = list(im.getdata())
result = [(255-x)*1.0/255.0 for x in data]
print(result)
x = tf.placeholder("float", shape=[None, 784])
def weight_variable(shape):
    initial = tf.truncated_normal(shape, stddev=0.1)
    return tf.Variable(initial)
def bias_variable(shape):
    initial = tf.constant(0.1, shape=shape)
    return tf.Variable(initial)
def conv2d(x, W):
```

```python
    return tf.nn.conv2d(x, W, strides=[1, 1, 1, 1], padding=
'SAME')
def max_pool_2x2(x):
    return tf.nn.max_pool(x, ksize=[1, 2, 2, 1], strides=[1,
2, 2, 1], padding='SAME')
x_image = tf.reshape(x, [-1,28,28,1])
W_conv1 = weight_variable([5, 5, 1, 32])
b_conv1 = bias_variable([32])
h_conv1 = tf.nn.relu(conv2d(x_image, W_conv1) + b_conv1)
h_pool1 = max_pool_2x2(h_conv1)
W_conv2 = weight_variable([5, 5, 32, 64])
b_conv2 = bias_variable([64])
h_conv2 = tf.nn.relu(conv2d(h_pool1, W_conv2) + b_conv2)
h_pool2 = max_pool_2x2(h_conv2)
W_fc1 = weight_variable([7 * 7 * 64, 1024])
b_fc1 = bias_variable([1024])
h_pool2_flat = tf.reshape(h_pool2, [-1, 7*7*64])
h_fc1 = tf.nn.relu(tf.matmul(h_pool2_flat, W_fc1) + b_fc1)
keep_prob = tf.placeholder("float")
h_fc1_drop = tf.nn.dropout(h_fc1, keep_prob)
W_fc2 = weight_variable([1024, 10])
b_fc2 = bias_variable([10])
y_conv=tf.nn.softmax(tf.matmul(h_fc1_drop, W_fc2) + b_fc2)
saver = tf.train.Saver()
with tf.Session() as sess:
    sess.run(tf.global_variables_initializer())
    saver.restore(sess, "./save/LeNet_MNIST_save_weights.ckpt")
    prediction = tf.argmax(y_conv,1)
    predint = prediction.eval(feed_dict={x: [result],
keep_prob: 1.0}, session=sess)
    print("recognize result: %d" %predint[0])
```

2.4 任务评价与总结

上述任务完成后，填写下表，对知识点掌握情况进行自我评价，并进行学习总结，评价表见表3-2-3。

表 3-2-3　评价总结表

考核项目	任务知识点	自我评价	学习总结
深度学习简介	深度学习基本概念	☐没有掌握 ☐基本掌握 ☐完全掌握	
	深度学习应用场景	☐没有掌握 ☐基本掌握 ☐完全掌握	
卷积神经网络	神经元模型	☐没有掌握 ☐基本掌握 ☐完全掌握	
	神经网络基本结构	☐没有掌握 ☐基本掌握 ☐完全掌握	
	常用的神经网络	☐没有掌握 ☐基本掌握 ☐完全掌握	
	激活函数	☐没有掌握 ☐基本掌握 ☐完全掌握	
	损失函数	☐没有掌握 ☐基本掌握 ☐完全掌握	
LeNet 模型	模型结构	☐没有掌握 ☐基本掌握 ☐完全掌握	
	TensorFlow 实现	☐没有掌握 ☐基本掌握 ☐完全掌握	

2.5　知识积累

2.5.1　深度学习的基本概念

深度学习（Deep Learning，DL）是机器学习（Machine Learning，ML）领域中一个新的研究方向，它被引入机器学习使其更接近于最初的目标——人工智能（Artificial Intelligence，AI）。深度学习的概念源于人工神经网络的研究，含多个隐藏层的多层感知器就是一种深度学习结构。深度学习通过组合低层特征形成更加抽象的高层表示属性类别或特征，学习样本数据的内在规律和表示层次，这些学习过程中获得的信息对如文字、图像和声音等数据的解释有很大帮助。它的最终目标是让机器能够像人一样具有分析学习能力，能够识别文字、图像和声音等数据。深度学习是一个复杂的机器学习算法，在语音和图像识别方面取得的效果，远远超过先前相关技术。

深度学习在搜索技术、数据挖掘、机器学习、机器翻译、自然语言处理、多媒体学习、语音、推荐和个性化技术以及其他相关领域都取得了很多成果。深度学习使机器模仿视听和思考等人类的活动，解决了很多复杂的模式识别难题，使得人工智能相关技术取得了很大进步。

完成上述学习资料的学习后，根据自己的学习情况进行归纳总结，并填写学习笔记，见表 3-2-4。

表 3-2-4　学习笔记

主题	
内容	问题与重点
总结：	

2.5.2　卷积神经网络

1. 神经元模型

神经网络是由具有适应性的简单单元组成的广泛并行互连的网络，它的组织能够模拟生物神经系统对真实世界物体所作出的交互反应。这是 T. Kohonen 1988 年在 Neural Networks 创刊号上给"神经网络"的定义。这里的"简单单元"就是"神经元"。1943 年美国心理学家 McCulloch 和数学家 Pitts 提出的 MP 神经元模型，如图 3-2-1 所示。

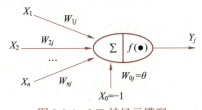

图 3-2-1　MP 神经元模型

该模型是可以看到一个神经元模型由输入信号、权值、偏置、加法器和激活函数共同构成，而且每个神经元都是一个多输入单输出的信息处理单元。输入与输出之间的关系为：

$$Y_j = f\left(\sum_{i}^{n} W_{ij} X_i - \theta_j\right)$$

f 称为激活函数 (Activation Function) 或转移函数 (Transfer Function)，用以提供非线性表达能力。f 的参数其实就是机器学习中的逻辑回归。

若将阈值看成是神经元 j 的一个输入 X_0 的权重 W_{0j}，则上面的式子可以简化为：

$$Y_j = f\left(\sum_0^n W_{ij} X_i\right)$$

若用 X 表示输入向量，用 W 表示权重向量，即：

$$X = [x_0, x_1, \cdots, x_n]$$

$$W = \begin{bmatrix} W_{0j} \\ W_{1j} \\ \vdots \\ W_{nj} \end{bmatrix}$$

则神经元的输出可以表示为向量相乘的形式：$Y_j = f(XW)$

2. 基本网络结构

一个神经网络最简单的结构包括输入层、隐含层和输出层，每一层网络有多个神经元，上一层的神经元通过激活函数映射到下一层神经元，每个神经元之间有相对应的权值，输出即为分类类别。多个神经元之间相互连接，即构成了神经网络，常规神经网络由三部分组成：输入层、(一个或多个) 隐藏层、输出层。如图 3-2-2 所示。

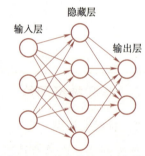

图 3-2-2　基本的神经网络结构

3. 常用的激活函数

1) sigmoid() 函数

在逻辑回归中使用 sigmoid() 函数，该函数是将取值为 $(-\infty, +\infty)$ 的数映射到 $(0,1)$ 之间。sigmoid() 函数的公式以及图形如图 3-2-3 所示。

$$f(x) = \frac{1}{1 + e^x}$$

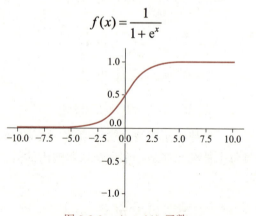

图 3-2-3　sigmoid() 函数

（1）当输入稍微远离了坐标原点，函数的梯度就变得很小了，几乎为零。在神经网络反向传播过程中，通过微分的链式法则计算各个权重 w 的微分。当反向传播经过 sigmoid() 函数，这个链条上的微分就很小了，况且还可能经过很多个 sigmoid() 函数，最后会导致权重 w 对损失函数几乎没影响，这样不利于权重的优化，这个问题称为梯度饱和，也可称为梯度弥散。

（2）函数输出不是以 0 为中心的，这样会使权重更新效率降低。对于这个缺陷，在斯坦福的课程中有详细的解释。

（3）sigmoid 函数要进行指数运算，这对于计算机来说是比较慢的。

2）tanh() 函数

tanh() 函数相较于 sigmoid() 函数要常见一些，该函数是将取值为 ($-\infty$, $+\infty$) 的数映射到 (-1, 1)，其公式与图形如图 3-2-4 所示。

$$f(x) = \frac{e^x - e^{-x}}{e^x + e^{-x}}$$

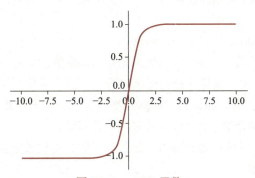

图 3-2-4　tanh() 函数

tanh() 函数在 0 附近很短一段区域内可看成是线性的。由于 tanh() 函数均值为 0，因此弥补了 sigmoid() 函数均值为 0.5 的缺点。

tanh() 函数的缺点同 sigmoid() 函数的第一个缺点一样，当 x 很大或很小时，$g'(x)$ 接近于 0，会导致梯度很小，权重更新非常缓慢，即梯度消失问题。

一般二分类问题中，隐藏层用 tanh() 函数，输出层用 sigmoid() 函数。不过这些也都不是一成不变的，具体使用什么激活函数，还要根据具体问题具体分析，还是要靠调试的。

3）ReLU 函数

ReLU 函数又称修正线性单元（Rectified Linear Unit），是一种分段线性函数，其弥补了 sigmoid() 函数以及 tanh() 函数的梯度消失问题。ReLU 函数的公式以及图形如图 3-2-5 所示。

$$f(x) = \begin{cases} x, & \text{当 } x > 0 \text{ 时} \\ 0, & \text{当 } x < 0 \text{ 时} \end{cases}$$

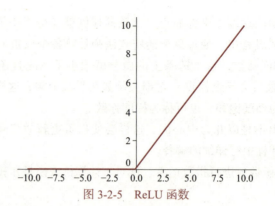

图 3-2-5　ReLU 函数

ReLU(Rectified Linear Unit) 函数是目前比较流行的一个激活函数，相比于 sigmoid() 函数和 tanh() 函数，它具有以下几个优点：

（1）在输入为正数时，不存在梯度饱和问题。

（2）计算速度要快很多。ReLU 函数只有线性关系，不管是前向传播还是反向传播，都比 sigmoid() 和 tanh() 快很多。（sigmoid() 和 tanh() 要计算指数，计算速度会比较慢）。

当然，ReLU 函数也有以下一些缺点：

（1）当输入是负数时，ReLU 函数是完全不被激活的，这就表明一旦输入到了负数，ReLU 就会死掉。这样在前向传播过程中，还不算什么问题，有的区域是敏感的，有的是不敏感的。但是到了反向传播过程中，输入负数，梯度就会完全到 0，这个和 sigmoid() 函数、tanh() 函数有一样的问题。

（2）ReLU 函数的输出要么是 0，要么是正数，这也就是说，ReLU 函数也不是以 0 为中心的函数。

4）ELU 函数

ELU 函数的公式以及图形如图 3-2-6 所示。

$$f(x)=\begin{cases} x, & 当x \geqslant 0时 \\ a(e^x-1), & 当x < 0时 \end{cases}$$

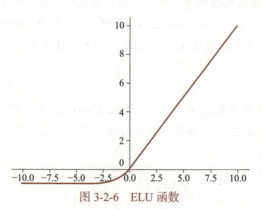

图 3-2-6　ELU 函数

ELU 函数是针对 ReLU 函数的一个改进型，相比于 ReLU 函数，在输入为负数的情况下，是有一定的输出的，而且这部分输出还具有一定的抗干扰能力。这样可以消除 ReLU 死掉的问题，不过还是有梯度饱和和指数运算的问题。

4）损失函数

在深度学习中，损失函数扮演着至关重要的角色。通过对最小化损失函数，使模型达到收敛状态，减少模型预测值的误差。因此，不同的损失函数，对模型的影响是重大的。常用的损失函数如下：

- 图像分类：交叉熵。
- 目标检测：Focal loss、L1/L2 损失函数、IOU Loss、GIOU、DIOU、CIOU。
- 图像识别：Triplet Loss、Center Loss、Sphereface、Cosface、Arcface。

下面主要介绍交叉熵、L1、L2、smooth L1 等损失函数。

1）交叉熵

交叉熵损失函数经常用于分类问题中，特别是在神经网络做分类问题时，也经常使用交叉熵作为损失函数，交叉熵涉及计算每个类别的概率，因此交叉熵几乎每次都和 sigmoid() 函数（或 softmax() 函数）一起出现。在图像分类中，经常使用 softmax+ 交叉熵作为损失函数，交叉熵损失函数的定义如下：

$$\text{CrossEntropy} = -\sum_{1}^{n} p(x_i) \ln(q(x_i))$$

其中，$p(x)$ 表示真实概率分布，$q(x)$ 表示预测概率分布。交叉熵损失函数通过缩小两个概率分布的差异，来使预测概率分布尽可能达到真实概率分布。

2）L1、L2、smooth L1 损失函数

利用 L1、L2 或者 smooth L1 损失函数，来对 4 个坐标值进行回归。smooth L1 损失函数是在 Fast R-CNN 中提出的。

L1 范数损失函数又称最小绝对值偏差（LAD）、最小绝对值误差（LAE）。它是把目标值（Y_i）与估计值（$f(x_i)$）的绝对差值的总和 S）最小化，定义如下：

$$S = -\sum_{1}^{n} |Y_i - f(x_i)|$$

L2 范数损失函数又称最小平方误差（LSE）。它是把目标值（Y_i）与估计值（$f(x_i)$）差值的平方和 (S) 最小化，定义如下：

$$S = -\sum_{i=1}^{n} (Y_i - f(x_i))^2$$

smooth L1 损失函数，即光滑之后的 L1 范数损失函数，要改善 L1 有折点、不光滑、导致不稳定等缺点，smooth L1 损失函数的定义如下：

$$\text{smooth}_{L1}(x) = \begin{cases} 0.5x^2, & |x|<1 \\ |x|-0.5, & \text{otherwise} \end{cases}$$

从损失函数对 x 的导数可知，L1 损失函数对 x 的导数为常数，在训练后期 x

很小时，如果 learning rate 不变，损失函数会在稳定值附近波动，很难收敛到更高的精度。L2 损失函数对 x 的导数在 x 值很大时，其导数也非常大，在训练初期不稳定，smooth L1 完美地避开了 L1 和 L2 损失的缺点。

在一般的目标检测中，通常是计算 4 个坐标值与 GT 框之间的差异，然后将这 4 个 loss 进行相加，构成 regression loss。

完成上述学习资料的学习后，根据自己的学习情况进行归纳总结，并填写学习笔记，见表 3-2-5。

表 3-2-5　学习笔记

主题	
内容	问题与重点
总结：	

2.5.3　深度学习开发环境搭建

1. MNIST 数据集

MNIST 数据集是由 0～9 的数字图像构成的。训练图像有 6 万张，测试图像有 1 万张，这些图像可以用于学习和推理。

MNIST 数据集的一般使用方法是，先用训练图像进行学习，再用学习到的模型度量能在多大程度上对测试图像进行正确的分类，数字图片样式如图 3-2-7 所示。

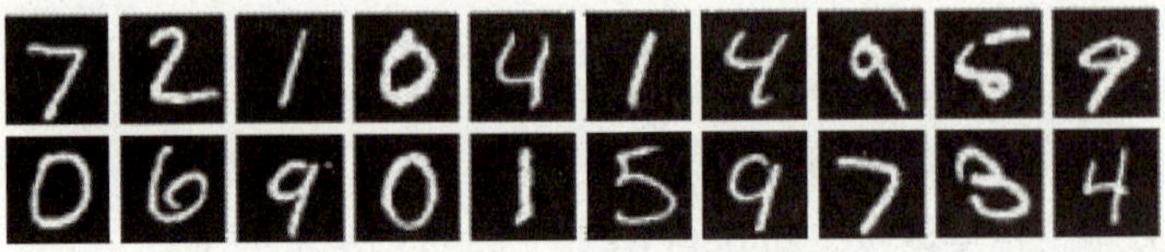

图 3-2-7　MNIST 数据集的数字

MNIST 的图像数据是 28 像素 × 28 像素的灰度图像（1 通道），各个像素的取值为 0～255。每个图像数据都相应地标有"7""2""1"等标签。MNIST 数据集的部分数据如图 3-2-8 所示。

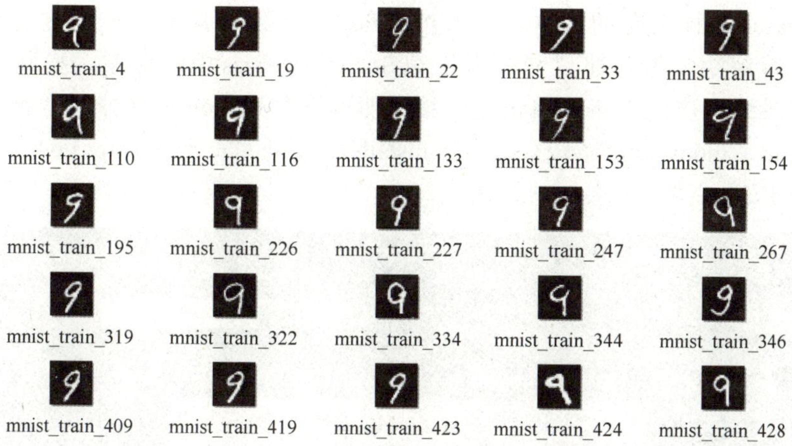

图 3-2-8　MNIST 数据集的部分数据

MNIST 数据集是一个手写体数据集，数据集中每个样本都是一个 0～9 的手写数字。该数据集由四部分组成，训练图片集、训练标签集、测试图片集和测试标签集。其中，训练集中有 60 000 个样本，测试集中有 10 000 个样本。每张照片均为 28×28 的二值图片，为方便存储，官方已对图片集进行处理，将每一张图片变成了维度为 (1,784) 的向量。

MNIST 数据集的特点如下：
- 每张照片均为 28 像素 ×28 像素的二值图片。
- 数字的笔画无间断。
- 数字在图像中倾斜的角度不超过 45°。
- 所有数字在图像中所占的比例相同。

2．开发环境搭建

1）安装 Python

通过在命令窗口中输入 python 来确定自己的计算机中是否安装了 Python。如图 3-2-9 所示，说明本计算机没有安装 Python。

图 3-2-9　判断系统是否安装 Python

（1）下载和安装 Python。

打开 Python 官网：https://www.python.org/，在 Downloads 部分可以看到不同系统对应的 Python 版本，如图 3-2-10 所示，根据自己的计算机系统下载相应的版本文件。

以在 Windows 64 位操作系统中安装 Python 为例说明安装步骤：

单击 Download，选择 Windows。可以看到页面上有左右两列 Stable Releases 和 Pre-releases，如图 3-2-11 所示。其中左侧的 Stable Releases 是稳定版本，

Pre-releases 是预发布的版本。使用 Pre-releases 可能会遇到一些问题，需要使用者自行解决。因此建议初学者下载 Stable Releases 中的版本。找到与自己的操作系统对应的版本，单击超链接，即可下载 Python 编译器。笔者选择了 Download Windows x86-64 executable installer，下载并安装 Windows 64 位操作系统可执行安装文件。

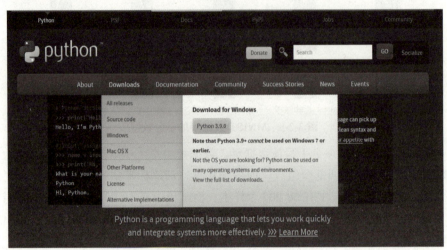

图 3-2-10　Python 官网下载界面

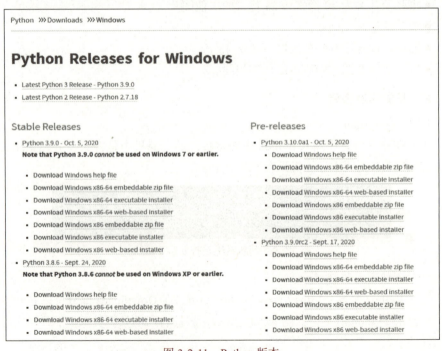

图 3-2-11　Python 版本

下载完成后可以在文件夹中看到安装文件，双击文件名称，开始安装，如图 3-2-12 所示。

图 3-2-12　安装页面

注意,需要勾选"Add Python 3.8 to PATH"复选框,否则在安装完成后需要自行配置环境变量,选择 Install Now 开始安装,程序正在安装的页面如图 3-2-13 所示。

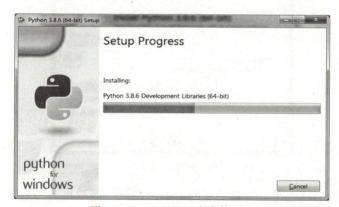

图 3-2-13　Python 正在安装页面

安装结束,单击 Close 按钮即可。安装完成后,再次打开命令行窗口,输入"python",看到图 3-2-14 所示内容,说明安装成功。

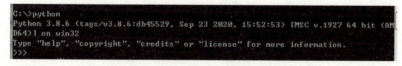

图 3-2-14　判断 Python 是否安装成功

(2)环境变量的配置。

如果在安装时没有选择"Add Python 3.8 to PATH"复选框,则需在安装完成后手动设置环境变量。右击桌面中的"计算机"图标,在弹出的快捷菜单中,选择"属性"命令,在打开的窗口中单击"高级系统设置"超链接,如图 3-2-15 所示。

在弹出的"系统属性"对话框中选择"高级"选项卡,单击"环境变量"按钮,如图 3-2-16 所示。

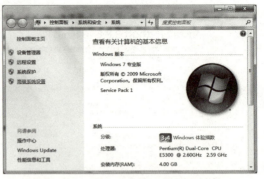

图 3-2-15 单击"高级系统设置"超链接

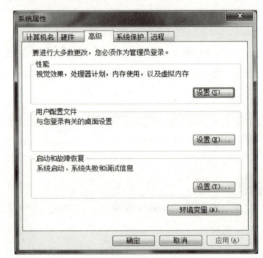

图 3-2-16 选择"高级"选项卡

在弹出的"环境变量"对话框的"系统变量"区域双击"Path"即可,如图 3-2-17 所示。

图 3-2-17 "环境变量"对话框

2）安装集成开发环境 PyCharm

下载并安装 PyCharm 软件。

在浏览器地址栏中输入地址 https://www.jetbrains.com/pycharm/download/#section=windows，下载软件包，如图 3-2-18 所示。

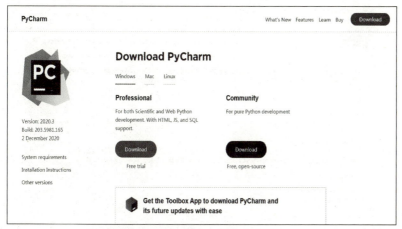

图 3-2-18　PyCharm 软件下载界面

打开网页后可以看到有 2 个版本，Professional 和 Community，选择 Community 版本进行下载。双击安装文件，运行安装程序，如图 3-2-19 所示。

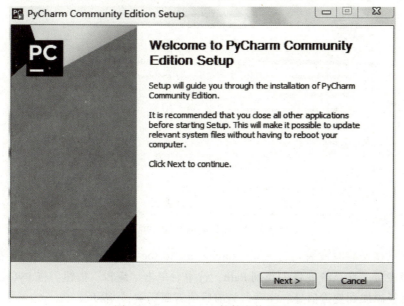

图 3-2-19　PyCharm 软件安装界面

单击 Next 按钮，进入安装配置界面。根据自己的需要选择将软件安装到指定的目录下，如图 3-2-20 所示。

如果你的计算机是 64 位的操作系统，可以勾选 64-bit launcher 复选框，这样系统安装完毕后会在桌面上创建一个快捷方式；Create Associations 选项代表是否要在 PyCharm 中关联扩展名为 .py 的文件。在此处如果勾选 Add launcher dir to the PATH 复选框，那么安装结束后需要重新启动，然后系统自动添加环境变量；否则需要手动配置环境变量，如图 3-2-21 所示。

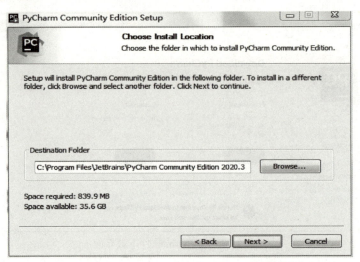

图 3-2-20　PyCharm 软件安装目录选择界面

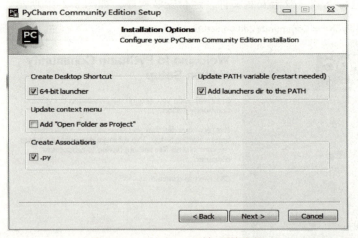

图 3-2-21　PyCharm 添加环境变量

如果在安装时没有勾选 Add launcher dir to the PATH 复选框，则需要自己配置环境变量。在系统变量中找到 Path，选中后单击"编辑"按钮。将 PyCharm 的安装路径添加到变量值处。注意，与前后项需要用"；"隔开。

3）使用 pip 安装 OpenCV

进入到 pip 安装目录下（默认安装路径是"C:\Users\#\AppData\Local\Programs\Python\Python38\Scripts"，请将 # 替换成自己的用户名），运行 pip install opencv-python 安装 OpenCV，OpenCV 安装界面如图 3-2-22 所示。

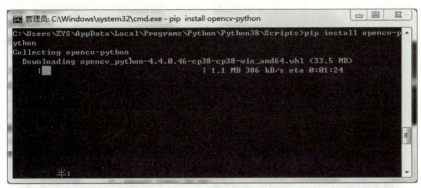

图 3-2-22　OpenCV 安装界面

安装好 OpenCV 后，检查 OpenCV 是否安装成功，在命令行窗口中输入 python 并执行。然后在命令行 >>> 后输入 import cv2，命令成功执行，没有报错，如图 3-2-23 所示。

图 3-2-23　检查 OpenCV 是否安装成功

4）使用 pip 安装 TensorFlow

在命令行窗口中输入指令 pip install tensorflow，以便下载安装 TensorFlow。因为需要安装的文件比较大，所以下载过程中可能会出现下载失败的情况。可以将下载命令改为 pip install tensorflow -i https://pypi.douban.com/simple 以便从境内服务器下载安装 TensorFlow。安装界面如图 3-2-24 所示。

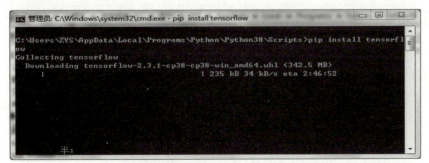

图 3-2-24　TensorFlow 安装界面

在安装过程中，pip 还会根据需要将其他相关模块一起进行下载和安装。需要安装的文件比较大，所以安装耗时比较长，最后出现 Successfully installed 字样，表示安装成功。

测试 TensorFlow 是否安装成功，在命令行窗口中输入 python 并执行。然后在命令行 >>> 后输入 import tensorflow，命令成功执行，没有报错，如图 3-2-25 所示。

图 3-2-25　TensorFlow 安装成功界面

5）使用 pip 安装 PyTorch

访问 https://pytorch.org/，在网页中单击 Get Started，如图 3-2-26 所示。

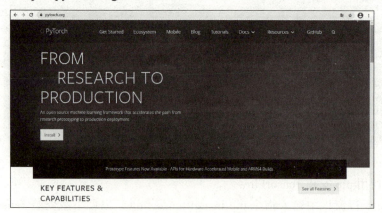

图 3-2-26　PyTorch 官网界面

在页面中根据自己的情况进行选择，如图 3-2-27 所示。

图 3-2-27　PyTorch 下载版本界面

复制 Run this Command: 后面的指令，将指令粘贴至命令行窗口，进行执行，如图 3-2-28 所示。

图 3-2-28　PyTorch 安装界面

测试。在命令行窗口中输入 python 并执行。然后在命令行 >>> 后输入 import torch，命令成功执行，没有报错。

完成上述学习资料的学习后，根据自己的学习情况进行归纳总结，并填写学习笔记，见表 3-2-6。

表 3-2-6　学习笔记

主题	
内容	问题与重点
总结：	

2.5.4　LeNet模型分解

LeNet 是一个最典型的卷积神经网络，由卷积层、池化层、全连接层组成，其中卷积层与池化层配合，组成多个卷积组，逐层提取特征，最终通过若干个全连接层完成分类。

1. 模型结构

LeNet 模型结构如图 3-2-29 所示。

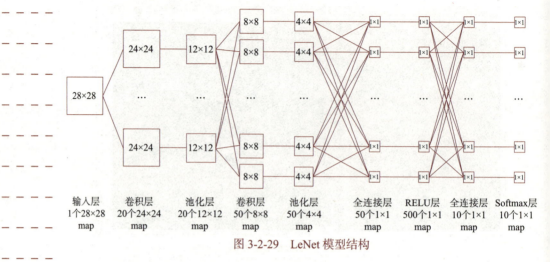

图 3-2-29　LeNet 模型结构

1）INPUT 层——输入层

输入层输入的是尺寸统一归一化为 32×32 的数字图像。在每个卷积层中，数据都是以三维形式存在的。可以把它看成许多个二维图片叠在一起，其中每一个称为一个特征图（feature map）。每个层都含有多个特征图，每个特征图通过一种卷积滤波器提取输入的一种特征，然后每个特征图有多个神经元。

2）C1 层——卷积层

卷积层的组成情况为：
- 输入图片：32×32。
- 卷积核大小：5×5。
- 卷积核种类：6。
- 输出 feature map 大小：28×28。
- 神经元数量：28×28×6。
- 可训练参数：(5×5+1)×6=156 个（每个滤波器有 5×5=25 个 unit 参数和一个 bias 参数，共 6 个滤波器）。
- 连接数：(5×5+1)×6×28×28=122 304 个。

对输入图像进行第一次卷积运算（使用 6 个大小为 5×5 的卷积核），得到 6 个 C1 特征图（6 个大小为 28×28 的特征图，32-5+1=28）。卷积核的大小为 5×5，总共有 6×(5×5+1)=156 个参数，其中 +1 表示一个核有一个 bias。对于卷积层 C1 内的每个像素都与输入图像中的 5×5 个像素和 1 个 bias 有连接，所以总共有 156×28×28=122 304 个连接（connection）。

3）S2 层——池化层（下采样层）

该层组成情况为：
- 输入：28×28。

- 采样区域：2×2。
- 采样方式：4个输入相加，乘以一个可训练参数，再加上一个可训练偏置；结果通过 Sigmoid。
- 采样种类：6。
- 输出特征图大小：14×14（28/2）。
- 神经元数量：14×14×6=1 176 个。
- 连接数：(2×2+1)×6×14×14=5 880 个。

第一次卷积之后紧接着就是池化运算，使用 2×2 核进行池化，得到 S2，即 6 个 14×14 的特征图（28/2=14）。S2 这个 pooling 层是对 C1 中的 2×2 区域内的像素求和乘以一个权值系数再加上一个偏置，然后将结果再做一次映射，同时有 5×14×14×6=5 880 个连接。

4) C3 层——卷积层

该层组成情况为：
- 输入：S2 中所有 6 个或者几个特征图组合。
- 卷积核大小：5×5。
- 卷积核种类：16。
- 输出特征图大小：10×10。

C3 中的每个特征图是连接到 S2 中的所有 6 个或者几个特征图的，表示本层的特征图是上一层提取到的特征图的不同组合。存在的一个方式是：C3 的前 6 个特征图以 S2 中 3 个相邻的特征图子集为输入。接下来 6 个特征图以 S2 中 4 个相邻特征图子集为输入。然后的 3 个以不相邻的 4 个特征图子集为输入。最后一个将 S2 中所有特征图为输入。可训练参数：6×(3×5×5+1)+6×(4×5×5+1)+3×(4×5×5+1)+1×(6×5×5+1)=1 516 个参数，连接数为 10×10×1 516=151 600 个。

5) S4 层——池化层

该层组成情况为：
- 输入：10×10。
- 采样区域：2×2。
- 采样方式：4个输入相加，乘以一个可训练参数，再加上一个可训练偏置；结果通过 sigmoid。
- 采样种类：16。
- 输出特征图大小：5×5（10/2）。
- 神经元数量：5×5×16=400。
- 连接数：16×(5×5)=2 000。

S4 是 pooling 层，窗口大小仍然是 2×2，共计 16 个特征图，对 C3 层的 16 个 10×10 的图分别进行以 2×2 为单位的池化得到 16 个 5×5 的特征图。有 5×5×16=2 000 个连接。连接的方式与 S2 层类似。

6）C5 层——卷积层
- 输入：10×10。
- 采样区域：2×2。
- 采样方式：4 个输入相加，乘以一个可训练参数，再加上一个可训练偏置；结果通过 Sigmoid。
- 采样种类：16。
- 输出特征图大小：5×5（10/2）。
- 神经元数量：5×5×16=400 个。
- 连接数：16×(2×2+1)×5×5=2 000 个。

7）S4 pooling 层

窗口大小仍然是 2×2，共计 16 个特征图，对 C3 层的 16 个 10×10 的图分别进行以 2×2 为单位的池化得到 16 个 5×5 的特征图。有 5×5×5×16=2 000 个连接。连接的方式与 S2 层类似。

8）F6 层——全连接层

F6 层是全连接层。F6 层有 84 个结点，对应于一个 7×12 的比特图，-1 表示白色，1 表示黑色，这样每个符号的比特图的黑白色就对应于一个编码。该层的训练参数和连接数是 (120+1)×84=10 164 个。

9）Output 层——全连接层

Output 层也是全连接层，共有 10 个结点，分别代表数字 0 到 9，且如果结点 i 的值为 0，则网络识别的结果是数字 i。采用的是径向基函数（RBF）的网络连接方式。假设 x 是上一层的输入，y 是 RBF 的输出，则 RBF 输出的计算方式是：

$$y_i=\sum_j(x_j-w_{ij})^2$$

上式 w_{ij} 的值由 i 的比特图编码确定，i 从 0～9，j 取值从 0～7×12-1。RBF 输出的值越接近于 0，则越接近于 i，即越接近于 i 的 ASCII 编码图，表示当前网络输入的识别结果是字符 i。该层有 84×10=840 个参数和连接。

2. TensorFlow 实现 LeNet（以 MNIST 数据集为例）

1）导入包

导入 tensorflow、input_data 和 time 三个包。

```
import tensorflow as tf
from tensorflow.example.tutorials.mnist import input_data
import time
```

2）声明输入图片的数据和类别

```
x=tf.placeholder('float',[None,784])
y_=tf.placeholder('float',[None,10])
```

将一维数组重新转换为二维图像矩阵：

```
x_image=tf.reshape(x,[-1,28,28,1])
```

第一个卷积层设置：

```
filter1 = tf.Variable(tf.truncated_normal([5,5,1,6]))
bias1 = tf.Variable(tf.truncated_normal([6]))
conv1 =tf.nn.conv2d(x_image,filter1, strides=[1, 1, 1, 1],
padding= 'SAME!)
h_conv1=tf.nn.sigmoid(conv1+bias1)
```

池化层设置：

```
maxPool2=tf.nn.max_pool(h_conv1,ksize=[1,2,2,11,strides=[1,2,
2,1],padding='SAME')
```

第三层设置：

```
filter2 = tf.Variable(tf.truncated normal([5, 5, 6, 16]))
bias2 = tf.Variable(tf.truncated normal([16]))
conv2 = tf. nn. conv2d(maxPool2, filter2, strides=[1, 1, 1,
1], padding='SAME'
h_conv2 = tf.nn.sigmoid(conv2 + bias2)
maxPool3= tf.nn.max_pool(h_conv2, ksize=[1, 2, 2,
1],strides=[1, 2, 2, 1] padding='SAME')
filter3 = tf.Variable (tf.truncated normal([5, 5,16,120]))
bias3 = tf.Variable(tf.truncated normal([120]))
conv3= tf. nn. conv2d(maxPool3, filter3, strides=[1, 1, 1,
1], padding= ' SAME ' h_conv3 = tf. nn. sigmoid(conv3+bias3)
```

全连接层设置：

```
W_fc1 = tf.Variable(tf.truncated normal([7 * 7 * 120,80]))
b_fc1 = tf.Variable(tf.truncated normal([80]))
h_pool2_flat = tf.reshape (h_conv3, [-1,7 * 7 * 120])
h_fc1 = tf.nn.sigmoid(tf.matmul(h_pool2 flat,W_fc1) +b_fc1)
```

输出层，使用softmax进行多分类：

```
W_fc2 = tf.Variable(tf.truncated normal([80,10]))
b_fc2= tf.Variable(tf.truncated normal([10]))
#y_conv= tf.maximum(tf. nn. softmax(tf.matmul(h_fc1, W_fc2)
+ b_fc2), 1e-30)
y_conv = tf.nn.softmax(tf.matmul(h_fc1, W_fc2)+ b_fc2)
```

输出层使用softmax进行概率计算：

```
cross_entropy = -tf.reduce_sum(y_ * tf.log(y_conv))
train_step =
tf-train.GradientDescentOptimizer(0.001).minimize(cross_entropy)
```

最后利用交叉熵作为损失函数，使用梯度下降算法对模型进行训练。

完成上述学习资料的学习后，根据自己的学习情况进行归纳总结，并填写学习笔记，见表 3-2-7。

表 3-2-7　学习笔记

主题	
内容	问题与重点
总结：	

任务 3　基于深度学习的图像分类

图像分类是输入一个图像，输出对该图像内容分类的描述的问题，是计算机视觉的核心，实际应用广泛。图像分类的传统方法是特征描述及检测，这类传统方法可能对于一些简单图像的分类是有效的，但由于实际情况非常复杂。深度学习在计算机视觉领域全面超过了传统的机器学习，本任务采用深度学习方法，通过获取数据集—预处理数据集—搭建网络模型—训练—测试模型，学生通过本任务的学习，可以熟练掌握深度学习实现图像分类的方法和步骤。

3.1　任务介绍

本任务要求学生在学习知识积累部分所列知识点、收集相关资料的基础上了解 VGG16 深度卷积神经网络，学会参数调节，能完成对垃圾分类。任务详细描述见表 3-3-1。

表 3-3-1　基于深度学习的图像分类任务介绍

任务名称	任务三　基于深度学习的图像分类	
建议学时	6 学时	实际学时
任务描述	本任务以垃圾分类数据集为教学载体，要求学生在学习、收集相关资料的基础上了解 VGG16 深度卷积神经网络的结构、优点、VGG16 的块结构、块权重参数等。利用完成 VGG16 深度卷积神经网络完成垃圾分类，掌握计算机视觉分类的方法及应用，为之后的处理做准备。	
任务完成环境	Python 软件、Anaconda3 编辑器、TensorFlow	
任务重点	① 构建 VGG16 模型； ② 完成数据预测	
任务要求	① 数据预处理——构建 VGG16 模型； ② 模型评估； ③ 数据预测； ④ 可视化界面	
任务成果	① 导入数据集； ② 完成垃圾分类	

3.2　导　　学

请先按照导读信息进行相关知识点的学习，掌握一定的操作技能，然后进行任务实施，并对实施效果进行自我评价。

本任务知识点和技能的导学见表 3-3-2。

表 3-3-2　基于深度学习的图像分类导学

任务		任务和技能要求	
基于深度学习的图像分类		了解项目背景	
		数据集的采集	
	1	VGG16 深度卷积神经网络简介	特点
			应用
	2	VGG16 模型结构	VGG16 模型结构配置
			VGG16 深度卷积神经网络块结构
			VGG16 深度卷积神经网络块权重参数

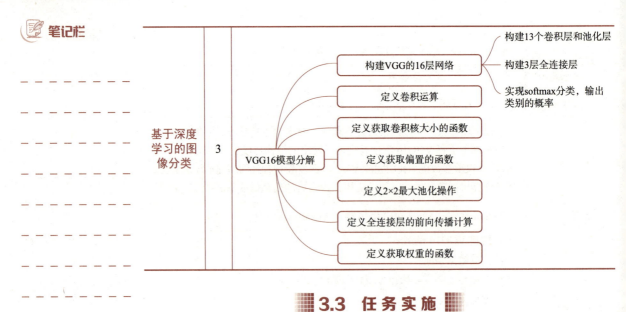

3.3 任务实施

1. 数据集采集

该数据集包含生活垃圾图片,拍摄图像并压缩后的尺寸为 512×384,垃圾识别分类数据集中包括玻璃、纸、硬纸板、塑料、金属、一般垃圾 6 个类别,见表 3-3-3。

表 3-3-3 数据集构成情况

序号	名称	数据集大小
1	玻璃	500 张图片
2	纸	600 张图片
3	硬纸板	400 张图片
4	塑料	600 张图片
5	金属	400 张图片
6	一般垃圾	150 张图片

2. 数据预处理——构建 VGG16 模型

```
from keras.layers import Dropout
from keras.preprocessing.image import ImageDataGenerator
from keras.models import Sequential
from keras.layers import Flatten, Dense
from keras.optimizers import SGD
from keras.applications.vgg16 import VGG16
import matplotlib.pyplot as plt
```

```python
import time
def processing_data(data_path):
    train_data = ImageDataGenerator(
            width_shift_range=0.1,
            height_shift_range=0.1,
            shear_range=0.1,
            zoom_range=0.1,
            horizontal_flip=True,
            vertical_flip=True,
            rescale=1. / 225,
            validation_split=0.1)
    validation_data = ImageDataGenerator(
            rescale=1. / 255,
            validation_split=0.1)
    train_generator = train_data.flow_from_directory(
            data_path,
            target_size=(150, 150),
            batch_size=16,
            class_mode='categorical',
            subset='training',
            seed=0)
    validation_generator = validation_data.flow_from_directory(
            data_path,
            target_size=(150, 150),
            batch_size=16,
            class_mode='categorical',
            subset='validation',
            seed=0)
    return train_generator, validation_generator
def model(train_generator, validation_generator, save_model_path, epochs):
    start = time.time()
    vgg16_model = VGG16(weights='imagenet', include_top=False, input_shape=(150,150,3))
    top_model = Sequential()
    top_model.add(Flatten(input_shape=vgg16_model.output_shape[1:]))
    top_model.add(Dense(256, activation='relu'))
    top_model.add(Dropout(0.5))
```

```python
        top_model.add(Dense(6, activation='softmax'))
        model = Sequential()
        model.add(vgg16_model)
        model.add(top_model)
        model.compile(
                optimizer=SGD(lr=1e-3, momentum=0.9),
                loss='categorical_crossentropy',
                metrics=['accuracy'])
        model.fit_generator(
                generator=train_generator,
                epochs=epochs,
                steps_per_epoch=2259 // 16,
                validation_data=validation_generator,
                validation_steps=248 // 16,
                )
        model.save(save_model_path)
        end = time.time()
        print("VGG16模型训练完成! 总耗时: %d 秒" % (end - start))
        return model
epochs = 20
data_path = 'dataset/'
save_model_path = 'results/model_20.h5'
train_generator, validation_generator = processing_data(data_path)
model(train_generator, validation_generator, save_model_path, epochs)
```

3. 模型评估

```python
from keras.models import load_model
from model_20 import processing_data
import matplotlib.pyplot as plt
def evaluate_mode(validation_generator):
    model = load_model('results/model_20.h5')
    history = model.fit_generator(
        generator=train_generator,
        epochs=20,
        steps_per_epoch=2259 // 16,
        validation_data=validation_generator,
        validation_steps=248 // 16,
    )
    plt.figure()
```

```python
        plt.plot(history.history['acc'])
        plt.plot(history.history['val_acc'])
        plt.title('model accuracy')
        plt.ylabel('accuracy')
        plt.xlabel('epoch')
        plt.legend(['train', 'test'], loc='upper left')
        plt.savefig('model_accuracy.png')
        plt.figure()
        plt.plot(history.history['loss'])
        plt.plot(history.history['val_loss'])
        plt.title('model loss')
        plt.ylabel('loss')
        plt.xlabel('epoch')
        plt.legend(['train', 'test'], loc='upper left')
        plt.savefig('model_loss.png')
        plt.show()
        loss, accuracy = model.evaluate_generator(validation_generator)
        print("VGG16模型评估：")
        print("Loss: %.2f, Accuracy: %.2f%%" % (loss, accuracy * 100))
        print(model.summary())
data_path = 'dataset/'
train_generator, validation_generator = processing_data(data_path)
evaluate_mode(validation_generator)
```

4. 预测

```python
from keras.preprocessing import image
from keras.models import load_model
import numpy as np
import cv2
def predict(img_path):
    img = image.load_img(img_path, target_size=(150, 150))
    img = image.img_to_array(img)
    model_path = 'results/model_20.h5'
    model = load_model(model_path)
    x = np.expand_dims(img, axis=0)
    y = model.predict(x)
    labels = {0: 'cardboard', 1: 'glass', 2: 'metal', 3: 'paper',
 4: 'plastic', 5: 'trash'}
```

```python
        predict = labels[np.argmax(y)]
        return predict
img_path = 'testImg/cardboard2.jpg'
frame = cv2.imread(img_path)
font = cv2.FONT_HERSHEY_SIMPLEX
cv2.putText(frame, predict(img_path), (10, 140), font, 3,
(255, 0, 0), 2, cv2.LINE_AA)
cv2.imwrite('results/pred.png', frame)
cv2.imshow('img', frame)
cv2.waitKey(0)
cv2.destroyAllWindows()
```

5. 可视化界面

```python
import tkinter as tk
from tkinter import *
from tkinter import ttk
from PIL import Image, ImageTk
window = tk.Tk()
window.title(' 利用 VGG16 进行垃圾分类 ')
window.geometry('1600x600')
global img_png
var = tk.StringVar()
mainframe = ttk.Frame(window, padding="5 4 12 12")
mainframe.grid(column=0, row=0, sticky=(N, W, E, S))
mainframe.columnconfigure(0, weight=1)
mainframe.rowconfigure(0, weight=1)
def openImg():
    global img_png
    var.set(' 已打开 ')
    Img = Image.open('test.jpg')
    img_png = ImageTk.PhotoImage(Img)
    label_Img2 = tk.Label(image=img_png).grid(column=2, row=2, sticky=W)
num = 1
def change():
    global num
    var.set(' 已完成预测 ')
    num=num+1
    if num%3==0:
        url1="results/pred.png"
```

```
            pil_image = Image.open(url1)
            img= ImageTk.PhotoImage(pil_image)
            label_img.configure(image = img)
            window.update_idletasks()
ttk.Button(mainframe, text=" 打开 ", command=openImg).grid
(column=1, row=2, sticky=W)
ttk.Button(mainframe, text=" 预测 ", command=change).grid
(column=3, row=2, sticky=W)
ttk.Label(mainframe, text=" 状态 ").grid(column=1, row=3,
sticky=W)
ttk.Label(mainframe, textvariable=var).grid(column=3, row=3,
sticky=W)
url = "logo.jpg"
pil_image = Image.open(url)
img= ImageTk.PhotoImage(pil_image)
label_img = ttk.Label(window, image = img ,compound=CENTER)
label_img.grid(column=0, row=2, sticky=W)
window.mainloop()
```

3.4 任务评价与总结

上述任务完成后，填写下表，对知识点掌握情况进行自我评价，并进行学习总结，评价表见表 3-3-4。

表 3-3-4 评价总结表

任务知识点自我测评与总结				
考核项目	任务知识点	自我评价	学习总结	
VGG16 深度卷积神经网络简介	特点	□ 没有掌握 □ 基本掌握 □ 完全掌握		
	应用	□ 没有掌握 □ 基本掌握 □ 完全掌握		
VGG16 模型结构	VGG16 的结构配置	□ 没有掌握 □ 基本掌握 □ 完全掌握		
	VGG16 深度卷积神经网络块结构	□ 没有掌握 □ 基本掌握 □ 完全掌握		
VGG16 模型分解	TensorFlow 分解实现 VGG16 模型	□ 没有掌握 □ 基本掌握 □ 完全掌握		

3.5 知识积累

3.5.1 VGG16深度卷积神经网络简介

VGG 是由 Simonyan 和 Zisserman 在 *Very Deep Convolutional Networks for Large Scale Image Recognition* 中提出的卷积神经网络模型，其名称来源于作者所在的牛津大学视觉几何组（Visual Geometry Group）的缩写。该模型的数据集包括 1 400 万张图像和 1000 个类别。

VGG16 是一种深度卷积神经网络模型，16 表示其深度，卷积层均表示为 conv3-×××，其中 conv3 说明该卷积层采用的卷积核的尺寸（kernel size）是 3，即宽（width）和高（height）均为 3，3×3 是很小的卷积核尺寸，结合其他参数（步幅 stride=1，填充方式 padding=same），这样就能够使每一个卷积层与前一层保持相同的宽和高。××× 代表卷积层的通道数。

完成上述学习资料的学习后，根据自己的学习情况进行归纳总结，并填写学习笔记，见表 3-3-5。

表 3-3-5　学习笔记

主题	
内容	问题与重点
总结：	

3.5.2 VGG16模型结构

1. VGG16 模型结构配置

VGG16 中根据卷积核大小和卷积层数目的不同，可分为 A、A-LRN、B、C、D、E 共 6 个配置（ConvNet Configuration），其中以 D、E 两种配置较为常用，分别称为 VGG16 和 VGG19。图 3-3-1 给出了 VGG 的六种结构配置。

图 3-3-1 中每一列对应一种结构配置，指明了 VGG16 所采用的结构。针对 VGG16 进行具体分析发现，VGG16 共包含：

13 个卷积层（Convolutional Layer），分别用 Conv3-×××表示。

3 个全连接层（Fully connected Layer），分别用 FC-××××表示。

5 个池化层（Pool layer），分别用 maxpool 表示。其中，卷积层和全连接层具有权重系数，又称权重层，总数目为 13+3=16，这即是 VGG16 中 16 的来源。

ConvNet Configuration						
A	A-LRN	B	C	D	E	
11 weight layers	11 weight layers	13 weight layers	16 weight layers	16 weight layers	19 weight layers	
input (224×224 RGB image)						
conv3-64	conv3-64 LRN	conv3-64 conv3-64	conv3-64 conv3-64	conv3-64 conv3-64	conv3-64 conv3-64	
maxpool						
conv3-128	conv3-128	conv3-128 conv3-128	conv3-128 conv3-128	conv3-128 conv3-128	conv3-128 conv3-128	
maxpool						
conv3-256 conv3-256	conv3-256 conv3-256	conv3-256 conv3-256	conv3-256 conv3-256 conv1-256	conv3-256 conv3-256 conv3-256	conv3-256 conv3-256 conv3-256 conv3-256	
maxpool						
conv3-512 conv3-512	conv3-512 conv3-512	conv3-512 conv3-512	conv3-512 conv3-512 conv1-512	conv3-512 conv3-512 conv3-512	conv3-512 conv3-512 conv3-512 conv3-512	
maxpool						
conv3-512 conv3-512	conv3-512 conv3-512	conv3-512 conv3-512	conv3-512 conv3-512 conv1-512	conv3-512 conv3-512 conv3-512	conv3-512 conv3-512 conv3-512 conv3-512	
maxpool						
FC-4096						
FC-4096						
FC-1000						
soft-max						

图 3-3-1 VGG 各模型配置

（1）Conv3-64：是指第三层卷积后维度变成 64，同样地，Conv3-128 指的是第三层卷积后维度变成 128。

（2）input：是输入图片大小为 224×224 的彩色图像，通道为 3，即 224×224×3。

（3）maxpool：是指最大池化，在 VGG16 中，pooling 采用的是 2×2 的最大池化方法。

（4）FC-4096：指的是全连接层中有 4 096 个结点，同样地，FC-1000 为该层全连接层有 1 000 个结点。

（5）padding：指的是对矩阵在外边填充 n 圈，padding=1 即外边缘填充 1 圈，

5×5 大小的矩阵，填充一圈后变成 7×7 大小；在进行卷积操作的过程中，处于中间位置的数值容易被进行多次提取，但是边界数值的特征提取次数相对较少，为了能更好地利用边界数值，所以给原始数据矩阵的四周都补上一层 0，这就是 padding 操作。

（6）vgg16 每层卷积的滑动步长 stride=1，padding=1。

2. VGG16 深度卷积神经网络块结构

VGG16 的卷积层和池化层可以划分为不同的块（Block），从前到后依次编号为 Block1 ~ Block5。每一个块内包含若干卷积层和一个池化层。例如，Block4 包含：

- 3 个卷积层，Conv3-512。
- 1 个池化层，maxpool。

并且同一块内，卷积层的通道（channel）数是相同的，例如：

- Block2 中包含 2 个卷积层，每个卷积层用 Conv3-128 表示，即卷积核为：3×3，通道数都是 128。
- Block3 中包含 3 个卷积层，每个卷积层用 Conv3-512 表示，即卷积核为：3×3，通道数都是 256。

从图 3-3-1 中可以看出，VGG16 由 13 个卷积层 +3 个全连接层 =16 层构成，具体组成如下：

（1）输入：VGG 的输入图像是 224×224×3 的图像张量。

（2）Conv1_1+Conv1_2+Pool1：经过 64 个卷积核的两次卷积后，采用一次 max pooling。经过第一次卷积后有（3×3×3）×64=1 728 个训练参数，第二次卷积后有（3×3×64）×64=36 864 个训练参数，大小变为 112×112×64。

（3）Conv2_1+Conv2_2+Pool2：经过 128 个卷积核两次卷积后，采用一次 max pooling，有（3×3×128）×128=147 456 个训练参数，大小变为 56×56×128。

（4）Conv3_1+Conv3_2+Con3_3+Pool3：经过 256 个卷积核三次卷积后，采用一次 max pooling，有（3×3×256）×256=589 824 个训练参数，大小变为 28×28×256。

（5）Conv4_1+Conv4_2+Con4_3+Pool4：经过 512 个卷积核三次卷积后，采用一次 max pooling，有（3×3×512）×512=2 359 296 个训练参数，大小变为 14×14×512。

（6）Conv5_1+Conv5_2+Con5_3+Pool5：再经过 512 个卷积核三次卷积后，采用一次 max pooling，有（3×3×512）×512=2 359 296 个训练参数，大小变为 7×7×512。

（7）FC6+FC7+FC8：经过三次全连接，最终得到 1000 维的向量。

3. VGG16 深度卷积神经网络块权重参数

尽管 VGG 的结构简单，但是所包含的权重数目却很大，达到了 138 357 544 个参数。这些参数包括卷积核权重和全连接层权重。

对于第一层卷积，由于输入图的通道数是 3，网络必须学习大小为 3×3，通道数为 3 的卷积核，这样的卷积核有 64 个，因此总共有（3×3×3）×64=1 728 个参数。

计算全连接层的权重参数数目的方法为：
- 前一层结点数 × 本层的结点数。

因此，全连接层的参数分别为：
- 7×7×512×4 096=102 760 448
- 4 096×4 096=16 777 216
- 4 096×1 000=4 096 000

VGG16 具有如此多的参数数目，可以预期它具有很高的拟合能力；但同时缺点也很明显：

① 训练时间过长，调参难度大。

② 需要的存储容量大，不利于部署。例如，存储 VGG16 权重值文件的大小为 500 MB，不利于安装到嵌入式系统中。

完成上述学习资料的学习后，根据自己的学习情况进行归纳总结，并填写学习笔记，见表 3-3-6。

表 3-3-6　学习笔记

主题	
内容	问题与重点
总结：	

3.5.3　VGG16 模型分解

利用 TensorFlow 构建 VGG16 模型如下：

1. 构建 VGG 的 16 层网络（包含 5 段（2+2+3+3+3=13）卷积，3 层全连接）

1）构建 2 个卷积层 + 最大池化层

```
self.conv1_1 = self.conv_layer(bgr, "conv1_1")
self.conv1_2 = self.conv_layer(self.conv1_1, "conv1_2")
self.pool1 = self.max_pool_2x2(self.conv1_2, "pool1")
```

2）构建 2 个卷积层 + 最大池化层

```
self.conv2_1 = self.conv_layer(self.pool1, "conv2_1")
self.conv2_2 = self.conv_layer(self.conv2_1, "conv2_2")
self.pool2 = self.max_pool_2x2(self.conv2_2, "pool2")
```

3）构建 3 个卷积层 + 最大池化层

```
self.conv3_1 = self.conv_layer(self.pool2, "conv3_1")
self.conv3_2 = self.conv_layer(self.conv3_1, "conv3_2")
self.conv3_3 = self.conv_layer(self.conv3_2, "conv3_3")
self.pool3 = self.max_pool_2x2(self.conv3_3, "pool3")
```

4）构建 3 个卷积层 + 最大池化层

```
self.conv4_1 = self.conv_layer(self.pool3, "conv4_1")
self.conv4_2 = self.conv_layer(self.conv4_1, "conv4_2")
self.conv4_3 = self.conv_layer(self.conv4_2, "conv4_3")
self.pool4 = self.max_pool_2x2(self.conv4_3, "pool4")
```

5）构建 3 个卷积层 + 最大池化层

```
self.conv5_1 = self.conv_layer(self.pool4, "conv5_1")
self.conv5_2 = self.conv_layer(self.conv5_1, "conv5_2")
self.conv5_3 = self.conv_layer(self.conv5_2, "conv5_3")
self.pool5 = self.max_pool_2x2(self.conv5_3, "pool5")
```

6）构建 3 层全连接层

```
self.fc6 = self.fc_layer(self.pool5, "fc6")
assert self.fc6.get_shape().as_list()[1:] == [4096]
self.relu6 = tf.nn.relu(self.fc6)
self.fc7 = self.fc_layer(self.relu6, "fc7")
self.relu7 = tf.nn.relu(self.fc7)
self.fc8 = self.fc_layer(self.relu7, "fc8")
```

7）实现 softmax 分类，输出类别的概率

```
self.prob = tf.nn.softmax(self.fc8, name="prob")
end_time = time.time()
print(("forward time consuming: %f" % (end_time-start_time)))
self.data_dict = None
```

2. 定义卷积运算

```
def conv_layer(self, x, name):
    with tf.variable_scope(name):
```

```
w = self.get_conv_filter(name)
conv = tf.nn.conv2d(x, w, [1, 1, 1, 1], padding='SAME')
conv_biases = self.get_bias(name)
result = tf.nn.relu(tf.nn.bias_add(conv, conv_biases))
return result
```

3. 定义获取卷积核大小的函数

```
def get_conv_filter(self, name):
    return tf.constant(self.data_dict[name][0], name="filter")
```

4. 定义获取偏置的函数

```
def get_bias(self, name):
    return tf.constant(self.data_dict[name][1], name="biases")
```

5. 定义 2×2 最大池化操作

```
def max_pool_2×2(self, x, name):
    return tf.nn.max_pool(x, ksize=[1, 2, 2, 1], strides=[1, 2, 2, 1], padding='SAME', name=name)
```

6. 定义全连接层的前向传播计算

```
def fc_layer(self, x, name):
    with tf.variable_scope(name):
        shape = x.get_shape().as_list()
        print("fc_layer shape:",shape)
        dim = 1
        for i in shape[1:]:
            dim *= i
        x = tf.reshape(x, [-1, dim])
        w = self.get_fc_weight(name)
        b = self.get_bias(name)
        result = tf.nn.bias_add(tf.matmul(x, w), b)
        return result
```

7. 定义获取权重的函数

```
def get_fc_weight(self, name):
    return tf.constant(self.data_dict[name][0], name="weights")
```

完成上述学习资料的学习后，根据自己的学习情况进行归纳总结，并填写学习笔记，见表 3-3-7。

表 3-3-7　学习笔记

主题	
内容	问题与重点

总结：

参 考 文 献

[1] 陈尚义,彭良莉,刘钒. 计算机视觉应用开发:初级 [M]. 北京:高等教育出版社,2021.
[2] 黄红梅,张良均. Python 数据分析与应用 [M]. 北京:人民邮电出版社,2018.
[3] 王天庆. Python 人脸识别从入门到工程实践 [M]. 北京:机械工业出版社,2019.
[4] 李立宗. OpenCV 轻松入门面向 Python[M]. 北京:电子工业出版社,2019.
[5] 周志华. 机器学习 [M]. 北京:清华大学出版社,2016.
[6] 米尼奇诺,豪斯. OpenCV3 计算机视觉 Python 语言实现 [M]. 刘波,苗贝贝,史斌,译. 北京:机械工业出版社,2018.
[7] 贝耶勒. 机器学习使用 OpenCV 和 Python 进行智能图像处理 [M]. 王磊,译. 北京:机械工业出版社,2019.
[8] 麦克卢尔. TensorFlow 机器学习实战指南 [M]. 曾益强,译. 北京:机械工业出版社,2018.
[9] 哈林顿. 机器学习实战 [M]. 李锐,李鹏,曲亚东,等译. 北京:人民邮电出版社,2013.
[10] 肖莱. Python 深度学习 [M]. 张亮,译. 北京:人民邮电出版社,2018.
[11] 王晓华. OpenCV+TensorFlow 深度学习与计算机视觉实战 [M]. 北京:清华大学出版社,2019.
[12] 朱伟,赵春光,欧乐庆,等. OpenCV 图像处理编程实例 [M]. 北京:电子工业出版社,2016.
[13] 旷视科技数据服务团队. 计算机视觉图像与视频数据标注 [M]. 北京:人民邮电出版社,2020.
[14] VIOLA P A, JONES M J. Rapid Object Detection using a Boosted Cascade of Simple Features[C]. Computer Vision and Pattern Recognition, 2001.
[15] FELZENSZWALB P F, GIRSHICK R B, MCALLESTER D, et al. Object Detection with Discriminatively Trained Part-Based Models[J]. IEEE Transactions on Software Engineering, 2010, 32(9):1627-1645.
[16] GIRSHICK R B. From rigid templates to grammars: Object detection with structured models[D]. Chicago: University of Chicago,2012.
[17] SCHARSTEIN D, SZELISKI R. Stereo matching with nonlinear diffusion[J]. International Journal of Computer Vision, 1998,28(2):155-174.
[18] WU Y, LIM J, YANG M H. Online object tracking: A benchmark [C]. Computer Vision and Pattern Recognition, 2001.